KB169667

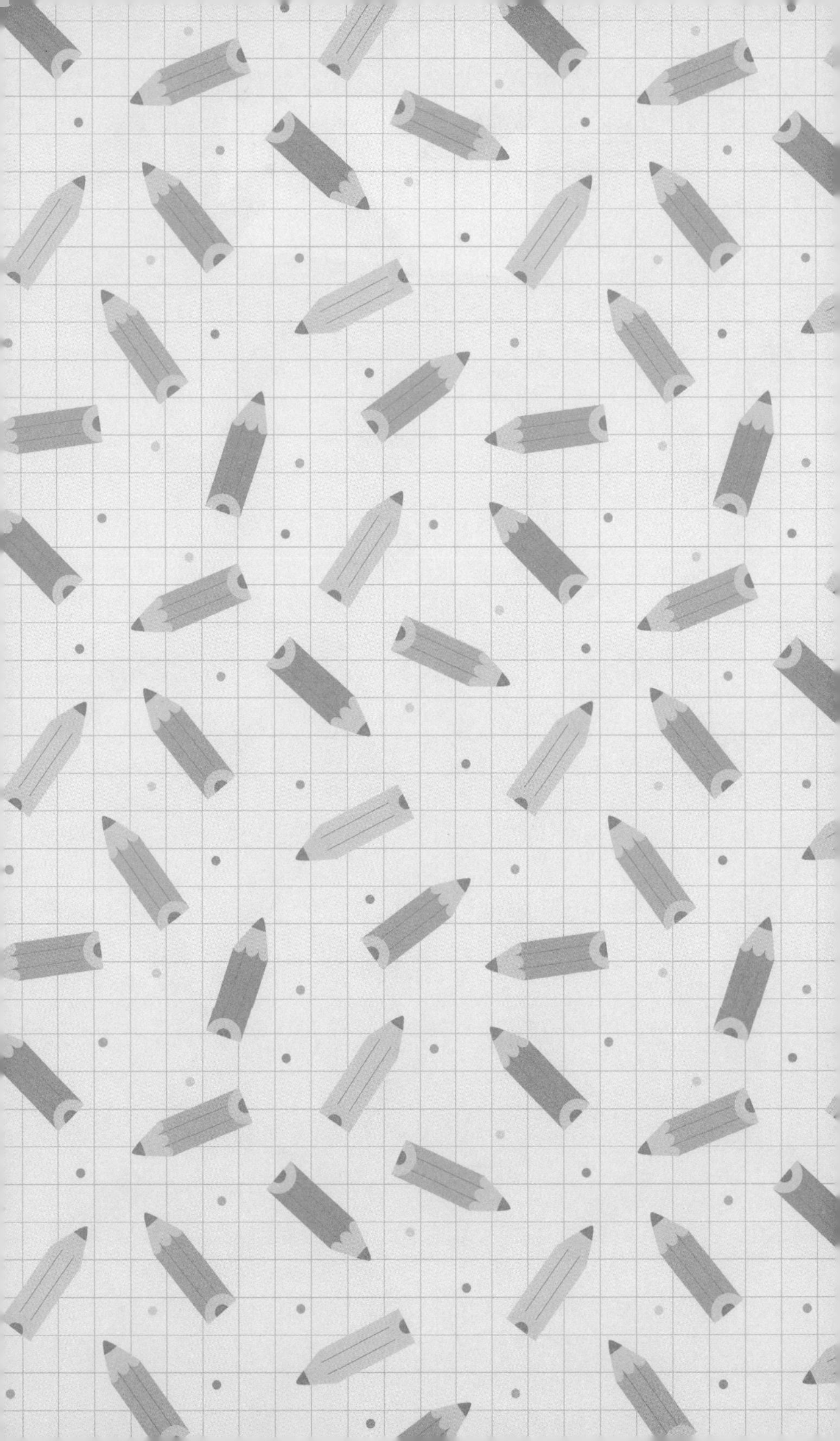

내 아이를 위한

주의력 수업

공부 습관과 생활 태도를
좌우하는 결정적 비밀

내 아이를 위한

주의력 수업

이임숙 · 노선미 지음

카시오페아
Cassiopeia

머리말

아이는 왜 딴짓만 하고 있을까?

"제발! 집중 좀 하라고!"

부모의 바람은 이리 간절한데 아이는 아랑곳없이 왜 딴짓만 하고 있을까요? 좋아하는 것에는 집중을 잘하는 아이가 왜 정작 중요한 것에는 이렇게 산만할까요?

이런 답답함을 느낀다면 이제 부모가 꼭 알아야 할 중요한 사실이 있습니다. 좋아하는 것에 집중하는 능력은 누구나 갖고 태어나지만, 해야 할 일에 정신을 기울여 몰두하는 주의력은 따로 키워줘야 한다는 것입니다.

기질에 따라 집중 시간의 차이가 있지만, 누구나 좋아하는 것에는 별 노력을 들이지 않아도 몰입하게 되지요. 하지만 일상생활을 하면서 꼭 해야 하는 일이나 공부 등을 시작하면 전혀 다른 태도를 보입니다. 건성건성, 산만의 극치, 나쁜 기억력…… 시작은 하지 않고 계속 미루거나, 시작해도 끝맺음을 하지 못합니다.

커갈수록 스스로 해야 할 일이 많아지는데, 아이는 놀고 싶은 충동과 하기 싫은 마음을 조절하지 못하니 어떻게 하면 좋을까요? 부모는 자꾸 아이를 다그치게 됩니다. 혼내는 부모도, 혼나는 아이도 답답하기는 마찬가지예요. 도대체 우리 아이는 왜 그럴까요?

아이의 주의력을 키우지 못했습니다. 주의력이 있다면 관심이 없어도 꼭 해야 할 일에 초점을 맞추어 주의를 기울이고, 그 주의를 지속할 수 있어야 합니다. 주변의 다른 방해 자극들을 억제하고 지금 해야 할 일에 선택적으로 주의를 기울이다가도, 더 중요한 일이 생기면 주의를 전환해 그 일을 먼저 처리하고 다시 하던 일로 돌아와 주의를 기울일 수 있어야 합니다. 때론 필요한 상황에서 2가지 이상의 일에 주의를 분할해서 사용할 줄도 알아야 하지요.

아이가 이런 주의력을 가지고 있나요? 주의력은 일상생활과 공부 과정에 매우 중요한 핵심적 인지능력으로, 아이의 전두엽이 성장하면서 더불어 발달해갑니다. 다만 저절로 발달하는 것이 아니라, 아이가 자라는 동안 부모와 교사가 지속적으로 자극하고 훈련하여 주의력을 높이도록 도와줘야 합니다.

"우리 아이는 집중력은 좋은데, 하기 싫은 건 엉망으로 해요. 숙제할 때도 너무 집중을 못 해요."

상담실에서 아이들을 만나기 시작한 25여 년 전부터 부모들에게서 단골로 듣던 어려움이 바로 주의력 문제였습니다. 많은 시간이 지난 지금도 그 고민에는 변함이 없습니다. 다행히 사회적 관심이 전반적으로 높아져 이제 주의력결핍과잉행동장애ADHD에 대해서는 너무나 익숙해졌습니다. 하지만 우리 아이의 주의력이 어떻게 발달하는지, 어떻게 키워줘야 하는지는 정작 잘 알지 못하는 채로 산만하게 집중하지 못하는 아이를 보며 혹시 ADHD가 아닐까 하는 걱정만 커지는 형편이지요.

이제 아이 주의력의 현주소를 살펴보는 것이 필요합니다. 나아가 주의력을 건강하게 발달시키기 위해 아이를 실용적으로 도울 수 있는 세심한 전략과 지침이 필요합니다. 부모와 교사가 먼저 그 방법을 배워서 아이의 다양한 놀이와 활동에 자연스레 스며들도록 해줘야 합니다.

그래서 실제 상담 현장에서 아이의 주의력을 어떻게 높이고 있는지 그 훈련 과정과 구체적 방법을 알려드려야겠다고 생각했습니다. 특히 주의력을 향상하기 위한 실용적 방법들을 전문가들이 참고해도 좋을 만큼 섬세하고 구체적인 내용으로 엮어내려고 노력했습니다. 그렇다고 그 방법들이 너무 어렵고 복잡하거나 집에서 실천하기 어려울까 지레 걱정하실 필요는 없습니다. 많은 경우에 이미 알고 있었지만 그것의 의미와 가치를 몰랐거나, 알았어도 그것으로 아이의 주의력을 어떻게 자극하고 발달시키는지 잘 몰랐을 뿐이니까요. 호기심과 실천 의욕을 가지고 한번 따라와보시길 바랍니다.

1장에서는 주의력의 개념을 확실히 하면서 함께 혼용되는 '집중력', '주의집중력'과의 차이도 정리하여 그 중요성에 대해 설명합니다. 구체적인 사례들을 통해 아이가 일상생활과 공부 과정에서 반복적으로 보이는 문제가 주의력 부족 때문일 수 있다는 점, 기질적·환경적·정서적 원인이 주의력의 원활한 발달을 방해할 수 있다는 점도 말씀드립니다.

2장에서는 아이의 주의력을 좌우하는 3요소를 짚어드립니다. 더불어

주의력의 기능에 따라 5가지 주의력(초점주의력, 선택주의력, 전환주의력, 지속주의력, 분할주의력)으로 보통 구분하는데 그 각각의 의미와 기능을 알기 쉽게 풀어놓았습니다. 아이가 주의력을 제대로 발휘하는 데 그 5가지 주의력이 긴밀하게 작동하여 결정적 역할을 하기 때문입니다.

3장과 4장에서는 아이를 둘러싼 물리적(시각적·청각적)·심리적 환경이 주의력에 얼마나 큰 영향을 미치는지, 그렇다면 물리적·심리적 환경 요소를 어떻게 조절해줘야 아이의 주의력에 도움이 되는지 상세하게 안내합니다. 더불어 실제 상담 현장에서 요긴하게 쓰이는 '사례 개념화'와 '구조화 기법'도 소개합니다. 그 내용이 다소 어려울 수 있지만, 찬찬히 읽으면서 그 원리를 들여다보면 굉장히 유용한 방법임을 느끼실 수 있을 겁니다. 주의력 훈련 과정에서 아이와의 다양한 상황에 맞도록 유용하게 적용할 수 있는 7가지 치료적 심리대화법 역시 담았습니다. 아이의 주의력 훈련을 순조롭게 격려해주는 데 더없이 효과적인 대화법이므로 꼭 실천해보시길 바랍니다.

5장에서는 최근 몇 년간 코로나19 팬데믹을 겪으면서 심각한 어려움으로 부상한 디지털 기기와 아이들의 주의력 문제를 다룹니다. 아이와 밀착되어 있는 디지털 미디어의 강렬한 자극이 아이의 주의력을 훔쳐가지 못하도록 주의력을 탄탄하게 키우는 방법을 알려드립니다. 여기서 소개하는 7가지 신체 놀이 활동은 아이들이 디지털 미디어보다 더 즐거워하는 활동들입니다.

6장에서는 주의력과 늘 함께 작동하는 작업기억력의 중요성에 대해 살펴보고, 작업기억력 향상을 도와주는 활동들을 소개합니다. 또한

5가지 주의력을 집중적으로 키울 수 있는 놀이 활동도 7가지씩 소개합니다. 주의력이 부족한 아이들을 위해 전문적인 주의력 훈련 프로그램에서 실제로 활용하는 놀이 활동들로, 그 효과적인 방법을 가정에서도 쉽게 따라 하실 수 있도록 자세하게 설명했습니다.

그 각각의 방법을 모두 기억하고 실천해야 한다는 부담은 갖지 않으셔도 됩니다. 대부분의 경우 주의력을 키워주는 활동들은 특정한 종류의 주의력만을 자극하는 것이 아니라 유기적으로 작동하며 여러 주의력을 함께 향상해주는 강력한 효과가 있으니까요.

아이는 의지와 노력이 부족한 게 아닙니다. 그동안 아이의 마음을 돌보려고 무척 많이 애썼습니다. 하지만 진정한 마음 돌보기는 아이의 감정뿐만 아니라 아이의 생각과 인지적 능력의 튼튼한 뿌리가 되어주는 주의력을 탄탄하게 키워주는 것부터 시작한다는 사실을 꼭 기억하길 바랍니다.

아이들이 받은 심리적 상처의 치유, 그리고 성숙과 성장을 위해 20년 이상 함께 일해온 저희 두 사람이 아이의 주의력에 대해 공동으로 작업할 수 있어서 서로에게 감사한 마음입니다. 저희가 그동안 공유해온 서로의 경험과 연구, 그렇게 축적된 노하우를 이제 우리의 소중한 아이들을 위해 여러분과도 함께 나누려 합니다. 이 책이 아이의 잠재력을 눈부시게 키우는 밑거름이 될 것이라고 확신합니다.

세상 모든 아이의 자기다운 눈부신 성장을 기원하며

2023년 봄에 이임숙, 노선미 올림

차례

2장 부모가 꼭 알아야 할 5가지 주의력

3장 주의력을 키워주는 환경은 따로 있다

4장 아이의 주의력, 부모와의 대화에 달렸다

디지털 미디어를 이기고 주의력을 키우는 방법

주의력, 방법만 알면 누구나 키울 수 있다

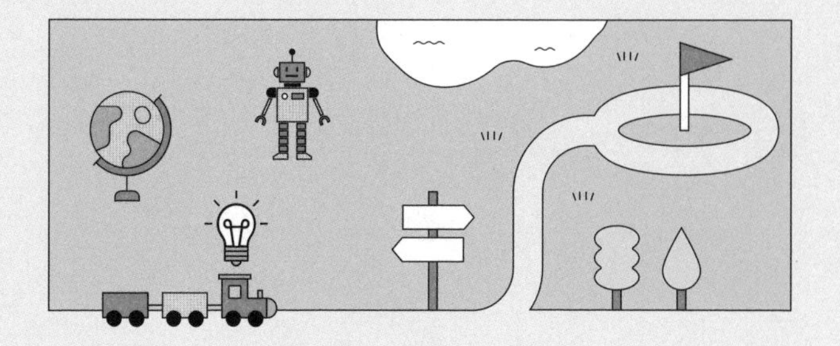

1장

왜 지금, 아이의 주의력에 집중해야 하는가?

01

부모가 잘 몰랐던 아이의 주의력

●● 왜 이렇게 집중하지 못할까요?

"저 이거 완전 잘해요. 5살 때부터 잘했어요."

7살 하율이는 자신만만했다. 10가지 물건을 찾는 '숨은그림찾기' 놀이다. 눈빛이 호기심으로 반짝인다. 자세히 보며 숨은 그림을 찾아야 하고, 찾기 어려워도 포기하지 않고 주의를 집중해야 하는 일이라 아이가 어떤 태도를 보일지 궁금했는데, 이렇게 반기며 자신 있어 하니 마음이 놓였다. 아이는 시작하자마자 주전자 그림을 쉽게 찾았다.

"봐요, 저 잘 찾죠?"

"와, 정말이네. 꼼꼼하게 잘 보면서 찾는구나."

주전자 그림에 동그라미 표시를 하고 다음 그림을 찾기 시작한다. 그런데…….

"장갑이 어딨지……? 에이, 연필 찾을래……."

장갑도 연필도 쉽게 보이지 않는다. 아이는 표정이 일그러지더니 갑자기 이렇게 말했다.

"아, 재미없어요. 이거 너무 쉬워서 안 할래요."

자신만만하던 아이의 태도는 사라지고 갑자기 너무 달라진 태도에 당황스러울 정도다.

"조금 전에 뭐 찾고 있었어?"
"아니에요. 아무것도 안 찾았어요. 이거 옛날에 많이 해봐서 하기 싫어요. 딴것 할래요."

아이의 마음이 돌아서니 조금 전과 완전히 딴판이었다. 어려워서 하기 싫어졌다는 말은 하지 않고 시시해서 안 한다고 자존심 세우는 말로 포장한다. 하율이 엄마는 아이가 한 가지를 진득하게 끝내지 못하고, 말로만 번지르르 잘난 체하는 이런 모습을 어떻게 해야 할지 모르겠다고 걱정했다. 처음에는 자신감 있는 아이인 줄 알았는데 알고 보니 아니었다며 걱정스런 눈빛으로 묻는다. 이제 7살이라 곧 학교에 입학하면 공부도 제대로 해야 하는데, 놀이에서조차 어렵거나 싫은 건 거들떠보지 않으니 초등학교 생활에 대한 걱정이 커지고 있는 것이다.

초등 4학년인 선우의 부모도 걱정이 무척 깊다.

"아이가 아는 걸 꼭 틀려요. 문제를 끝까지 보지도 않고, 틀린 것을 고르라는데 맞는 걸 고르고, 계산 문제는 검토해야 하는데 절대 안 해요. 어떨 때는 다 풀고도 답란에 답을 쓰지 않아 틀린 적도 있어요. 아이에게 정신을 차리라고 선생님이 일부러 틀린 것으로 채점했다고 하시더라고요. 분명히 설명을 쓰라는 주관식 문제인데 답만 쓰고서는 맞았는데 틀렸다고 했다며 억울해해요. 아무리 설명을 해도 나아지지 않고 계속 이런 실수가 반복되고 있어요. 담임선생님도 아이가 집중력이 너무 부족해 실수가 많고, 이렇게 중학생이 되면 공부를 포기하게 될 거라고 걱정하시네요. 주의력 훈련 같은 걸 받는 게 좋겠다고 하시는데 뭘 어떻게 해야 할지 모르겠어요. 우리 아이가 혹시 ADHD이거나 심각한 문제를 가지고 있는 건 아닌가요?"

하율이가 자라면 선우 같은 모습을 보일 가능성이 무척 높다. 7살 아이의 행동은 그래도 귀엽게 봐줄 수 있지만, 고학년에 접어들면 문제가 심각해진다. 아무리 공감해주면서 달래고 얼러도 달라지지 않는 행동들이다. 지금까지 알아왔던 육아 상식으로 해결되지 않을 수 있다는 말이다. 그렇다면 이제 부모는 지금까지 몰랐던 무언가가 필요하다는 의미로 이해해야 한다. 그리고 이를 해결하기 위해 아이가 이런 모습을 보이는 분명한 원인은 무엇이고, 도대체 어떻게 해야 달라질 수 있을지 적절한 방법을 알아야 할 때가 되었다는 의미다.

●● 그동안 부모가 몰랐던 중요한 사실

먼저 7살 하율이와 11살 선우가 이런 행동을 보이는 원인을 차근차근 따져보자. 말을 안 듣는 아이라서? 고집이 세서? 산만해서? 끈기가 약해서? 아이의 수준에 너무 어려운 과제라서? 반대로 너무 쉬워 흥미가 안 생겨서? 이 중에서 어떤 이유라 생각되는가? 선우의 경우에는 다 알지만 실수로 틀리는 것뿐으로 이해하면 조금 위로가 된다. 하지만 실수도 아이의 현재 수준을 보여주는 것이다. 아는데 틀렸다는 말로 현상을 무마하면 안 된다. 많은 아이가 반복적으로 보여주는 행동들을 살펴보자.

- 지시어나 설명을 잘 듣지 않고 자기 마음대로 한다.
- 집중력이 필요한 과제 앞에서 딴청을 부리고 짜증을 내며 거부한다.
- 하고 싶은 것만 하고, 해야 하는 것은 못 한다.
- 산만하고 덤벙거리며 진득하게 앉아 있지 못한다.
- 시작은 하지만 끈기가 부족해 끝을 내지 못한다.

이렇게 계속 반복되는 문제가 있다면 그 원인을 정확히 알고 효과적인 방법으로 도와줘야 한다. 그래도 점차 나아지겠지, 하고 저학년 때 기다렸지만 고학년이 되어도 나아지지 않는다면 더더욱 그렇다. 중요한 점은 이런 문제들의 아주 큰 원인이 바로 주의집중력 부족이라는 것이다. 그걸 모른 채 아이가 이런 모습을 보일 때 그저 마음잡고 열심히 하면 된다고 생각하면 아이의 노력하지 않는 모습만 탓하게 된다.

충분히 납득되지 않는다면 부모 자신의 어릴 적 기억을 떠올려보자. 책을 읽고, 수학 문제를 풀고, 영어 단어를 외워야 할 때가 되면 마음을 다잡으며 열심히 하려고 애썼을 것이다. 하지만 잘하고 싶었어도 그다지 잘되지 않았을 것이다. 공부 내용에 집중하려 해도 좀처럼 집중되지 않던 시간들이 떠오르지 않는가. 우리 역시 열심히 하고 싶은 마음은 굴뚝같았으나 책을 펼쳐도 글자가 눈에 들어오지 않았고, 창밖 풍경에 마음을 빼앗기거나 친구와 장난치느라 선생님의 말씀에 귀 기울이지 못했다. 그도 저도 아니면 그저 수업 시간에는 졸리기만 했다. 이 모든 걸 기억하는 지금의 내가 과거 어린 시절로 돌아갈 수만 있다면 온 마음을 다해 열심히 공부하겠다는 의지만큼은 충만하다. 하지만 안타깝게도 주의집중력 문제를 해결하지 못한다면 부모에게도 비슷한 현상이 반복될 수밖에 없다.

아이가 해야 할 과제에 집중하지 못하는 것은 바로 '주의'를 기울이지 못하고, 또 '집중'하지 못하는 문제 때문이다. 공부뿐만이 아니다. 일상과 놀이에서도 마찬가지다. 엄마, 아빠가 한 말을 기억하지 못하거나, 아무리 말해도 행동으로 실행하지 않거나, 블록을 쌓거나 그림을 그리거나 만들기를 하다가 중간에 포기하는 모습들을 보이는 것은 주의를 기울이는 능력이 부족하고, 그 과제에 집중을 못 하기 때문인 경우가 무척 많다.

아이의 이런 모습들에 대해 주변에서는 어떤 조언들을 하는가? 따끔하게 혼내서 끝까지 하도록 억지로라도 시켜야 한다거나, 나중에 다 잘하게 되니까 지금은 그냥 내버려두라는 무책임한 의견에 휩쓸리면 안 된다. 아직 유아라서 괜찮은 것도 아니고, 초등학생이 된다고 저절로 나아질 수 있는 것도 아니다. 주의집중력 문제가 저절로 나아지는 경우는 거의 없다. 마음만 먹는다고 해서 주의집중력이 좋아지지 않는다. '주의를 기울여 집중하는' 힘은 저절로 얻어지는 능력이 아니라 어릴 적부터 조금씩 연습하고 훈련하면서 발달하는 능력이기 때문이다.

이렇게 의외로 많은 문제 행동이 주의집중력에서 기인한다는 사실을 대부분의 부모들이 잘 모르고 있다. 일상의 활동과 놀이부터 어려운 수학 문제까지 주의를 기울여 집중하는 능력을 키워주지 않고 열심히만 하면 된다고 생각하는 건 아이의 문제 행동들을 해결하는 데 가장 중요한 걸 놓치는 것이나 다름없다.

다른 아이들은 무슨 일이든 집중을 잘하는 것 같은데 왜 우리 아이만 이러는지 이해되지 않는다면, 그 또한 주의집중력에 대해 제대로 몰랐기 때문일 수 있다. 다른 아이라고 저절로 잘하게 된 것이 아니다. 그 아이가 자라온 과정을 유심히 들여다보면 눈에 보이지 않게 주의를 기울여 집중하는 연습이 탄탄하게 잘되어 있음을 알 수 있다. 이제부터 아이의 주의집중력에 대해 부모가 꼭 알아야 하는 것들을 차근차근 알아가자.

02

'주의'를 기울여 '집중'한다는 것

●● 주의력과 집중력, 뭐가 다른가요?

주의력, 집중력, 주의집중력, 이 세 가지 용어는 일반적으로 큰 차이 없이 사용되고 있다. 그래서 자신이 좋아하는 활동에 푹 빠져 다른 사람의 말을 제대로 듣지 못하는 아이를 보고 집중력이 좋다고만 생각하기도 한다. 먼저 용어에 대한 이해가 필요하다.

'주의'와 '집중'부터 정리해보자.

집중 : 한 가지 일에 모든 힘을 쏟아부음

주의 : 어떤 한곳이나 일에 관심을 의식적으로 집중하여 기울임

두 단어의 의미가 비슷한 것 같지만, 조금 다르다. '집중'에는 한 가지

집중력	• 좋아하는 것, 관심 있는 것 • 주변 상황을 그다지 고려하지 않음
주의력	• 필요한 것, 관심 없어도 해야 하는 것 • 주변 상황을 고려함

일에 모든 힘을 쏟아부어 관심을 가져야 할 다른 것을 놓칠 수 있다는 의미가 숨어 있다. 좋아하는 놀이와 활동에 한번 빠져들면 주변 소리는 하나도 들리지 않을 정도로 오직 그것에만 빠져 있게 되는 것이다.

그에 비해 '주의'는 일부러 관심을 집중해서 기울이는 것이다. 좋아하든 좋아하지 않든 지금 해야 하는 일에 '관심을 기울일 수 있는 힘'을 토대로 한다. 결국 자신이 선호하는 놀이나 활동, 혹은 과목에 대한 집중력이 좋다는 것은 주의력 유무와는 별개의 문제로 보아야 한다.

『4~7세보다 중요한 시기는 없습니다』에서도 '주의력'과 '집중력'의 상관관계에 대해 다음과 같이 간단하게 얘기했다.

> 주의력이란 필요한 과제나 싫어도 해야 하는 목표에 초점을 맞추는 일이며, 주변의 자극에 흔들리지 않고 과제 수행에 필요한 것에 정신을 몰두하는 힘이다. 그래서 주의력을 판단하는 가장 핵심 기준은 관심 없는 일에도 집중력을 발휘할 수 있는 정도다. 원하지 않더라도 필요한 것에 집중하는 능력이 주의력이다. 부모님이나 선생님이 "여기를 보세요"라고 했을 때 하던 일을 멈추고 주의를 돌려 지시 사항에 집중하는 능력을 의미한다.
>
> —『4~7세보다 중요한 시기는 없습니다』 중에서

이 같은 주의력과 집중력에 대해 부모가 제대로 알고서 아이를 도와줘야 하는데, 바로 주의력과 집중력의 정도가 아이의 정보처리 과정에 엄청난 영향을 미치기 때문이다.

주의력은 뇌의 전체적인 정보처리 과정을 가능하게 하는 가장 중요한 첫 요소다. 관심을 기울여야 하는 대상에 대해 정보를 수집하고 입력하고 처리하는 과정을 모두 끌어가는 힘이 바로 주의력인 것이다. 아이가 자신이 수행해야 할 과제를 인지하고, 그 과제를 수행하는 과정에서 무엇이 필요한지 판단하고, 그 필요한 자극에 선택적으로 집중해 끝까지 지속하는 힘을 말한다. 집중력은 그 과제에 몰입하는 힘으로, 자신이 좋아하고 재미있어하는 일이라면 더더욱 저절로 발휘된다. 따라서 '관심 없는 일, 해야 하는 일'이 아이의 주의력과 집중력을 판단하는 가장 핵심적인 기준이 되는 것이다.

●● 집중은 잘하는데 주의력은 부족하다!

다음 사례를 살펴보자. 처음 상담실에 온 초등 1학년 아이가 이것저것 만져보기만 하고 제대로 선택하지 못한다. 먼저 한 가지 놀이를 골라서 시작하자고 해도 계속 "이건 뭐예요? 저건요?"라고 물으면서 놀이상자를 열었다 닫았다 하기만 한다. 호기심이 많지만, 아이의 행동은 부산스럽기만 하다. 이제 상담사가 아이에게 권한다.

"오늘 처음이니까 이 놀이를 한번 해볼까?" 약간의 인지적 노력을 기울여야 하는 '러시아워' 보드게임이다. 카드에 그려진 대로 미니 자동차들을 배치해놓은 다음에, 차들을 앞뒤로 움직여 막혀 있던 길을 열고서 빨간 자동차를 탈출시키는 게임이다.

아이는 처음에는 새로운 게임이라 흥미를 느끼며 시작했지만, 한두 번 시도하다가 막혀버리자 금방 흥미를 잃고 멈춘다. 아이는 이후 다른 놀이 5가지를 더 시작했지만 모두 끝내지 못한 채 시간이 흘렀다. 자신이 선택한 놀이에 주의를 기울이지도, 집중하지도 못했다. 다음은 아이의 부모와 나눈 대화다.

상담사 어머니, 아이가 주의력이 부족한 것 같아요.

엄마 아니에요. 우리 아이는 집중력이 되게 좋아요. 정말이에요. 한번 집중하면 누가 불러도 모를 때가 많아요.

상담사 어떤 활동에서 아이가 집중을 잘한다고 느끼셨나요?

엄마 영상을 볼 때도 그렇고, 아이가 좋아하는 블록 놀이를 할 때나 만화책을 볼 때 정말 집중을 잘해요.

상담사 그럼 혹시 유치원이나 학교 숙제를 할 때는 어떤가요?

엄마 그건 하기 싫어해요. 그래서 좀 걱정되기는 해요. 그렇게 집중력이 좋은데 왜 숙제할 때는 집중을 못 하는지.

상담사 좋아하는 일에 집중하는 집중력은 좋은 것 같아요. 그런데 관심 없거나 싫어하는 일에는 전혀 주의를 기울이지 못해요. 그래서 아이의 주의력이 좋지 않다고 말씀드리는 거예요.

엄마 그게 다른 건가요? 어떻게 다른가요?

집중을 잘하는 줄 알았던 아이가 중요한 타이밍에서는 전혀 집중하지 못하거나, 꼭 해야 하는 과제를 앞에 두고 뭉그적거리며 딴청 피우고 짜증 낸다면 주의력 발달에 문제가 생기고 있다는 의미다. 실제로 많은 아이가 집중력은 좋지만 주의력이 부족하다. 이렇게 좋아하는 일에만 집중하는 현상의 이면을 똑바로 이해하지 못한 채, 집중력은 좋으니 그저 아이가 자기 의지로 노력하면 된다고 생각한다. 좋아하는 일에 집중하는 아이의 모습이 주의력에 대한 부모의 이해를 방해하는 꼴이다.

그래서 상담실에서 부모들에게 아이의 주의력이 부족하다고 설명하면 처음에는 집중력이 좋다고 반론하다가 나중에서야 그 차이를 알아차리고 주의력이 부족함을 이해하게 된다. 아직도 주의력에 대해 잘 이해되지 않는다면 다음 사례들도 살펴보고 생각해보자.

Q 그림 그리기에 집중을 잘하는 아이가 있다. 유치원에 등원하는 시간이 다 되었다. 그래도 그림을 계속 그리겠다면서 옷을 갈아입지 않는다. 아이는 주의력이 좋은 것일까?

Q 블록 놀이를 한참 하고 난 아이는 기차 놀이를 시작한다. 블록을 치우고 나서 기차 놀이를 하라고 엄마가 여러 번 말한다. 아이는 기차 놀이에만 집중한 채 엄마 말은 들은 척도 하지 않고 있다. 아이는 주의력이 좋은 것일까?

Q 책을 좋아하는 아이다. 그런데 한번 책을 읽기 시작하면 옆에서 아무리 불러도 모를 때가 많다. 책을 많이 읽는 건 좋지만, 숙제도 미루고 학원에 갈 시간이 되어도 준비하지 않는다. 아이

가 책에 집중을 잘한다고 주의력까지 좋다고 할 수 있을까?

Q 학교 수업 시간이다. 국어를 좋아해서 국어 수업에 집중을 잘한다. 하지만 수학은 싫어해서 수학 시간에는 집중을 못 한다. 그렇다면 아이는 주의력이 좋다고 말할 수 있을까?

위 아이들 모두가 특정한 집중력은 잘 발휘하지만, 정작 중요한 주의력은 많이 부족하다. '집중을 잘한다'는 말로 이 네 아이가 지닌 문제의 본질을 흐리면 안 된다. 실제로 학년이 올라갈수록 아이들이 크게 고민하는 문제가 "집중이 잘 안 돼요"이기는 하다. 마음먹고 공부하려 하지만 도저히 집중이 안 돼서 괴로워한다. 집중하지 못하는 자신이 너무 싫어진다. 그런데 이때 아이가 고민하는 집중력은 엄밀히 말하면 바로 주의력 문제다. 아이도 주의력과 집중력이 헷갈리는 것이다. 자기가 좋아하고 관심 있는 것에 대한 집중력을 고민하는 아이는 거의 없다는 사실이 중요하다.

●● 일상에서 공부까지 아이가 클수록 주의력이 중요해진다

우리가 일반적으로 모호하게 혼용하던 집중력과 주의력에 대해 다시 정리해보자. 집중력은 주변 상황과 상관없이 한 가지에 몰두하는 힘이다. 주의력은 지금 눈앞에 필요한 일, 해야 하는 일에 선택적으로 주의를 전환하고, 그 일에 초점을 맞추어 지속적으로 집중하는 능력이다.

결국 무언가를 '선택하고, 전환하고, 지속하는' 능력이 중요하다.

아이는 재미있는 책을 한참 집중해 보다가도 엄마가 밥을 먹으라고 말하면 바로 책을 덮고서 식탁으로 가는 선택을 할 수 있는가? 좋아하는 그림을 그리다가도 엄마가 "나갈 준비를 해야지!"라고 말하면 주의를 전환해 "네!"라고 대답하고 외출 준비를 할 수 있는가? 엄마가 지금까지 갖고 놀던 블록을 정리하고 나서 기차 놀이를 하라고 말하면 기차 놀이를 하고 싶은 마음을 잠시 접어두고 흩어진 블록을 치우는 일을 끝까지 지속할 수 있는가? 좋아하는 국어에는 잘 집중하는 편인데 싫어하는 수학에도 주의를 기울여 유지할 수 있는가? 이런 모습들이 아이에게 아주 중요한 주의력의 정도를 보여준다.

그렇다고 집중력이 좋은 것을 단점으로 이해하면 곤란하다. 좋아하는 일에 집중을 잘할 수 있다는 건 엄청난 강점이다. 다만 주의력이 바탕이 된 집중력이어야 한다. 좋아하는 일에 집중할 수 있는 집중력뿐만 아니라, 관심 없는 일에 주의를 기울이는 주의력과 그 일에도 집중할 수 있는 집중력까지 필요하다. '주의'를 기울여 '집중'하는 '주의집중력'이 중요하다는 의미다. 결국 주의집중력은 아이의 성장에 가장 중요한 정신적 능력인 것이다(현재 아이의 주의력 정도를 파악하는 심리검사와 이론적 설명에서는 주로 '주의력'이 그 용어로 사용되고 있으나, '주의집중력'이 주의력과 집중력의 차이를 쉽게 이해할 수 있게 도와주는 용어이므로, 이 책에서는 좀 더 명확한 이해를 돕기 위해 '주의력'과 함께 '주의집중력'도 적절하게 혼용하여 설명하려 한다).

아이들은 모두 좋아하는 것에 집중하는 능력을 가지고 태어난다. 점차 자라면서 일상과 공부 모두에서 중요해지는 것은 집중력보다 주의력이다. 머리가 좋은 아이들도 뛰어난 지능 덕분에 초등 저학년 공부에서는 별문제를 보이지 않다가 초등 고학년, 중학생이 되면서 좀 더 어려워진 과제들을 맞닥뜨리고 주의력 문제가 드러나 공부에서 손을 놓아버리는 경우가 꽤 많다. 그러니 아이가 자라는 동안 싫어하는 일에도 주의를 기울여 집중하는 능력을 발휘할 줄 아는지 살펴보고 키워주는 일은 매우 중요하다. 이제 일상적 행동부터 공부 및 과제에서 아이의 주의집중력이 어떤 모습으로 나타나는지 차근차근 살펴보자.

03

일상 주의력, 공부는 둘째치고 생활 태도부터 엉망이에요

●● 일상 태도가 엉망이라면 '주의력 경고등'이 켜진 것

초등 2학년 기수 엄마의 고민이다.

"아이가 공부나 숙제에도 잘 집중하지 못하지만, 그보다 생활 태도가 더 엉망이에요. 놀고 나서 장난감을 제대로 정리하지도 않아요. 알림장도 똑바로 안 써서 맨날 친구한테 다시 물어보고, 숙제는 늘 흐지부지하면서 다 끝냈다고 거짓말까지 해요. 학교에서는 발표할 때 손도 들지 않고 불쑥 말해서 선생님한테 자주 지적당해요. 왜 이렇게 아이가 충동적이고 정리가 안 되는지 모르겠어요. 유치원 때는 이토록 심하지 않았는데 아무리 말해도 아이의 행동이 고쳐지지 않아요. 이러다 고학년이 되고 사춘기가 오면 어떻게 해야 할지 모르겠어요. 요즘 아이들은 사춘기에 장난이 아니라는데 벌써부터 이러면 어떡해요. 저는 아이의 사춘기가 벌써 무서워요."

어쩌면 앞에서 나온 4학년 선우의 저학년 때 모습이 바로 기수와 비슷했을 것 같다. 전반적인 생활 태도에서 안정감이 부족하고, 해야 할 일과 멈춰야 할 일을 구분하지 못하며, 집중해야 할 때 집중하지 못하는 모습을 보이고 있다. 기수의 이런 모습이 언제부터 시작됐느냐고 엄마에게 질문했다. 기수는 5살 즈음부터 벽에 낙서하지 말라거나 장난감을 뒤섞지 말라고 해도 전혀 말을 듣지 않고 제멋대로 자기가 하고 싶은 대로 했다. 마음에 들지 않으면 떼부터 썼고, 유치원에 등원할 시간이라 이제 그만 놀고 나갈 준비를 해야 한다고 타일러도 아랑곳하지 않았다. 서너 번을 말하고 나서 "엄마가 뭐라고 했지?"라고 물어도 제대로 기억하지 못했다.

이 정도로 아이의 문제 행동이 심하다면 ADHD 증상을 의심해볼 수도 있지만, 그건 임의로 판단하면 안 된다. 정확한 검사와 임상적 진단이 필요하다. 다만 주의력이 부족한 아이들이 대부분 너무 활달하고 자극에 쉽게 반응하는 기질을 타고난 건 분명하다.

미국의 정신과 의사이자 성격심리학 권위자인 로버트 클로닝거Robert Cloninger 박사는 외부 환경의 자극에 사람들이 어떻게 반응하는지에 따라 크게 네 가지 기질로 나눌 수 있다고 설명한다. 낯선 사람, 장소, 대상에 쉽게 겁먹고 무서워하는 '위험 회피 기질', 새롭고 신기하게 느껴지는 자극에 본능적으로 끌리고 행동이 활성화되는 '자극 추구 기질', 부모와의 애착, 교사나 친구와의 신호에 강하게 반응하며 사회적 보상을 얻기 위해 행동하는 '보상 의존 기질', 지속적 강화가 없어도 한번 보상 받은 행동을 꾸준히 지속하려는 '지속성 기질'이 그것이다.

그중에서 기수는 바로 자극을 추구하는 기질에 속한다. 자극 추구 기질이 강한 사람은 새로운 자극에 호기심이 많고, 무엇이든 몸으로 부딪쳐 적극적으로 도전하고 열심히 수행하는 강점을 보인다. 하지만 규칙에 얽매이는 것을 싫어하고 반복적인 일을 쉽게 지루해한다. 그러다 보니 '산만하고 집중을 못 하며 인내심이 부족하다'는 지적을 종종 받는 것이다. 갖가지 자극에 이끌리느라 산만해져 좀처럼 집중하지 못하는 아이에게는 잔소리가 끊이지 않고 혼나는 일이 많아서 정서적 문제까지 생길 수 있다.

그런데 다른 이유로 생긴 정서적 문제 때문에 주의를 집중하기 어려운 경우도 많다. 부모와 안정적 애착을 형성하지 못한 경우, 부모가 자주 싸우거나 우울증을 앓는 경우 아이의 불안과 분노 같은 정서적 문제를 발생시키고, 그것이 아이의 주의집중력 발달에 문제를 일으키는 것이다. 정서적 문제는 특히 아이의 주의력을 방해하는 주요 요인으로 작용하는데, 불안하면 집중하지 못한 채 안절부절못하게 되는 것이 자연스러운 일이다.

그리고 또 한 가지는 환경적 원인 때문이다. 아이가 주의를 기울이려 노력해도 주의를 앗아 가는 시각적·청각적 자극이 있다면, 예를 들어 책상 주변에 장난감이 널려 있거나 숙제하는 아이의 옆에서 동생이 유튜브를 보고 있다면 아이는 주의력을 발휘하기 어려울 수밖에 없다. 설사 어른일지라도, 그 누구라도 마찬가지다.

●● 주의력이 부족할 때 나타나는 아이의 일상 문제들

어떤 이유에서든 아이가 충동적으로 행동하고, 주어진 과제에 주의를 기울여 집중하지 못한다면 아이의 주의력에 문제가 있을 가능성을 염두에 두어야 한다. 이제 주의력이 부족한 아이가 일상생활에서 자주 보이는 행동들을 점검하고 어떻게 도와줘야 할지 차근차근 알아보자.

1 정리를 못 한다.

장난감이든 수업 준비물이든 다 끝낸 것을 먼저 정리한 다음에 지금 필요한 것을 꺼내는 게 어렵다. 지금 당장 하고 싶은 것에만 온통 아이의 신경이 다 가 있기 때문이다. 그러니 아이가 스스로 이런 현상을 조절할 수 있을 때까지 지금 하고 싶은 일에서 주의를 돌려서, 지금 해야 할 일의 우선순위를 정하고 실행하도록 연습시켜 습관이 되도록 도와줘야 한다.

2 지시를 듣고 수행하지 못한다.

주의력이 부족하면 지시를 듣는 능력도, 지시대로 수행하는 능력도 떨어질 수밖에 없다. 유치원이나 학교에서 공부하는 시간뿐만 아니라 쉬는 시간이나 식사 시간에도 마찬가지다. 다 같이 선생님의 지시를 듣고 움직여야 하는데 그러지 못하는 것이다. 유아기부터 부모의 지시를 잘 듣고서 수행하는 연습이 필요하다.

③ 불쑥 엉뚱한 말을 하며 끼어든다.

주의력이 부족한 아이는 상대의 말을 제대로 듣지 않은 채 자기가 하고 싶은 말만 한다. 부모, 친구, 선생님과의 대화에서 공통적으로 보이는 현상이다. 상대의 말에 귀 기울여 맥락에 맞는 대화를 주고받는 것이 어렵다. 특히 친구 관계를 어려워하는 아이들에게서 이런 모습이 무척 많이 발견된다. 누군가 말하는 소리를 집중해 듣고서 그 말을 이해해 실행하는 청각 주의력을 발휘하도록, 평소에 아이가 제대로 듣고 생각하며 상황에 맞게 말하는 연습을 꾸준히 할 필요가 있다.

④ 가만히 기다리지 못한다.

놀이터에서도, 급식 시간에도, 마트에서도 줄을 서서 기다리는 것이 어렵다. 가만히 서 있지 못하고 앞뒤 친구들을 집적거려 다툼이 일어나기도 하고, 급기야 선생님께 혼이 나는 경우도 많다. 아이는 이 모든 과정에서 억울하기만 하니 분노를 가라앉히지 못하고 씩씩댄다. 하지만 줄을 서서 기다려야 하는 규칙을 이해하고 받아들여야 할 뿐만 아니라, 그렇게 기다리는 동안 자신의 주의력을 어떻게 발휘해서 이 시간을 잘 견뎌야 하는지도 배워야 한다.

⑤ 뻔한 거짓말을 잘한다.

거짓말은 아이의 도덕성 문제만이 아니다. 주의력이 부족한 아이도 거짓말을 잘한다. 지금 당장 하고 싶은 일을 계속하기 위해 임기응변으로 거짓말을 하는 것이다. 게임을 하는 아이에게 숙제를 다 했느냐고 묻거나 학교 준비물은 다 챙겼는지, 엄마가 시킨 심부름은 했는지 물어보면 아이는 하지 않고도 다 했다고 말해버린다. 도덕성이 부족해서라기보다는 지금 당장의 주의력을 조절하지 못해서 결과적으로 거짓말을 하게 된다는 사실도 알아야 한다.

6 규칙을 잘 지키지 않거나 수시로 바꾼다.

애초에 정확한 놀이 규칙을 잘 습득하지 못하는 경우도 많다. 산만하고 충동적인 성향의 아이는 설명을 주의 깊게 듣거나, 읽고 이해해야 하는 과정을 지루해하고 어려워한다. 자신에게 이로운 대로 공동 규칙을 수시로 바꾸려 드니까 사회성에도 문제가 생기는 것이다. 규칙을 이해하고 적용하는 것도 정신적으로 주의를 기울여 집중해야 하는 일이다.

7 유튜브나 게임 등 디지털 미디어에 너무 빠진다.

디지털 미디어처럼 다양한 자극을 시시각각으로 주는 게 또 있을까? 그 자극이 너무 강하니 아이가 정신없이 빠져드는 건 어찌 보면 당연한 일이다. 아이의 노력만으로 되지 않는 문제다. 눈앞에 있는 디지털 미디어의 유혹에 빠지지 말라고 아무리 말해봤자 소용없으므로, 아이의 주의력을 키워줄 때는 부모가 디지털 미디어를 차단하고 아이의 환경을 조절해주는 것도 매우 중요하다.

주의집중력 부족은 이렇게 일상생활과 공부의 문제뿐만 아니라 부모,

선생님, 친구들과의 관계 문제로도 이어진다. 아무리 설득하고 잔소리하며 윽박질러도 아이의 행동이 달라지지 않는다면 이제 아이의 주의집중력을 현명하게 키워줘야 할 때다. 아이가 기질적으로 호기심이 많아서 주의력이 떨어진다고 해도 아이의 호기심 자체를 죽여서는 절대 안 된다. 아이의 호기심과 열정과 적극적인 행동은 강점으로 날개를 달 수 있도록 도와주고, 필요한 순간에 차분하게 주의를 기울여 집중하는 습관이 몸에 밸 수 있도록 더불어 키워주는 것이 중요하다.

04

공부 주의력, 의지는 있어도 주의력이 부족해요

●● 공부, 하기 싫은 걸까? 안 되는 걸까?

7살 시우는 귀여운 장난꾸러기다. 아이가 놀이터에서 큰 소리로 웃으며 뛰어다니는 모습을 보면 저절로 미소가 지어질 정도로 사랑스럽다. 적어도 주변 사람들의 눈에는 그렇다. 그러나 시우 엄마는 조바심이 나고 하루하루 걱정이 커지고만 있다. 아이가 한글, 수학 공부에는 전혀 집중을 못 하기 때문이다. 아이와 함께 앉아서 그 좋다는 학습지와 교구들을 골고루 시도하면서 달래고 얼러가며 한글 쓰기와 수 세기를 시켜봤지만, 달랑 10분 하는 공부도 전쟁터가 되어버린다. 아이는 "하기 싫어! 내가 왜 해야 해?"라며 짜증만 내고, 학습지를 구기거나 교구를 던져버리기도 한다. 이제 곧 초등학교에 입학할 텐데 아직까지 한글도 못 읽고 숫자도 못 세는 게 걱정이지만, 그보다는 이런 태도로 초등학생이 되어 수업 시간에 제대로 앉아 있을 수나 있을지 여간 근심스러운 게 아니다.

대한민국 부모들이 가장 좋아하는 아이의 모습은 어떤 모습일까? 유아기까지는 잘 놀고 밝게 웃는 모습이 틀림없다. 하지만 본격적 공부가 시작되는 초등학생이 되면 이제 부모의 기대가 달라진다. 아이가 공부에 잘 집중하기를 바란다. 모든 부모가 이렇게 말한다. "놀 때 놀고, 공부할 때 공부할 줄 알아야 해." 정말 우리 아이들이 이런 모습으로 자라면 좋겠다.

그렇다면 7살 시우는 왜 이러는 걸까? 아이의 말대로 공부를 하기 싫어서? 아니면 공부를 해야 한다는 사실을 아직 잘 몰라서? 그렇지 않다. 시우뿐만 아니라 대부분의 초등 아이들은 공부하기 싫다고 말하긴 하지만, 정작 아이들과 깊은 대화를 나눠보면 전혀 다른 이야기를 한다.

공부를 하기가 싫은 게 아니라 공부가 안 돼서 너무 괴롭다는 것이다. 이런 현상은 학년이 올라갈수록 심해진다. 아이들의 이런 말은 변명을 위해 둘러대는 말이 아니다. 실제로 공부와 숙제를 하지 않아서 아이에게 생기는 문제가 얼마나 많은가? 당장 화난 엄마에게서 귀가 따갑도록 잔소리를 들어야 하고, 학교와 학원에서도 과제를 못 한 데 대해 비난과 놀림의 시선을 받아야 한다. 아이 스스로도 자신에게 실망하고 좌절한다. 이렇게 영원히 공부를 못하는 사람이 되어버릴까 봐, 그래서 나중에 뭘 해먹고 살아야 할지 걱정하는 게 요즘 아이들이다. 그러니 아이가 괴로워하는 지점이 무엇인지 제대로 이해해야 한다.

●● 주의력이 부족할 때 나타나는 아이의 공부 문제들

아이는 하려고 해도 안 돼서 괴롭다. 바로 그 지점을 제대로 살펴야 하는 것이다. 미루고 미루다가 결국 못 하게 되는 이유, 제대로 읽지 않아서 아는 것도 틀리는 이유, 30분이면 끝낼 과제를 2시간 넘게 붙들고 있어도 못 하는 이유가 '공부하기 싫어서'가 아니라 '공부에 주의를 기울여 집중하지 못하기' 때문임을 먼저 부모가 인지해야 한다. 이제 부족한 공부 주의력이 아이에게 어떤 문제를 일으키는지 알아보자.

1 수업 준비를 제대로 못 한다.

등교 전날 저녁에는 다음 날을 위한 준비물을 잘 챙길 수 있어야 하지만, 주의력이 부족한 아이는 제대로 챙기지 못한다. 아무리 잔소리를 해도 고쳐지지 않으니 아이의 준비물 챙기기는 어쩔 수 없이 엄마 몫이 되어버린다. 학교에서도 마찬가지다. 쉬는 시간에는 앞 시간의 교과서와 공책은 서랍에 집어넣고, 다음 시간의 교과서와 공책을 꺼내놓아야 한다. 그런데 늘 수업이 시작되고 나서야 짝이 꺼내놓은 교과서 제목을 보고 허둥지둥 꺼낸다. 무슨 일에서든 차근차근 준비하는 과정을 연습하고 배워야 한다.

2 일단 시작하기가 어렵다.

숙제를 해야 하지만 책을 펼쳐놓고도 막상 시작을 못 한다. 낙서를 하거나 멍하니 공상에 빠진다. 10~20분이면 충분히 끝낼 숙제를 시작도 제대로 못 한 채 벌써 40분이 지나고 있다. 어렵지도 않고 아이의 수준으로 해결하기 충분한 과제여도 마찬가지다. 해야 할 일을 미루지 말고 곧바로 주의를 기울이는 방법을 가르치고 연습시켜야 한다.

③ 수업 내용에 집중하지 못하고 멍하거나 딴짓한다.

수업 내용이 너무 어렵다면 따로 기초를 쌓는 과정이 필요하다. 그렇지 않고 충분히 따라갈 수 있는 수준인데도 집중하지 못한다면 스스로 주의를 집중할 수 있는 방법을 가르치고, 아이가 직접 그 방법대로 실행하도록 이끌어야 한다. 이때 주의력을 키우기 위한 준비로, 앞자리로 옮기거나 수업 내용에 관한 질문을 미리 마련하는 등 아이의 환경을 조절해주는 것도 매우 중요하다.

④ 눈으로 보고도 잘 알아차리지 못한다.

눈앞에 있지만 못 보는 현상이 심하다. 눈으로 들어오는 시각적 정보에 주의를 기울이는 능력인 시각 주의력이 부족한 경우다. 글자를 잘못 읽거나 수학기호를 잘못 보기도 한다. '해당하지 않는 것'을 고르라는데 '해당하는 것'으로 읽거나, '틀린 것'을 찾으라는데 처음 본 '맞는 것'을 답으로 먼저 써버리는 등 다양한 문제가 나타난다. 정확히 보고 제대로 이해하는 연습과 훈련이 필요하다.

⑤ 귀로 듣고도 이해하지 못하고 엉뚱한 소리를 한다.

선생님의 설명을 제대로 듣고 이해하는 능력인 청각 주의력이 부족한 경우도 무척 많다. 다른 소리에 정신이 팔려서 선생님의 지시를 놓치기도 하고, 설명 내용을 똑똑히 듣지 못한다. 특히 듣기 평가에서 더욱 어려움을 겪는다. 지능검사에서도 숫자를 '바르게 따라 하기'와 '거꾸로 따라 하기' 과제를 주면 "바로 따라 해요? 거꾸로 따라 해요?"라고 다시 묻는 일이 잦다.

6 시간 계획과 배분을 잘 못한다.

수학 숙제도 있고 독서록도 써야 한다면 아이는 각 과제의 분량과 소요 시간을 예측하고 시간 계획을 짜야 한다. 하지만 주의력이 부족하면 이 모든 것도 부모의 몫이 된다. 게다가 숙제를 하기 싫은 아이는 계속 나중에 하겠다고 미루다가 결국 못 하기도 한다. 그저 공부와 숙제가 싫기 때문이기도 하겠지만, 아이의 주의력에 문제가 있어서 이런 현상이 나타날 수 있다는 것도 알아야겠다.

7 학년이 올라갈수록 성적이 떨어진다.

아이에게 위와 같은 모습들이 조금씩 나타난다면 당연히 학년이 올라갈수록 성적은 떨어질 수밖에 없다. 교과과정의 난이도가 점점 높아지고, 과제의 양도 늘어나기 때문이다. 공부에 주의집중력을 발휘하기란 생각보다 쉽지 않지만, 관심 없는 공부에도 주의를 기울일 수 있어야 하고 그 공부에 집중을 유지할 수 있어야 한다. 좋아하는 과목에서는 좀 더 쉽게 가능하지만, 안타깝게도 아이가 모든 과목을 좋아하지는 않는다. 그러니 공부에 대한 주의집중력이 아이의 나이에 맞게 잘 발달하고 있는지 체크하는 것이 특히 중요하다. 주의력이 좋은 아이는 학년이 올라갈수록 그 진가를 점점 더 발휘하게 된다.

이제 공부력의 기반이 되어주는 가장 중요한 정신적 능력이 바로 주의집중력임을 이해할 수 있을 것이다. 지금 공부에 집중하지 못한다고 공부할 의지가 없다면서 아이를 오해하고 닦달하면 절대 안 된다. 주의집중력은 의지의 문제가 아니다. 관심 없는 과목에도 주의를 기울여 집중하는 능력을 아이에게 키워준 적이 있는지부터 돌아보자.

●● 공부 주의력을 지키는 안전벨트를 맸는가?

이제 아이의 입장에서 생각해보자. 4학년 수현이가 숙제를 하면서 어려운 수학 문제를 풀고 있다. 미간을 찌푸린 채 한 손으로 턱을 만지작거린다. 몸은 뒤로 젖혀 의자 등받이에 한껏 기댄 채 삐딱하게 앉아서 연필로 공책을 두드리고 있다. 그렇다고 문제를 아예 안 푸는 건 아니다. 끄적대며 문제를 풀지만 2~3분에 한 번씩 깊은 한숨과 푸념의 소리를 낸다. 몸은 책상 앞에 간신히 앉아서 책을 펼쳤지만 주의력이 부족해 집중력도 전혀 발휘하지 못한 채 스트레스만 받고 있는 것이다. 이럴 때 어떻게 아이를 도와줄 수 있을까?

거듭 말하지만, 열심히 공부하지 않는 아이라는 시각으로 수현이를 바라보지 않길 바란다. 비록 숙제하기 싫은 마음을 온몸으로 표현하고 있지만, 이는 제대로 못 해서 속상하고 화나는 마음도 같이 표현하는 것으로 이해해야 한다. 수현이가 이렇게 힘들어하는 이유를 알기 위해 숙제를 잠시 멈추게 하고 대화를 나눠봤다.

상담사 이렇게 뭔가 잘 안 풀릴 때 무슨 생각이 들어?

수현 아, 그냥 짜증 나요. 하기 싫어요.

상담사 그런 것 같아. 많이 힘들어 보여. 문제가 어렵니?

수현 당연히 어렵죠. 이거 안 하면 안 돼요?

상담사 어려워서 하기 싫은 거야? 그럼 풀 만한 문제라면 풀 수 있다는 의미야?

수현 풀 수 있으면 빨리 풀어서 끝내고 싶죠. 근데 어려우니까 그렇죠.

상담사 네가 풀 만한 수준이라면 집중할 수 있다는 말이구나.

수현 그럼 당장 하죠.

수현이는 수학 문제가 어려워서 그렇다고 말한다. 이럴 때는 숙제 난이도를 아이에게 적당한 수준으로 조절해줘야 한다. 하지만 많은 경우에 좀 더 쉬운 문제를 제시해도 아이의 태도가 크게 달라지지 않는다. 또한 힘들어하는 마음에 공감하고 다독여주는 것으로도, 혹은 반대로 그러지 말라고 따끔하게 혼내는 것으로도 아이의 주의력은 나아지지 않는다.

아이의 공부 주의력을 키우기 위해서는 아이의 수준에 맞는 과제와 산만해지지 않는 환경이 준비돼야 한다. 그리고 적절한 연습과 훈련을 통해 주의집중력을 키워야 다시 공부할 수 있게 된다.

특히 초등학교 저학년 때는 상위권을 유지했지만 고학년으로 올라가면서 점차 힘들어하다가 중고등학생이 되면서 성적이 급격히 떨어지는 아이들의 경우에 이렇게 주의집중력 부족이 그 원인일 때가 매우 많다. 꽤 좋은 머리와 이해력으로 높은 성적을 쉽게 거두었던 아이는 진짜 주의를 기울여 집중해야 하는 과제가 많아지면 어찌할 줄 모르고 자신감을 잃어버리기도 하는 것이다.

반면 공부에서 주의집중력이 잘 발달하고 있는 아이는 어떤 모습을 보일지도 궁금하지 않은가. 4학년 현수의 모습을 살펴보자. 현수가 어려운 수학 문제를 풀고 있다. 문제를 뚫어지게 쳐다보며 연습장에다가 열심히 푼다. 그런데 잘 풀리지 않는지 한숨을 쉬기도 하고, 지금까지 썼던 것을 지우개로 지우기도 한다. 아이의 얼굴이 점점 발갛게 상기되고 있다. 아이의 공부를 잠시 멈추게 하고 질문했다.

상담사 문제가 잘 안 풀리는 것 같은데, 괜찮아?

현수 괜찮아요.

상담사 이럴 때는 무슨 생각이 들어?

현수 그냥 어떻게 하면 풀릴지 그 생각밖에 안 해요. 그냥 끝까지 풀고야 말겠다는 생각요.

상담사 어렵지 않니?

현수 어렵긴 한데 그래도 끝까지 해볼게요.

상담사 만약 그래도 안 되면?

현수 그럼 뭐 다음에 풀든가, 누구에게 묻든가 하면 되죠.

어려움에도 불구하고 이렇게 주의를 지속해 집중하는 아이의 모습은 참 아름답다. 우리 아이도 이렇게 자랄 수 있도록 도와줘야겠다.

05

아이의 주의력을 방해하는 것들

●● 주의력이 부족해지는 원인은 무엇일까?

아이와 함께 상담실을 찾은 부모들이 아이에 대해 이런저런 걱정을 내놓는다.

A 엄마 우리 아이는 원래 좀 에너자이저 같긴 했어요. 갓난아기 때부터 한시도 가만있지 않았어요.

B 엄마 아이가 영재교육원 준비를 하고 있어요. 준비할 건 많고 시간이 부족해 잠자는 시간도 아까운 상황이에요. 그런데도 아이가 도무지 집중을 못 하니 걱정이에요.

C 엄마 너무 힘들어요. 아이가 왜 저렇게 짜증이 많은지. 툭하면 신경질을 내고. 성질만 부리고, 뭐 하나 제대로 집중해서 해내지 못해요.

세 엄마의 호소에서 공통점과 차이점을 발견했는가? 분명하게 드러나는 공통점은 세 아이 모두 산만하고 좀처럼 집중하지 못한다는 것이다. 두드러진 차이점은 A 엄마는 아이의 기질적 특성을, B 엄마는 현재 아이에게 주어진 양육 환경 문제를, C 엄마는 아이의 불안정한 정서를 얘기하고 있다는 것이다.

앞에서 말한 것처럼 크게 기질적 특성, 양육 환경, 그리고 정서적 문제는 아이의 주의력을 해치는 주요 원인이다. 게다가 이 3가지 요인은 서로 악순환하여 주의력 문제를 심화해 증폭시키기도 한다. 아이의 주의력 부족을 야기하는 이 3가지 문제에 대해 좀 더 자세히 살펴보자. 또한 아이에 따라 어떤 요인이 더 큰 원인으로 작용하는지도 알아보자.

●● 기질적 특성이 주의력을 떨어뜨릴 때

먼저 기질적 원인에 대해 알아보자. 다음은 올해 초등 1학년이 된 동환이 엄마의 걱정들이다.

"도대체 제자리에 있지 않아요. 의자에 앉아 있는 걸 너무 힘들어해요."

"음식점에서도 마구 함부로 돌아다니고, 그곳에 있는 뚜껑이란 뚜껑은 죄다 열어봐요."

"유치원 견학 때도 혼자 돌아다녀서 선생님들이 다 찾아다녔어요."

"미끄럼틀이고 어디고, 자꾸 뛰어내리다가 자주 다치기도 해요."

기질이란 자극에 대해 반응하는 아이의 타고난 특성이다. 앞에서 설명했듯이 자극을 추구하는 아이들은 호기심이 많으며 매우 활동적이고 적극적이라서 과도한 움직임 때문에 너무 시끄러운 아이, 주의가 산만한 아이, 좀처럼 집중을 못 하는 아이로 평가받을 때가 많다. 중요한 것은 아이의 이런 기질적 특성 자체에 문제가 있는 것이 아니라는 점이다.

만약 자극 추구 성향이 너무 떨어지면 아이는 어떤 모습을 보이게 될까? 아마도 자신에게 익숙한 방식만을 고집하여 경직되고 융통성 없는 모습을 보일 것이다. 그러니 자극 추구 성향이 강하다는 것은 새롭고 낯선 것을 열정적으로 탐색하면서 실패하고 좌절해도 그에 굴하지 않고 다시 자기 열정을 쏟을 대상을 찾는 회복 탄력성이 매우 높다는 의미이기도 하다. 다만 당장 다른 것들에 관심이 가도 그런 마음을 진정하고, 지금 여기에서 나에게 필요한 과제에 주의를 기울여 집중하는 능력을 차근차근 키워줄 필요가 있다.

그런데 아이의 이런 부정적 행동들이 아무리 지적하고 가르쳐도 잘 고쳐지지 않은 채 점점 심해지는 경우가 있다. 이럴 때 많은 부모가 혹시 ADHD[Attention Deficit Hyperactivity Disorder](주의력결핍과잉행동장애)가 아닐까 걱정하곤 한다. 미국소아정신과학회의 통계에 따르면 평균 학령기 소아의 ADHD 유병률은 3~8퍼센트이고, 여자아이보다 남자아이에게서 3배 정도 더 높게 나타난다. 서울시와 서울대가 시행한 역학조사에서 ADHD 유병률은 6~8퍼센트로 나타났으며, 이는 소아정신과 관련 질환 중 가장 높은 것에 속한다. 그러니 아이의 주의력 문제가 또래에 비해 과하다고 생각되면, 가능한 한 빨리 전문 기관에서 정확한 검사를 통해 확인해봐야 한다. 검사 결과 정말로 ADHD로 진단을 받는 경우도 종종 있기 때문이다. 그렇다면 우선 부모의 죄책감을 내려놓길 바란다. 부모의 양육 방식보다는 유전적 불균형이나 뇌신경학적 문제이기 때문이다.

지금까지의 연구들에 따르면 ADHD 아이들의 뇌는 그 구조나 기능에서 보통 아이들과 차이를 보인다. 뇌영상을 촬영해보면 보통 아이들에 비해 ADHD 아이들에게서는 주의집중력에 관여하고 행동을 조절하여 불필요한 행동은 억제해주는 전두엽이 약화되어 있으며 그 활성도가 떨어진다. 뇌의 구조적 차이도 관찰된다. 신체 활동과 근육의 움직임을 억제하는 기저핵의 크기가 작고, 대뇌피질도 그 두께가 얇으며 덜 성숙되어 있다. 또한 전두엽 등 아이의 뇌를 이루는 부위들이 그 기능을 잘 수행하기 위해서는 신경세포들 간에 정보를 전달하는 신경전달물질인 도파민이나 노르아드레날린이 적절하게 활성화돼야 하는데 여기에도 문제를 보인다.

이처럼 뇌신경학적 문제로도 아이의 주의력이 현저히 부족해질 수 있다. 그로 인해 일상생활을 하거나 공부할 때 미리 계획하고 실행하는 능력, 유연하게 조절하는 능력, 종합하고 평가하는 능력에도 어려움을 겪을 수밖에 없다. 그러니 주의력 문제로 ADHD 진단을 받았다면 정확한 소아정신과 진료와 처방을 기반으로 아이의 충동성과 과잉 행동을 줄이고, 자기 조절력을 향상하기 위해 주의력 훈련과 더불어 인지행동치료, 학습 치료, 사회성 치료 등 성장 과정에서 아이에게 필요한 다양한 치료를 병행해야 한다. 물론 아이가 겪는 어려움의 원인을 정확히 모른 채 집중하지 못한다고 무작정 혼내거나 다그치면 심리적 상처로 이

차적 행동 문제가 발생할 수 있다는 점도 기억하기를 바란다.

●● 양육 환경에 따라 달라지는 주의력

이번에는 아이의 주의력에 밀접한 영향을 미치는 양육 환경에 대해 살펴보자. 초등 4학년 다영이 이야기다.

다영이는 아침부터 등교 준비를 빨리 안 한다고 엄마한테 야단맞아서 기분이 좋지 않았다. 학교에서는 짝이 다영이에게 우유를 흘려서 큰 소리로 화를 냈다. 그 뒤로 짝은 다영이랑 말을 안 하고 다른 아이들하고만 말한다. 학원 영어 숙제는 학원으로 가는 엄마의 차 안에서 하는데, 엄마에게 들키면 혼나니까 눈치를 보면서 몰래 대충대충 답을 쓴다. 오늘은 유난히 영어 수업이 지루하다. 다행히 이번 시간에는 발표를 안 시켜서 다영이는 고개를 숙인 채 교재를 보는 척 멍하니 있다.

다영이에게는 이런 날들이 매일 반복적으로 이어진다. 이대로는 아이의 주의력이 길러질 것 같지 않다. 다영이 이야기를 토대로 아이의 주의력을 저해하는 양육 환경을 살펴보자.

첫째, 아이의 자율성과 능동성을 방해하는 환경이 주의력에도 악영향을 미친다. 학년이 올라갈수록 자발적이고 능동적으로 주의를 기울이는 능력이 필요해진다. 일상생활에서도 공부에서도 스스로 과제에 주의를 기울여 계획하고, 그 계획에 따라 주의를 집중해 실행하고 완수하는 능력을 갖추는 것이 중요하다. 그런데 다영이의 일과는 모두 엄마가 통제하고, 다영이는 거기에 마지못해 끌려가는 것처럼 보인다. 과연 아이의 주의력이 잘 자랄 수 있을까?

미국 뉴욕의 공립학교 교사로 30년간 재직하면서 올해의 교사상을 세 차례나 수상한 존 테일러 개토John Tayor Gatto는 저서 『바보 만들기』에서 미국 아이들의 일주일 시간표를 분석한다. 일주일 동안 학교에서 보내는 시간은 물론 등하교 시간, 숙제 시간, 또 음악이나 운동 같은 방과 후 활동 시간, 밥 먹는 시간, TV 보는 시간, 게임이나 인터넷을 하며 보내는 시간까지 일일이 체크했다. 그런데 그런 시간들을 다 빼고 나면, 아이가 깨어 있는 시간 중 무엇인가를 자유롭게 탐색하고 상상하며 깊은 생각에 잠길 수 있는 시간은 일주일에 9시간밖에 남지 않는다.

문제는 지금 우리 아이들의 현실도 크게 다르지 않을 뿐만 아니라, 부모들은 이를 당연시하고 있다는 것이다. 이는 아이가 자기 주의를 능동적으로 기울이는 연습을 할 수 있는 시간이 절대적으로 부족하다는 의미인데도 말이다.

둘째, 교육적 지침이 부족한 양육 환경도 아이의 주의력에 해롭다. '교육적 지침'은 아이가 무엇을 얼마만큼 조절해야 하는지, 가령 밥을 먹을 때, 씻어야 할 때, 친구와 놀 때, 공부할 때 등 다양한 상황에서 아이가 어떤 행동을 어느 정도까지 해야 하는지 그 기준을 안내하는 것이다.

주의력을 발휘하려면 조절하는 힘이 꼭 필요하다. 그런데 조절은 해야 하는데 무엇을 얼마만큼 조절해야 하는지 모르면 어떻게 될까? 다양한 상황에서 이런저런 행동을 해도 되는지, 하면 안 되는지, 행동의 강도는 어느 정도까지 허용되는지 그 기준을 모른다면 아이는 적절하게 행동할 수 없다. 따라서 부모는 아이가 그 지침을 정확하게 알 수 있도록 알려줘야 한다.

부모와 자녀의 사이뿐만 아니라 친구들과의 관계, 선생님과의 관계에서도 기본적으로 지켜야 할 행동 규범과 질서가 있다. 이것은 본능적으로 알고 있는 것도 아니고, 자라면서 저절로 알게 되는 것도 아니다. 갓난아기 때부터 부모와의 교감과 대화를 통해, 친구와의 놀이를 통해, 그리고 선생님과의 수업을 통해 생생하게 배우고 익히는 것이다.

주의력도 마찬가지다. 주의를 기울일 수 있는 능력이 아이에게 잠재되어 있긴 하지만, 역시 저절로 발달하는 것은 아니다. 집이나 학교에서 아이가 스스로 주의를 집중하는 법을 조금씩 터득하고 체화하도록 가르쳐주고 연습시켜야 한다. 주의력이 부족한 아이를 위해 구체적으로 어떤 환경을 조성해줘야 하는지에 대해서는 3장에서 좀 더 자세히 얘기하겠다.

●● 불안정한 정서가 주의력을 흔드는 뇌과학적 이유

마지막으로 아이의 주의력을 갉아먹는 정서적 원인도 살펴보자. 요즘 도무지 집중을 못 하고 툭하면 잘 우는 초등 3학년 지호의 이야기다.

상담사 지호야, 요즘 무엇이 제일 걱정되니?

지호 공부요.

상담사 공부? 좀 더 자세하게 얘기해줄래?

지호 지난번 단원평가시험을 너무 못 봐서 엄마한테 야단맞았어요.

상담사 많이 속상하겠다.

지호 동생은 잘하는데 나는 못한다고……, 그렇긴 한데 화를 막 내면서 엄마가…….

상담사 동생이 부럽고, 또 너만 야단맞아서 속상하구나.

지호 네. 저는 머리가 나빠요.

아이의 모든 발달에서 건강한 정서는 아무리 강조해도 지나치지 않다. 주의력에도 예외는 아니다. 불안이 높거나 우울한 아이가 상담실에 오면 정서 문제와 함께 주의력 문제가 동반되는 경우는 매우 흔하고, 또 당연한 일이기도 하다. 정서적으로 불안정한 아이는 오랫동안 무엇인가에 주의를 기울여 집중하기 힘들어하고, 쉽게 짜증 내며 좌절하고, 그러다가 무기력해져 의욕을 잃어버리곤 한다. 또한 그때그때의 상황에 맞게 자기 정서를 유연하게 조절하지 못하고 무슨 일이 생길까 봐, 혹은 뭔가 빼앗길까 봐 두려워서 옴짝달싹 못 한 채 긴장하며 굳어 있기도 한다.

인간의 뇌는 어떤 인지 활동보다도 불안, 두려움, 공포, 분노, 우울 같은 부정적 정서를 최우선으로 처리한다. 생존 본능이다. 그래서 아이가 부정적 감정으로 불편할 때는 기억이나 주의집중 같은 인지 과정에 뇌가 그 자원을 쓸 수 없다. 아이가 불편한 정서에 압도당했을 때 아이의 뇌에서 무슨 일이 벌어지는지, 그것이 어떻게 주의력의 작동을 차단하는지 그 과정을 간단하게 살펴보자. 수업 시간에 선생님이 앞에 나와서 칠판에 문제를 풀라고 시킨 상황이다.

'아. 어떡하지? 모르겠는데. 지난 시간에도 못 풀어서 그냥 서 있었는데 오늘도 못 풀면……. 아, 분명히 야단맞을 것 같아. 무서워. 창피해.'

→ 불안하다.

→ 감정을 처리하는 편도체가 생존 모드에 돌입한다.

→ 감정 표출·신체 반응·행동을 조절하는 중추인 시상하부와 신경 통로이자 의식 조절 기능을 하는 뇌간으로 위험 경보 신호를 보낸다.

→ 스트레스 호르몬이 분비된다.

→ 심장박동과 맥박이 빨라지고, 얼굴이 빨개지고, 땀이 나고, 몸이 굳는다.

→ 감정 조절이 안 되고, 부정적 감정과 분노가 솟아오른다.

→ 편도체 과활성화로 인해 전두엽으로 이어지는 통로가 좁아지거나 차단된다.

→ 정보 처리에 필요한 외부 정보가 차단된다.

→ 문제 해결에 실패한다.

하기 싫은 과제, 어려운 과제 등으로 인한 학습 부담감과 공부 스트레스, 제대로 못 했을 때 느끼는 좌절과 무기력, 실패에 대한 두려움 등 아이가 일상생활 속에서, 그리고 공부를 하는 과정에서 수없이 만나는 부정적이고 불편한 감정은 반드시 아이의 주의력을 흩트릴 것이 명백하다. 그래서 아이의 주의력을 키워주려면 다른 어떤 것보다도 아이의 마음 상태부터 세심하게 살펴야 한다. 자칫하면 모래성을 쌓을 수 있기 때문이다.

이외에도 또 다른 원인들로 인해 아이의 주의력이 부족해지기도 한다.

- 지능상의 어려움이 있는 경우
- 뇌신경학적 문제로 읽기, 쓰기, 셈하기가 안 되는 학습 장애인 경우
- 시각, 청각 등 감각적 문제가 있거나 갑상선 질환, 호르몬 문제, 뇌 병변, 뇌전증 등 신경학적 질환을 앓고 있는 경우

다시 한번 강조하지만, 주의력은 인간의 인지 활동 전반에 영향을 미친다. 아이의 주의력에 심각한 문제가 있다고 판단된다면 지체하지 말고 전문적인 진단과 평가를 통해 정확한 원인을 찾아서 그에 맞는 도움을 줄 방법을 모색해야 한다.

2장

부모가 꼭 알아야 할 5가지 주의력

01

주의력을 구성하는 3가지 요소

●● 주의력의 3가지 핵심 요소

혈액이 우리 몸의 구석구석을 흐르며 생명 유지를 위해 무수한 기능을 하듯이 주의력도 마음과 정신 곳곳에서, 일상과 공부 모두에서 수많은 기능을 담당하고 있다. 따라서 주의력이 우리의 인지 과정에 어떻게 개입하여 무슨 영향을 미치는지 살펴보는 것은 아주 중요하다. 그래야 아이에게 주의력이 부족한 징후가 보일 때 너무 늦지 않게 포착할 수 있고, 또 무엇을 어떻게 도와줘야 하는지 적절한 해법을 찾아서 대처할 수 있기 때문이다.

주의력을 연구하는 심리학자들은 주의력을 구성하는 3가지 핵심 요소를 강조한다. 바로 주의 선택, 주의 상태, 주의 조절이다. 이 세 요소가 원활하게 작동해야 아이의 주의력이 충분히 그 능력을 발휘할 수 있다.

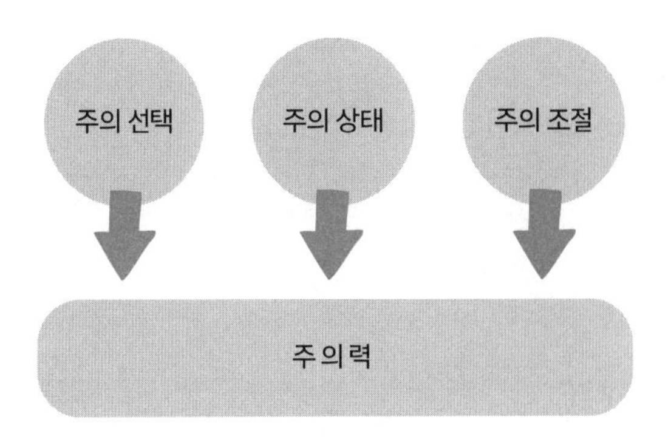

●● 주의 대상을 선택할 수 있는가?

첫째, '주의 선택'은 자신에게 필요한 대상에 적절한 주의를 기울일 수 있는지를 말하는 것이다. 주의력이 발휘되기 위해서는 수많은 시각적·청각적 자극이나 정보 중에서 자신에게 필요한 것만 선택적으로 받아들이고 불필요한 것은 억제할 수 있는 능력이 필요하다.

보드게임을 하는 초등 3학년 진호의 반응을 주의 깊게 살펴보면서 주의의 선택이 갖는 의미를 생각해보자.

상담사 이번에 진호 차례야!

진호 아, 네. 음……. 아, 그런데 시끄러워요.

상담사 응? 시끄러워? 뭐가? 선생님은 잘 모르겠는데? 아, 혹시 지금 창 밖에서 작게 들리는 저 아기 소리?

진호 네, 시끄러워서……. 아기가 자꾸 짜증 내잖아요. 듣기 싫어요. 저

어디 해요?

상담사 아, 진호가 하던 데를 깜박했구나?

진호 아! 이번에는 어떤 아저씨 말소리……. 주차장에서 왜 저래요? 무슨 일인데 시끄럽게 굴어요?

5분쯤 걸리는 짤막한 보드게임 한판을 하는 동안 진호는 자꾸만 밖에서 들리는 소리들에 신경을 쓰고 있다. 도로를 지나가는 자동차 소리, 상담실 현관문이 열리는 소리, 대기실에서 나는 여러 소리 때문에 계속 불평했다. 청각적으로 예민한 아이라서 그렇다고 생각할 수도 있다. 그러나 문제는 진호가 외부에서 들리는 자극에 자꾸만 주의를 기울이니 대화와 놀이의 흐름을 놓치고 자기 순서를 까먹거나, 어디까지 게임을 진행했는지 잊어서 되묻는 일이 많다는 것이다. 그렇다, 이는 외부 자극에 자꾸 방해받아서 아이가 주의를 기울여야 할 대상에 제대로 주의를 기울이지 못하고 있다는 의미다.

진호의 주의력을 좀 더 자세하게 평가하기 위해 주의력 검사를 실시했다. 역시 진호는 자신에게 필요한 자극은 선택하고 불필요한 자극은 억제하는 주의의 선택이 원활하게 이루어지지 않는다는 것이 확인됐다. 이렇게 주의 대상을 선택하는 데 문제가 생기면 아이는 주변의 수많은 시각적·청각적 정보에 압도되어 정작 주의를 기울여야 하는 상황, 예를 들어 부모와 선생님이 말씀하실 때, 친구들과 놀이 활동을 할 때, 숙제나 공부를 할 때 자신에게 필요한 주의를 기울이는 데 실패하게 된다.

●● 주의 몰두 상태를 유지할 수 있는가?

둘째, '주의 상태'는 주의를 몰두한 상태로 얼마나 지속할 수 있는지를 말하는 것이다. 일단 주의 대상을 선택하고 나면 그 대상에 주의를 기울여 몰두하는 상태가 중요해진다. 대상에 따라, 혹은 상황에 따라 어떤 때에는 강하게 주의를 기울이기도 하지만, 때로는 금세 주의가 흐트러져서 몰두 상태가 사라지기도 한다. 이렇게 주의를 기울이기 시작하고 지속하다가 끝내는 과정에서 주의의 강도는 다양하게 변화한다.

수업이 시작되는 초등 3학년 교실을 잠시 들여다보자. 수업의 시작을 알리는 종이 울리고, 선생님이 교탁 앞에 서서 아이들에게 얘기한다.

"자, 여기에 사진 2장이 있어요. 보이죠?
아주 꼼꼼히 잘 살펴보세요. 2장의 사진에서 서로 다른 곳이 있나요?
있다면 어디가 어떻게 몇 군데나 다를까요?"

아이들은 몸동작과 잡담을 멈춘 채 사진을 쳐다보기 시작한다. 가만히 정지한 상태에서 눈을 크게 뜨고 양쪽 사진을 번갈아 주시한다. 어떤 아이는 고개를 반듯하게 들고 있으며, 어떤 아이의 고개는 비스듬히 기울어져 있다. 또 어떤 아이는 입이 살짝 벌어져 있다.

그런데 시간이 조금 지나니, 한 아이가 몸을 움직이기 시작한다. 이리저리 둘러보다가 짝꿍의 얼굴을 바라보면서 쿡 찌르며 말을 건다.

야, 너 이 지우개 어디서 샀어?

짝꿍에게서 아무 말이 없자 이번에는 뒤로 돌아서 뒷자리 친구의 책상을 휘휘 둘러본다. 그러자 주위의 다른 아이들도 그 아이의 말소리와 움직임을 느끼고 한두 명씩 궁금한 표정으로 그 아이를 쳐다본다. 선생님이 여기저기 두리번거리는 아이를 발견하고 묻는다

"주원아, 두 사진에서 달라진 점을 찾아냈니?"

"아, 아직요."

처음에는 모든 아이가 선생님이 내준 과제를 해결하기 위해 2장의 사진에 집중하며 관찰했다. 많은 아이가 계속 집중하는 그 상태에 머물러 있지만, 어떤 아이에게는 과제에 기울이던 주의의 강도에 변화가 생긴다. 주의 상태가 변화한 것이다. 두 사진의 차이점을 끝내 찾아내지 못한 주원이처럼 주의 상태의 변화에 따라 과제 수행 결과도 달라지게 된다.

또 다른 상황을 예로 들어보자. 수학 시간에 암산을 하고 있다. 암산할 때 정확한 값을 얻으려면 각 계산 단계를 머릿속에 떠올려야 하고, 필요하다면 구구단도 활용해야 한다. 또 중간중간에 얻은 값들을 자릿수를 잘 고려해서 머릿속에 붙잡고 있어야 한다. 그러기 위해서 우리는 암산을 하는 일정 시간 동안 강하게 주의를 기울이는 상태를 유지해야 한다. 이렇게 주의를 지속하는 상태를 유지하지 못한다면 기억해야

할 그 정보들이 머릿속에서 달아나버리고, 결국 암산은 실패로 끝날 것이다.

따라서 주의력에서는 주의해야 할 대상을 선택할 수 있는 것과 함께 선택한 대상에 강도 높은 주의를 기울이는 상태를 유지할 수 있는 것도 중요하다.

●● 스스로 주의를 조절할 수 있는가?

마지막으로 '주의 조절'은 '주의 선택'과 '주의 상태'를 자기 필요에 따라 얼마나 조절할 수 있는지를 말하는 것이다. 다음 상황들을 한번 살펴보자. 어떤 상황들일까?

- 까꿍 놀이를 하면서 아기가 엄마에게 집중하도록 몸짓과 말소리로 아이의 주의를 끈다.
- 상대가 하는 말을 잘 들어야 정확하게 이해할 수 있다는 것을 아이가 인식하고 있다.
- 아이는 기다리면 맛있는 것을 더 많이 먹을 수 있기에 눈을 감고 보지 않는다.
- 아이는 책의 내용을 잘 이해하기 위해 귀를 막고 천천히 생각하며 읽는다.

그렇다, 주의를 조절한다는 것은 이렇게 다양하게 변화하는 상황과 자신에 대한 요구에 반응해서 자기 주의를 통제하고 조절하는 것을 말한다. 어떤 상황이나 요구에 따라 여러 방해 자극을 물리치고 주의를 기울일 대상을 선택하여 강도 높게 주의를 기울일 수 있도록 스스로 조절할 줄 아는 것은 주의력의 핵심 요소 중 하나다.

위의 첫 번째 상황처럼 아직 스스로 주의를 조절하지 못하는 아기일 때는 외부(엄마 등)의 도움으로 조절을 시작한다. 그리고 나머지 상황들처럼 아이는 성장하면서 주의에 대한 인식능력이 발달하고, 주의를 기울여야 하는 동기가 향상되며, 다채로운 통제 기술들을 습득해나간다. 그러면서 아이는 점차 스스로 주의를 조절하는 능력을 갖추게 되는 것이다.

지금까지 살펴본 대로 불필요한 자극에 방해받지 않도록 해주는 '주의 선택', 주의 대상에 지속적으로 몰두하게 해주는 '주의 상태', 그리고 상황과 요구에 맞춰 적절한 주의를 기울이게 해주는 '주의 조절', 이 3가지 핵심 요소가 필요에 따라 원활하게 작동해야 아이는 주의력을 충분히 발휘할 수 있다. 그중에서 어느 하나라도 삐걱거리게 되면 아이의 주의력에 문제가 생기기 시작할 것이다.

일반적으로 이 3가지 요소를 기반으로 일상생활과 공부 과정에 필요한 주의력의 기능을 세분하여 부모가 꼭 알아야 할 주의력을 5가지로 구분한다. 초점주의력, 선택주의력, 전환주의력, 지속주의력, 분할주의력이 그것이다. 이제 5가지 주의력에 대해 자세하게 살펴볼 차례다.

02

초점주의력
중요한 것만 골라서 놓치는 아이

●● 초점주의력이란?

초등 2학년 유준이의 주의력이 좋지 않다고 상담실을 찾은 엄마의 하소연이다.

"글자를 모르는 게 아닌데 읽을 때 자꾸 빼먹고 읽어요."
"글자를 못 읽는 것이 아닌데 맘대로 아무렇게나 읽는 것 같아요."
"문제를 제대로 안 읽는 것 같아요."
"자꾸 이거 하다가 저거 하다가 해요."

유준이의 행동은 늘 대충대충 허술하며 부족한 느낌이다. 공부를 할 때만 그런 것이 아니라 일상생활에서도 비슷하다.

"'밥 먹어. 옷은 옷걸이에 걸어놔'라고 말해도 못 듣는 것 같아요."

"'네'라고 대답해놓고 나중에 딴소리를 해요."

"바로 눈앞에 놓고도 한참 찾아요."

"같은 것끼리 모으라고 하면 설렁설렁 해놓고서 다 모았대요."

"뭘 착착 빨리 못 해요."

매사에 이렇게 똑 부러지지 못하고 엉성하다 보니 엄마는 유준이가 아직 어려서 그러려니 하면서 기다려보기로 마음을 먹기도 했다. 그런데 초등학교에 들어가서도 자꾸 뭔가를 빼먹고 실수가 잦은 데다가, 갈수록 어려워지고 많아지는 공부량을 생각하니 이제는 엄마도 마음의 여유가 없어진다. 유준이에게 왜 이런 일이 벌어지는 걸까?

유준이에게 가장 두드러진 문제는 초점주의력의 부족으로 보인다. 이는 유준이뿐만 아니라 아직 초점주의력이 훈련되지 않은 유아와 초등 아이들 모두에게서 쉽게 발견되는 현상이다.

'초점주의력focused attention'이란 일상생활과 공부 과정에서 주의해야 할 자극이나 정보가 주어질 때 바로 그 대상에 초점을 맞추어 주의를 집중하는 능력이다.

좀 더 쉽게 비유하자면, 연극 무대의 스포트라이트는 관객으로 하여금 배우들의 섬세한 연기에 주의의 초점을 맞추도록 도와준다. 즉 관객이 초점주의력을 잘 발휘하도록 도움을 주는 수단인 것이다. 아이의 실제 생활 무대는 연극 무대가 아니어서 안타깝게도 스포트라이트가 없다. 그래서 아이는 일상생활을 할 때나 공부를 할 때 스스로 자신에게 필요하다고 선택한 대상에 초점을 맞춰서 주의를 기울일 수 있어야 한다.

한창 놀다가도 엄마가 부르면 엄마를 돌아보고 엄마의 이야기에 귀를 기울이는 것, 친구와 떠들다가도 수업 시작을 알리는 음성이 들리면 곧바로 선생님의 말씀에 주의를 집중하는 것, 풀어야 할 문제를 주의 깊게 잘 읽는 것, 숨은그림찾기에서 자신이 찾아야 할 그림을 정확하게 잘 찾아내는 것, 이 모든 것이 전부 초점주의력이 발휘돼야 가능한 행동들이다.

●● 초점주의력이 중요한 이유

선생님이 "여기 보세요"라고 말하면서 지시봉으로 칠판을 가리킨다면 아이는 재빠르게 지시봉을 따라 칠판을 바라봐야 한다. 너무나 쉬운 일처럼 보이지만, 주의력이 부족한 아이에게는 결코 쉬운 일이 아니다. 청각적 자극인 선생님의 말씀에 주의를 기울인 다음, 곧바로 시각적 자극인 지시봉에 초점을 두고 주의를 기울여야 하기 때문이다. 그래야 아이가 칠판에 쓰인 학습 내용에 초점주의력을 발휘할 수 있다.

그런데 초점주의력이 부족한 아이들은 일단 선생님의 말씀부터 잘 듣지 못한다. 선생님의 몸동작도 미처 알아채지 못한 채 멍하니 있거나 자신이 하던 일에 계속 정신이 팔려 있을 것이다. 결국 칠판에 쓰인 학습 내용에 제대로 주의를 기울이지 못해서 수업 시간에 무엇을 배웠는지 나중에 떠올릴 수 없게 되는 것은 물론이다.

초점주의력이 필요한 순간은 너무나 많다. 많은 물건 중에서 한 가지를 찾아야 할 때, 길에서 내가 원하는 간판을 찾을 때, 도형이나 그림 같은 시각 자료를 관찰해서 그 특성을 파악해야 할 때, 말로 하는 설명을 듣고서 질문에 답해야 할 때, 긴 글을 읽고 문제를 풀어야 할 때 등등 정말로 우리 실생활에서 거의 매 순간 쓰인다. 그러니 초점주의력이 부족하면 자신에 대한 요구에 정확한 반응을 못 하고, 지시에 따르는 속도도 느리며, 실수도 많을 수밖에 없다.

다시 일상생활과 공부를 할 때 유준이가 보이는 행동을 살펴보자. 유준이는 자신의 갖가지 상황에 필요한 특정 자극과 정보에 주의를 기울이지 못해서 정확하게 보고 듣지 못한다는 것을 알 수 있다. 그야말로 영혼 없이 멍하니 보고 대충 듣는 듯하다. 그러다 보니 엄마는 "내가 말할 때 안 듣고 뭐 했어?", "왜 매사에 건성건성이야?", "똑 부러지게 좀 해 봐", "왜 이렇게 실수투성이야?"라고 자꾸만 지적하게 되는 것이다.

특히 공부할 때는 더 심하다. 숙제를 시작하긴 하지만, 중간중간 주의가 자꾸 끊어지니 좀처럼 진도를 나가지 못한다. 그러니 제시간에 숙제를 마치기 어렵다. 이제 엄마는 아예 옆을 지키고 앉아 유준이를 감독하기에 이른다. 그나마 엄마가 곁에서 그렇게 자꾸 채근하니 겨우 숙제를 끝내기는 한다. 안타까운 현실이다.

이제 유준이 입장에서 생각해보자. 유준이도 숙제를 끝내기 싫은 게 절대 아니다. 빨리 숙제를 마치고 나서 자신이 보고 싶은 TV도 편안한 마음으로 보고, 블록 놀이도 하고 싶다. 그런데 책상에만 앉으면 멍해지거나 다른 생각이 자꾸 난다. 초점주의력이 부족해 유준이 자신도 어쩔 수가 없는 것이다. 유준이가 일부러 게으름을 피우는 것은 아니었다. 이처럼 초점주의력이 부족한 아이들은 결국에는 시간을 효과적으로 활용하지 못하게 된다. 뭘 하는 건지 마는 건지 흐지부지하게 되니 무슨 일이든 계획적으로 이루어지기 어렵다.

●● 초점주의력을 키우기 위한 준비

아이가 초점주의력을 잘 발휘할 수 있으려면 어떤 준비가 필요할까? 초점주의력을 키우는 데 도움이 되는 다른 그림 찾기, 숨은그림찾기를 통해 구체적으로 살펴보자.

첫 번째, 아이가 주의의 초점을 맞출 대상에 대해 미리 준비시켜줘야 한다.

시각적 자극인 숨은 그림, 다른 그림을 찾기 위해서는 '내가 찾아야 하는 그림이 무엇인가? 어떤 모양인가? 어떤 색깔인가? 얼마나 작은가, 혹은 큰가?' 등 초점의 표적이 되는 시각적 자극의 특성을 정확하게 아는 것이 필요하다. 주황이 아닌 진빨강, 끝이 살짝 둥근 직사각형, 점은 5개…… 이런 식으로 아이가 쉽게 혼동할 만한 요소들을 명확히 해주는 것이다. 그래야만 비틀고 숨겨서 배치해놓은 그림을 정확하게 찾아낼 수 있을 것이다. 청각적 자극이어도 마찬가지다. 어떤 소리인지, 누구의 소리인지, 얼마나 큰 소리인지 등 초점을 두어야 할 청각적 자극의 특성을 먼저 잘 구분할 수 있어야 한다.

초점주의력이 약한 아이들에게는 이 준비 과정이 특히 요긴하다. 어떤 대상에 주의를 기울이려면 먼저 내가 주의해야 할 것이 무엇인지, 그것은 어떻게 생겼는지, 다른 것들과 뭐가 다른지 등을 미리 알고서 대비하는 '준비 태세'를 갖춰야만 자신이 주의를 기울일 대상에 정확하게 초점을 모을 수 있다.

두 번째, 주의 대상에 초점을 두지 못하도록 방해하는 것들을 제거해줘야 한다. 이렇게 준비 태세를 갖추는 것만으로는 부족하기 때문이다. 외부에서 끼어드는 방해물에 아이의 주의가 흔들리지 말아야 한다.

몇 년 전 일본 홋카이도대학의 가와하라 준이치로河原純一郎 교수는 스마트폰의 존재 유무가 주의력에 미치는 영향에 대해 실험했다. 스마트폰을 사용하는 실험 참가자들이 PC 모니터에 뜬 여러 도형 중에서 'T' 자 모양의 도형을 찾아내는 데 걸리는 시간을 측정하는 실험이다. 참가자 38명을 2조로 나누었는데, A조에는 모니터 옆에 자기 스마트폰을 놓게 하고, B조에는 스마트폰과 같은 크기의 메모장을 놓게 했다.

A조가 'T' 자 도형을 찾는 데 걸린 시간은 평균 3.66초였다. 스마트폰이 아닌 메모장을 놓아둔 B조 참가자들은 평균 3.05초가 걸렸다. 스마트폰을 놓아둔 쪽이 메모장을 놓아둔 쪽보다 약 20퍼센트 더 많은 시간을 들인 것이다. 이는 강한 자극에 습관적으로 노출된 시간이 길어서 익숙해지면 옆에만 있어도 그 자극의 위력에 상당한 영향을 받는다는 것을 시사한다. 즉 초점주의력을 잘 발휘하기 위해서는 방해 자극에 노출되지 않도록 아이의 환경을 조성해주는 것이 얼마나 중요한지 다시

한번 되새기게 한다.

세 번째, 주의를 유지할 수 있는 힘을 키워줘야 한다.

8살 하영이는 퍼즐을 싫어한다. 이상하게 어릴 적부터 퍼즐을 맞추기 시작하면 재미없고 어렵다며 외면하기 일쑤였다. 퍼즐 놀이가 아이의 두뇌 개발과 주의집중력에 좋다는 말을 들은 엄마는 하영이가 퍼즐을 좋아하도록 도와주고 싶다. 그렇다면 하영이가 퍼즐에 주의의 초점을 맞추어 몰두하는 상태를 유지하도록 어떻게 도와줄 수 있을까?

엄마는 하영이가 좋아하는 〈겨울왕국〉의 엘사 퍼즐을 준비했다. 8살 또래 아이들은 50조각 정도는 거뜬히 완성할 수 있겠지만, 퍼즐을 싫어하는 하영이에게는 무리일 것 같아서 36조각으로 마련했다. 퍼즐 상자의 엘사 그림으로 하영이의 관심을 이끌어내는 데 성공했다.

"엘사 얼굴을 한번 맞춰볼까. 엘사 눈이 어디 있지? 입은? 예쁜 머리카락 퍼즐들도 모아볼까?"

엄마가 하영이의 흥미를 돋우며 그림 조각을 찾는 시늉을 하자 하영이도 재미를 느끼면서 엘사의 얼굴 조각들을 찾기 시작한다. 두 눈과 입까지 쉽게 맞추고 환히 웃는다. 하지만 얼굴을 완성하기 위해 나머지 조각들을 찾다 말고 눈빛이 흐트러지더니 주변을 두리번거린다. 이때 엄마가 아이의 주의를 유지시켜주기 위해 이렇게 말한다.

"아, 이게 이마 조각인 것 같아. 여기에 머리카락도 있고!"

엄마가 이렇게 말하자마자 하영이가 잽싸게 엄마 손에 들린 조각들을 낚아챘다. 아이는 엘사의 얼굴을 완성하며 이렇게 외친다.

"내가 얼굴 다 맞췄어!"

하영이는 엘사의 얼굴을 완성하며 기분이 좋아졌는지 다시 주의 상태를 유지하며 나머지 퍼즐을 맞추기 시작한다. 이후로도 두세 번 맞는 조각을 찾기 어려울 때마다 주의를 유지하지 못하고 흐트러졌지만, 엄마가 그때마다 아이가 찾는 조각을 눈치채지 않게 아이와 가까운 쪽으로 슬며시 옮겨두니 주의를 끝까지 유지하며 완성해냈다.

이렇게 초점주의력에서는 주의를 기울여야 하는 대상에 초점을 맞추고 그 상태를 유지하는 것이 중요하다. 하영이의 경우 다른 자극들로 인해 주의의 초점이 흔들리지 않도록 유의하면서 퍼즐에만 자기 주의를 집중해야 하는 것이다. 아직 주의를 유지하는 힘이 부족한 아이에게는 하영이 엄마 정도의 도움이 필요하다. 그렇게 주의를 기울여 완성하고 성취하는 훈련과 경험이 여러 차례 누적되는 동안 아이에게는 주의를 유지하는 힘이 차곡차곡 길러진다.

03

선택주의력

쓸데없는 것에 집중하는 아이

●● 선택주의력이란?

공부할 때 도무지 주의를 집중하지 못하고 짜증을 많이 낸다는 5학년 준우와 엄마의 대화다.

준우 내가 괜히 짜증 내? 아니잖아! 솔직히 엄마 때문이지. 내가 숙제하고 있으면 맨날 전화하잖아. 방에까지 다 들리거든! 엄마 통화 소리에 자꾸 신경이 쓰인단 말이야. 얼마나 방해되는지 엄마가 알아? 읽은 거 또 읽고, 다시 처음부터 풀어야 하고, 그런단 말이야!

엄마 어머, 기가 막혀. 그게 왜 엄마 탓이니? 엄마가 바로 네 옆에서 통화하니? 너는 네 방에서 공부하고, 엄마는 거실에 있는데. 그럼 엄마랑 식구들은 네가 공부하고 있으면 말도 하지 말고 가만히 있으라는 거니? 네가 제대로 집중하면 그런 거에 왜 방해를 받겠니? 집중을 못 하니까 그런 거지.

준우는 숙제하기 싫다고 핑계를 대는 것이 아니다. 거실에 있는 식구들의 목소리에도 쉽사리 방해받는 괴로움을 호소하고 있다. 그런데 사실 준우를 방해하는 것은 엄마의 통화 소리만이 아니었다.

"숙제하고 나서 읽으려고 옆에 놓아둔 만화책에 자꾸 눈길이 가요."
"중요한 대화를 하는 중에도 TV 소리가 들려오면 자꾸 헷갈려요."
"누가 방에 들락거리면 공부의 흐름이 자꾸 끊겨요."
"숫자 계산을 할 때나 점수를 매길 때 옆에서 잡담하면 자꾸만 틀려요."
"공부 중에 먹을 생각, 친구랑 다툰 생각, 내일 친구랑 놀 생각이 자꾸 나요."

준우의 이런 문제들은 일상생활에서는 물론이고 과제를 해야 할 때도 자주 반복되고 있었다. 준우가 이런 어려움을 겪는 원인은 무엇일까? 가장 두드러지는 원인을 찾자면 바로 선택주의력의 부족 때문이다. '선택주의력selective attention'이란 자신에게 필요한 대상에 주의를 기울이기 위해 방해 자극을 억누르고 제거하는 능력을 말한다.

우리 뇌는 주변에서 들리고 보이는 수많은 자극과 정보를 모두 한꺼번에 받아들이지 못한다. 한 번에 처리할 수 있는 뇌의 용량에 한계가 있기 때문이다. 우리가 활용할 수 있는 인지적 자원이 한정되어 있으니 문제 해결에 필요한 만큼만 최대한 효과적으로 써야 한다. 그래서 무엇에 주의를 기울이고 집중할지 선택하는 것은 필수다.

아이는 특정 상황에서 어떤 자극이나 정보를 우선적으로 받아들일지 선택해야 하고, 또 그것을 처리하는 과정에서 방해가 되는 자극이나 정보는 무시·억제·제거할 수 있어야 한다. 선택주의력이 부족하면 불필요한 것들에 자꾸 주의가 분산되니 결국 자신이 해야 할 공부나 일상적 활동이 지연되고 급기야 완수하는 데 실패하게 되는 것이다.

준우는 당장 해야 할 일이 있는데도 자꾸만 다른 자극들로 주의가 분산된다. 그것이 공부뿐만 아니라 일상생활 전반에 많은 어려움을 초래한다. 친구들과 놀이 활동을 할 때도 선택과 집중이 필요하기 때문이다. 보드게임을 하는 중에 자꾸만 옆 친구를 참견하다가 자기 순서를 까먹기도 하고, 친구와 얘기하다가도 집에 있는 게임팩이 갑자기 떠올라 불쑥 말하는 등 대화 주제를 엉뚱하게 빗나간다. 친구들과 조별 활동으로 주제 토론을 할 때도 아이는 밖에서 들리는 소리 때문에 토론에 집중하지 못하고 나중에 "왜? 뭐라고?"라며 딴소리를 한다. 자기 상황과 필요에 따라 선택적으로 주의를 기울이며 불필요한 자극들을 억제해야 하는데 그러지 못하니, 공부와 친구 관계 둘 다 중요한 시기에 준우는 상당히 불리한 상태에 놓이고 만 것이다.

●● 선택주의력이 중요한 이유

선택주의력은 갓난아기도 어느 정도 보여주는 능력이다. 미국 발달심리학자 로버트 팬츠Robert Fantz는 갓난아기들이 직선 패턴들보다 곡선 패턴들을 더 오래 바라본다는 것, 즉 특정 대상에 주의를 더 기울인다는 것을 확인했다. 신생아도 직선보다는 곡선을, 단순한 도형보다는 복잡한 도형을, 그리고 다른 도형보다는 사람의 얼굴 모양을 더 주시하는 선택주의력을 가지고 있음을 알 수 있었다.

그다음에 이 두 유형의 패턴들을 각각 같은 크기의 직사각형(배경) 안에 넣어서 보여줬다. 그랬더니 이번에는 아기들이 두 패턴 중 어느 것도 딱히 선호하지 않았다. '배경'이라는 요소가 추가되자 원래 자극에 대한 선호도가 없어진 것이다. 한마디로 선호했던 것을 선호하지 않게 되었다. 원래 주의를 기울이던 대상의 조건이 바뀌자 그 대상에 더 이상 주의를 기울이지 않았다는 것도 결국 주의 대상을 선택했다는 의미다.

즉 이 연구는 아주 어려서부터 누구에게나 각각의 조건이나 상황에 따라 자신의 선호를 달리하는 선택주의력이 작동한다는 것을 보여준다. 그리고 이렇게 타고난 선택주의력으로 연령이 높아지면서 자신과 무관

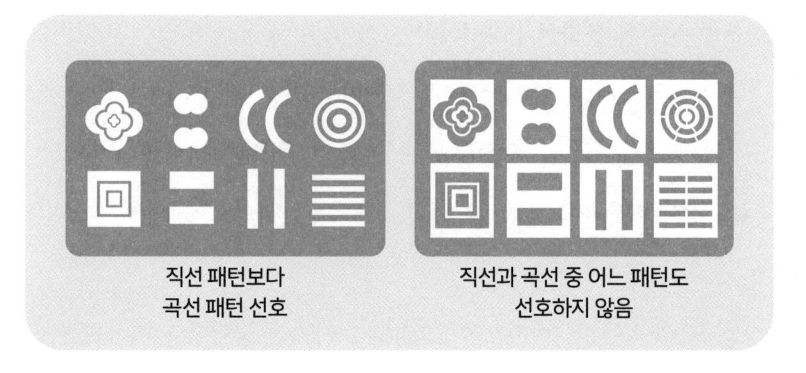

한 정보나 자극을 걸러내게 되는데, 이는 저절로 이루어지지 않는다. 성장 단계에 따라 더욱 다양해지는 환경과 상황과 요구에 맞게 선택적 주의를 조절하는 능력을 꾸준히 발달시켜야 한다.

상담실에서는 시각 자극에 대해 아이가 방해 자극의 간섭을 얼마나 잘 처리하는지 알아보고 싶을 때 스트룹stroop 검사를 활용하기도 한다. 이 검사는 여러 색깔의 잉크로 색깔 단어를 적어놓고 그 의미와 상관없이 글자 색깔을 말하게 한다. 예를 들어 빨간 잉크로 쓰인 '초록'이라는 단어를 보여주면 아이는 "초록"이라고 말하지 말고 "빨강"이라고 글자 색깔을 말해야 하는 것이다.

언뜻 쉬울 것 같지만, 이게 실제로 해보면 어렵다. 글자와 그 의미를 인지하는 사람들은 모두 자동적으로 색깔보다 글자가 먼저 읽히기 때문이다. '색깔만 봐야지!'라고 마음을 굳게 먹어도 그 색깔을 말하려면 주춤거리게 되고, 무의식중에 글자를 소리 내어 읽고 만다. 당연히 아이들은 더하다. 이렇게 억제해야 할 자극을 억제하지 못하고 습관대로 자동으로 반응하게 되는 것을 '스트룹 효과'라고 한다.

스트룹 효과는 성인기까지 아이의 연령이 높아지면서 감소한다. 자극 억제 능력이 점점 좋아지는 것이다. 특히 8세부터 11세까지는 다른 시기보다 더 가파르게 향상된다. 어릴 적부터 아이의 내부에 이미 장착되어 있는 선택주의력을 잘 발달시키기 위해서는 특히 학령기에 그 어느 때보다 더 섬세하게 아이의 주의력이 제대로 길러지고 있는지, 걸림돌은 없는지 살펴야 함을 잊지 말아야 한다.

참고로 성인기 이후에는 스트룹 효과가 다시 증가한다는 사실도 기억하면 좋겠다. 그래서 노인의 인지력을 점검할 때도 스트룹 검사를 자주 활용하고 있다.

●● 아이의 욕구와 바람에 따라 선택주의력이 달라진다

선택주의력에 관한 인상적인 실험이 또 하나 있다. 미국 인지심리학자인 크리스토퍼 차브리스Christopher Chabris와 대니얼 사이먼스Daniel Simons의 '보이지 않는 고릴라invisible gorilla' 실험이다. 먼저 75초짜리 농구 동영상을 실험 참가자들에게 보여준다. 동영상에서는 흰색 티셔츠를 입은 팀 3명과 검은색 티셔츠를 입은 팀 3명, 총 6명이 둥글게 서서 공을 패스한다. 실험 참가자들은 흰색 티셔츠 팀이 공을 패스한 횟수만 세면 된다. 이제 실험 참가자들은 열심히 동영상을 들여다보면서 공의 패스 횟수를 센다.

그런데 동영상이 끝나고 난 다음에 실험 참가자들에게 던지는 질문은 다음과 같다. "혹시 경기 중에 선수 외에 다른 누군가를 봤나요?" 이 질문에 사람들은 어떻게 응답했을까? 절반 정도의 사람들은 아무것도 보지 못했다고 답했고, 나머지 절반은 '고릴라'를 봤다고 답했다. 어떻게 된 일일까?

실제 동영상에서는 6명이 서로 공을 패스하는 도중에 약 9초 동안 검은 고릴라 옷을 입은 사람이 걸어 나와서 정면을 보고 가슴을 두드린 후 퇴장했다. 그런데 이상하게도 절반 정도의 사람들이 고릴라를 전혀 못 봤다는 것이다. 공의 패스 횟수를 세느라고 '검은 고릴라'라는 시각적 자극이 눈앞에 있어도 보지 못한 것이다. 어떤 하나에 주의를 온전히 집중하면 다른 자극은 억제하게 되는 선택주의력의 흥미로운 효과를 보여준다.

심리학자들은 이것을 '부주의맹 혹은 무주의 맹시inattentional blindness'라고 부른다. 눈이 특정 위치를 향하고 있지만 주의가 다른 곳에 있어서 눈이 향하는 위치의 대상을 지각하지 못하는 현상을 말한다.

3학년 아이의 사례를 살펴보자. 상담실에서 3학년 아이에게 '보이지 않는 고릴라' 동영상을 틀어주면서 패스 횟수를 세어보라고 했다. 아이는 동영상을 다 보고 나서 패스 횟수를 말했지만 잘못 세었다. "혹시 다른 건 보지 못했니?"라고 물으니 아이는 고릴라를 봤다고 말했다. 그런데 "보긴 했지만 고릴라가 어떤 행동을 했는지는 잘 기억나지 않아요"라고 덧붙였다.

그래서 이번에는 고릴라의 행동을 더 관찰해보라는 요청과 함께 다시 그 동영상을 보여줬다. 여기서 아이의 반응이 흥미롭다. 당연히 두 번째로 볼 때는 고릴라를 자세히 볼 것이라는 예측이 빗나갔다. 아이는 이번에는 아예 고릴라를 못 봤다고 했다. 왜 이런 일이 벌어진 걸까? 그 이유를 물으니, 아이는 자신이 틀린 패스 횟수를 다시 세느라고 이번에는 고릴라를 보지 못했다고 대답했다.

우리는 아이의 두 번째 반응에서 선택주의력에 대한 중요한 함의를 찾을 수 있다. 바로 아이가 무엇을 간절히 원하느냐를 살펴봐야 한다는 것이다. 타인에게 인정받고 싶은 마음이 아주 간절한 아이였다. 패스 횟수를 틀렸을 때 아이는 매우 속상했고, 불안정해졌다. 그랬기에 고릴라의 행동을 보는 것보다 패스 횟수를 세는 게 더 중요해진 것이다. 아마도 아이는 고민했으리라. 선생님이 요구하는 대로 할까? 아니면 나의 실추된 자존심을 되살릴까? 아이는 자존심을 선택했던 듯하다.

그렇다, 결국 주의를 기울일 대상을 선택할 때는 자신의 욕구나 바람이 깊이 개입한다. 그에 따라 중요한 것과 중요하지 않은 것을 구분하고 그 가치를 매긴다. 아이의 경우도 아이가 매긴 가치 점수에 따라 선택하는 대상과 억제하는 대상이 달라지고, 선택주의력의 강도 역시 달라질 수 있다는 것을 이해해야 한다.

●● 선택주의력을 키우기 위한 준비

앞에서 초점주의력을 위해서는 주의의 초점을 흩트리는 방해 자극에 노출되지 않도록 제거하는 등 아이의 환경을 조절해주는 것이 중요하다고 강조했다. 그런데 아이가 커가는 동안 늘 모든 환경을 완벽하게 갖추어 불필요한 자극에 방해받지 않게 만들어주기는 어렵다. 다른 방해물이 나타나도 주변 자극을 억제하고, 자신이 수행해야 할 과제에 선택적으로 집중할 수 있어야 한다. 그러니 약간의 방해 자극에는 흔들림 없는 선택주의력을 발휘하도록 충분한 연습이 필요하다. 이제 아이의 선택주의력을 키우려면 어떤 준비가 필요한지 알아보자.

첫 번째, 아이가 할 일들의 우선순위를 미리 정하도록 도와주자.

아이는 하고 싶은 일과 중요한 일 중에서 무엇을 우선해야 하는지 판단할 수 있어야 한다. 그래야 가장 중요한 일에 주의를 기울이고, 덜 중요한 일은 나중으로 미루는 것이 가능해진다. 문밖에서 들리는 TV 소리가 궁금하지만 거기에 마음을 뺏기지 않고, 하던 과제를 마저 끝내기 위해서는 자신이 먼저 해야 할 일의 우선순위가 마음에 강하게 자리 잡고 있어야 한다.

그러니 아이와 함께 오늘 할 일들에 대해 이야기를 나누면서 각 일의 중요도에 따라 별점을 매겨보자. TV 보기, 친구와 놀이터에서 놀기, 숙제하기, 책 읽기 등에 별점을 매기고 일의 순서를 정한다. 스스로 정해야 다른 자극을 더 잘 억제하고, 지금 해야 할 일에 집중할 수 있다. 이것을 수첩에 기록하여 눈으로 확인하고, 해야 할 일을 한 가지씩 마무리할 때마다 빨간 줄을 긋는 버릇을 들이면 선택주의력이 쑥쑥 자란다.

두 번째, 아이의 수행 능력을 촉진하는 맞춤형 도움이 필요하다.

7살 아이가 수학 문제를 푼다고 가정하자. 수학은 어려워서 싫다는 부정적 인식이 강한 아이다. 다양한 방식으로 놀면서 수 감각을 키우고 자신감을 가지는 과정을 거친 다음에 자기 실력을 확인하기 위해 지필 문제를 풀어봐야 할 때다. 아이는 자신감이 생긴 덕분에 이젠 잘 풀 수 있다고 호기롭게 시작한다. 하지만 한 자리 덧셈 문제 3개를 풀고서는 이내 주의가 산만해져 고개를 돌리며 두리번거리다가 "저거 놀고 싶어요"라고 말한다. 이때 아이에게 맞는 적절한 도움은 어떤 것일까?

"와, 세 문제를 다 맞혔네"라고 말하면서 아이가 좋아하는 파란 색연필로 멋진 동그라미를 그려줬다. 다시 의욕이 올라온 아이는 문제 풀이에 주의를 기울여보지만 몇 문제 풀다가 또 산만해진다. 그런 아이를 도와주기 위해 이번에는 한 문제를 풀 때마다 채점을 해줬다. 답을 맞혔다는 사실을 확인한 아이는 초롱초롱한 눈빛으로 다시 집중해서 좀 더 풀어나간다.

그런데 10문제 정도를 푸니까 집중력이 떨어져 문제를 틀린다. 이럴 때는 바로 틀렸다고 말하기보다 채점하기를 멈추고 "어?"라는 한마디면 충분하다. 아이는 빠르게 알아차리고 "잠깐만요!"를 외친 후 스스로 고친다. 이렇게 사랑스러울 수가 없다. 이날 아이는 덧셈과 뺄셈이 섞인 30문제짜리 5장을 거뜬히 풀어냈다.

아이는 이런 도움을 받아서 고개만 돌리면 보이는 주변 장난감들의 자극에도 선택주의력을 잘 발휘할 수 있었다. 물론 이렇게 아이가 과제를 완수한 후에는 '스스로 주의집중을 잘하는 아이'라는 자아 개념을 강하게 심어주기 위해 "어쩌면 이렇게 집중을 잘하니! 놀고 싶은 마음을 잘 참았구나. 정말 멋진 능력을 가졌네"라고 강조하는 것도 중요하다. 이런 성공 경험이 쌓이면 아이에게 줘야 할 도움도 서서히 줄어들기 시작하고, 아이 스스로도 충분히 조절하는 능력을 키우게 된다.

이제 아이는 수학에도 쉽게 주의집중력을 발휘하면서 "수학도 재미있어. 나는 수학 잘해"라고 웃는다.

아이의 마음속에 중요한 일의 우선순위가 강하게 인식되어 있고 아이에게 필요한 도움을 적절히 주면, 아이는 스스로 주변의 불필요한 자극을 억제하고 자신이 해야 할 일에 선택적으로 집중하는 선택주의력을 훌륭하게 발전시킬 수 있다.

04

전환주의력

자기가 하던 것만 고집하는 아이

●● 전환주의력이란?

내년에 초등학교에 입학하는 7살 현우는 어릴 적부터 책 읽기를 무척 좋아했다. 그런데 종종 현우의 책 읽기는 좀 지나치다. 책 속으로 너무 빠져들어서 밥을 먹으라고 불러도, 씻으라고 불러도, 유치원에 갈 준비를 해야 한다고 불러도, 같이 외출하자고 불러도 전혀 못 듣는 아이 같다. 친구들이 놀러 와도 현우는 혼자서 책을 보는 시간이 많다.

지금껏 책을 많이 좋아하는 아이라고만 생각하며 크게 걱정하지 않았다. 그런데 초등학교 입학을 앞두니 '책에 빠져 수업이 시작하는 줄 모르면 어쩌나', '친구들이랑 안 놀고 책만 보면 어쩌나', '알림장은 제대로 써 오려나? 노트 필기는?' 등등 이런저런 근심이 엄마에게 밀려든다.

초등 3학년인 주영이도 책을 읽을 때 현우와 비슷한 모습을 보인다.

독서 수업 시간이다. 선생님이 앞부분을 읽고 나서 주영이에게 "방금 읽은 내용에서 주인공이 왜 울기 시작했을까?"라고 물었다. 그런데 주영이가 대답이 없다. "주영아? 주영아?"라고 선생님이 몇 번씩 부를 때까지 주영이는 대답 없이 책장만 뒤적이다가 뒤늦게 "앗! 네, 선생님" 하고 고개를 든다. 그런 아이에게 "조금 전에 선생님의 질문을 못 들었나 보다. 무슨 생각을 그렇게 골똘하게 했어?"라고 물어봤다.

"아, 그게요, 다음 내용이 궁금해서 그 부분을 읽느라고……. 뭐 물어보셨어요?"

유아와 초등 저학년인 두 아이가 공통으로 보이는 문제는 그뿐만이 아니었다. 일상의 곳곳에서 비슷한 문제가 일관되게 나타났다.

"집중력은 너무 좋은데 뭐 하나에 빠지면 다른 것에 관심이 없어요."

"자기 관심사에 빠져서 친구들과 잘 안 어울려요."

"자기 하고 싶은 대로만 하고 지시에 따르지 않아요."

"융통성이 부족하고 고집이 세요."

현우와 주영이에게 왜 이런 일이 일어날까? 가만히 살펴보면 이 아이들은 자신이 하던 것에서 다른 것으로 주의를 전환하는 전환주의력의 부족으로 인해 어려움을 겪고 있음을 알 수 있다.

'전환주의력shift attention, alternating attention'이란 어떤 자극이나 과제에 주의를 기울이고 있다가 다른 자극이나 과제로 주의를 돌려야 할 때 주의를 이동시킬 수 있는 능력을 말한다. '교대주의력'이라 불리기도 하는 전환주의력을 위해서는 정신적 유연성이 필요하다.

현우나 주영이 같은 모습을 보인다면 지금 아이가 특별히 좋아하는 활동에 빠져 있어서일 수도 있고, 그렇게 하는 것이 어느새 몸에 밴 습관이기 때문일 수도 있고, 혹은 관계가 좋지 않아 일부러 말을 듣지 않는 것일 수도 있다. 개인차가 있지만, 보통 4살이 지날 즈음이면 많은 아이가 재미있게 하고 있던 놀이를 끝내고 주의를 이동시키는 능력을 키우게 된다. 그러지 못하고 일상생활에서나 유치원, 학교 등에서 여러 과제를 수행해야 할 때 주의집중의 대상을 전환하지 못해서 충돌하며 어긋나는 일이 잦아진다면 아이의 전환주의력을 살펴봐야 한다.

●● 전환주의력이 중요한 이유

우리는 필요에 따라 아주 짧은 시간 간격으로, 혹은 좀 더 긴 시간 간격을 두고 주의를 이곳저곳으로 옮기며 그때마다 집중해야 한다. 일상의 많은 일을 수행할 때 그 같은 능력이 정말 중요하고, 또 필요하기 때문이다. 전환주의력이 부족한 아이들은 시시각각 변화하는 상황과 자극에 신속하고 유연하게 대처하기가 쉽지 않다. 그래서 정신적인 유연함과 융통성이 요구되는 상황에 잘 적응하지 못하고 혼자 뒷북을 치는 경우가 많아지는 것이다.

학교에서 수업을 듣는 상황을 떠올려보자. 선생님이 설명을 하면 아이는 필기를 해야 한다. 너무 당연한 이 과정에서 주의력은 어떻게 작동할까? 아이는 선생님의 설명에 주의를 기울이다가 어느 순간 자기 주의를 전환하여 필기해야 한다. 필기가 끝나면 다시 주의를 이동해 선생님의 설명을 들어야 한다. 아이에게는 '들으면서 필기하는' 2가지 기능을 동시에 수행하는 분할주의력(98쪽 참고)이 아직 발달하지 못했다. 선생님도 이를 잘 알기에 일단 설명한 후에는 아이들이 필기하는 시간을 기다렸다가 다시 설명을 이어간다.

결국 전환주의력이란 서로 다른 2가지 이상의 과제 사이를 번갈아 오가며 주의를 기울일 수 있는 능력을 말한다. 예를 들어 자동차 놀이를 하다가 누군가 불렀을 때 귀를 기울일 수 있는 능력, 쉬는 시간에 친구와 수다를 떨다가도 종소리가 울리면 수업 준비로 주의를 전환할 수 있는 능력, 한 가지 숙제를 끝내면 다음 숙제로 넘어갈 수 있는 능력이 모두 전환주의력이다. 한마디로 지금 몰입하던 것을 멈추고, 자기 필요에 따라 혹은 타인의 요구를 듣고서 다른 과제로 주의를 옮겨 집중할 수 있는 능력인 것이다. 즉 주의집중과 주의 전환을 아주 효율적으로 실행할 수 있게 해주는 능력이다.

전환주의력이 부족한 아이들은 책을 보다가 부모나 선생님이 뭔가를 지시하면 그 부름에 곧바로 대답을 하면서 그 지시대로 잘 수행하지 못한다. 어떤 물체를 보고 따라 그리기를 하거나 칠판에 적힌 내용을 자기 노트에 옮겨야 할 때도 적지 않은 어려움을 겪을 수 있다. 놀이를 할 때건, 공부를 할 때건 유연하게 주의를 전환하지 못하기 때문이다. 유연하게 전환하지 못한다는 말에는 주의 전환 속도가 너무 느리다는 의미도 포함된다.

사실 나중에 설명할, 2가지 이상의 대상에 동시에 주의를 기울이는 능력인 분할주의력도 엄밀히 말하면 아주 빠른 속도의 주의 전환이 연속적으로 이어지는 것이라고 설명하기도 한다. 그만큼 보다 고차원적인 과제에서 전환주의력은 매우 중요한 역할을 한다.

또한 전환주의력은 심리적 어려움이 있을 때도 강력한 힘을 발휘한다. 바로 주의 전환 기법이다. 단순한 예를 들자면 기분이 좋지 않을 때 다른 활동에 몰입하다 보면 힘든 감정에서 벗어날 수 있지 않은가. 우울하고 불안할 때 부정적인 생각에서 주의를 전환해 오감각에 집중하는 것은 아주 훌륭한 방법이다. 아름다운 음악, 그림 등을 감상하거나, 부드러운 애착 인형을 쓰다듬거나, 향기로운 냄새를 맡거나, 음식의 맛을 여유롭게 음미하며 먹으면 기분 좋게 주의를 전환할 수 있다. 전환주의력은 인지적 능력이지만, 이처럼 아이가 정서적으로 혼란스러울 때는 자기 마음을 돌보는 데 효과적인 심리 치료 기술이 되어준다.

전환주의력이 부족한 아이들을 보면 특히 걱정되는 점이 있다. 바로 사회성 문제다. 전환주의력이 떨어지면 상황에 맞는 융통성을 유연하게 발휘하지 못하고 상황의 변화도 따라가지 못하니 대처 능력도 떨어진다. 그러니 친구와의 관계에서 자신과 다른 의견을 따르지 못하고 심하게 고집을 부리게 된다. 결국 어떤 상황이든 자기중심적으로 파악하고 행동하는 아이로 보일 수 있다. 이렇게 사회성 문제도 아이의 주의력에서 기인할 수 있다는 사실을 부모들은 미처 생각하지 못한다. 전환주의력 부족이 친구와의 충돌 및 갈등으로 이어져 친구들로부터 고립될 위험을 높인다는 사실도 기억하자.

●● 전환주의력을 키우기 위한 준비

앞서 말했듯이 전환주의력을 키우는 일은 두뇌 활동의 유연성을 키우는 일이다. 이는 뇌의 가소성과 밀접하게 관련되어 있다. 미국 신경과학자이며 뇌 가소성 연구의 권위자인 마이클 머제니치Michael Merzenich 교수와 동료들의 원숭이 실험을 살펴보자.

원숭이의 어떤 뇌세포들은 소리에 반응하고, 어떤 뇌세포들은 촉감에 반응한다. 실험에서는 원숭이에게 소리와 촉감이라는 2가지 특정 자극에 반응하는 훈련을 시킨다. 소리가 들릴 때 원숭이가 손을 움직이면 주스를 마실 수 있지만, 촉감이 느껴질 때는 손을 움직여도 주스를 마실 수 없다.

어떤 결과가 나왔을까? 당연히 원숭이는 주스를 마실 수 있는 소리에 더 주의를 기울였다. 이 실험을 거친 후, 흥미롭게도 소리에 반응하는 원숭이의 뇌세포가 늘어났고 촉감에 반응하는 뇌세포 수는 그대로였다. 반대로 소리가 아니라 촉감에 따른 보상을 원숭이에게 제공하니 예상대로 촉감에 반응하는 뇌세포가 늘었다.

2004년에 독일 레겐스부르크대학의 아르네 메이Arne May 교수 연구팀은 경험이 인간의 뇌에 구조적인 변화를 일으킨다는 연구 결과를 발표했다. 연구팀은 저글링 경험이 없는 성인 24명을 두 그룹으로 나누었다. 그리고 한 그룹에는 3개월간 60시간 이상 저글링 연습을 하도록 하고, 다른 그룹에는 아무 연습도 하지 않도록 한 뒤에 3개월 전후의 뇌 상태를 촬영했다.

그 결과, 저글링 연습을 한 그룹의 뇌에서 (하지 않은 그룹에 비해) 신경세포가 밀집되어 있는 중간 측두 영역의 회백질이 늘어난 것을 확인했다. 흥미로운 점은 저글링 연습을 한 그룹이 그 후 3개월간 연습을 중단했더니 늘어났던 회백질이 다시 감소했다는 것이다. 뇌는 연습, 즉 경험에 따라 변화할 뿐만 아니라 그 변화가 가역적이라는 사실도 확인할 수 있다.

이렇게 어떤 자극과 정보를 통해 뭔가를 효과적으로 학습해야 할 때 뇌가 스스로 그 학습에 적합하도록 변화하는 것을 심리학자들은 '뇌의 가소성'이라고 일컫는다. 즉 어떤 환경에 반복적으로 노출되거나 일정한 경험을 많이 되풀이하면 뇌는 그것을 효율적으로 처리하기 위해 그에 맞는 구조와 기능을 갖춘다는 것이다. 그리고 이런 변화는 인간의 일생에 걸쳐 지속적으로 일어난다.

참 신기한 능력이다. 그 덕분에 현재 우리에게 부족한 점들도 어느 정도의 연습과 훈련 과정을 거치면 충분히 발전할 수 있다는 중요한 교훈을 얻을 수 있다. 뇌의 가소성 덕분에 아이의 전환주의력도 연습과 경험을 통해 충분히 키워줄 수 있다.

한 가지 활동에 빠지면 전환이 잘 되지 않는 아이를 위해 함께 숫자를 10까지 세면서 다른 활동으로 주의를 돌리는 훈련을 시작했다. 그 횟수가 거듭되자 아이가 주의를 전환하기까지 세야 하는 숫자가 서서히 줄어들더니, 어느새 "하나, 둘, 셋!" 만에도 쉽게 주의를 전환할 수 있게 되었다. 전환주의력이 좀 더 발달한다면 더 이상 이런 장치가 필요 없는 시간도 분명 올 것이다.

05

지속주의력
뭘 해도 진득하지 못한 아이

●● 지속주의력이란?

다음은 공부만 하려면 무슨 이유를 대서라도 풀 방구리에 쥐 드나들듯 냉장고를 1시간에 열 번도 더 열었다 닫았다 하는 초등 5학년 해담이와의 대화 내용이다.

상담사 물을 자주 마시러 나오는 이유가 있니?

해담 제가 원래 물을 많이 마시는 편이에요. 한 3리터쯤? 10분에 한 컵이나 두 컵씩?

상담사 오! 자주 많이 마시네? 그럼 학교 수업 시간에는 어떻게 해? 곤란하겠네?

해담 음, 수업 시간에는 제가 가져간 물병에 있는 걸 마시죠.

상담사 그런데 물병에 든 물의 양은 3리터씩 안 될 텐데? 그럼 어떡해?

해담 학교에서는 물을 많이 안 마셔요. 별로 목이 안 말라요. 근데 집에서 공부할 때는 자꾸 물이 마시고 싶어요. 많이 마시니까 또 화장실에도 자주 가야 하고요.

사실 물을 많이 마시는 것 자체는 문제가 아니다. 책상 앞에서 견디는 힘이 부족한 것이 해담이의 문제다. 엄마가 옆에서 감시하고 잔소리를 하지 않으면 해담이는 책상에 10분 이상을 앉아 있지 못하고 금세 몸을 비비 꼰다. 실제로 숙제하는 시간보다 중간중간 딴짓하는 시간이 더 많다. 어떨 때는 숙제의 절반도 못 끝내고 머리나 배가 아프다며 침대에 드러눕는다.

숙제 한번 마치기가 이렇게 힘들다 보니, 고학년이 되어서는 거의 매일 엄마와 숙제 전쟁이었다. 해담이의 지속주의력에 심각한 경고등이 들어온 것 같다. 게다가 공부할 때만의 문제가 아니었다. 해담이의 일상도 비슷한 상황의 연속이다.

1 쉽게 싫증 내고 포기한다.

공기놀이를 하겠다고 졸라서 시작했지만, 해담이는 잘 안되자 두 번 만에 "아이, 너무 쉽네. 재미없어"라고 말하며 우노 카드를 가져온다. 우노 카드놀이를 하다가 역시 절반도 진행하지 못하고 "아, 이건 잘 모르겠어. 다른 것 해요"라며 또 다른 놀잇감을 찾는다.

❷ 뭘 하나 하는 데 오래 걸린다.

수학 문제를 풀고 있다. 세네 문제쯤 풀고 나서 해담이는 턱을 괴고 꽤 오래 생각에 잠긴다. 마치 문제를 풀어야 한다는 것을 잊어버린 듯 한참을 그러다가 엄마가 재촉하자 다시 푼다. 다섯 문제쯤 풀었을까, 이번에는 목마르다고 물을 마시러 나가서 냉장고 문을 열다가 마그네틱 장식물을 발견한다. 콧노래를 부르며 그 마그네틱 자석들을 재배열하기 시작한다. 다시 재촉하는 엄마의 큰소리를 듣기 전까지 해담이의 딴짓은 계속된다.

❸ 이걸 했다가 저걸 했다가 한다.

친구 2명이 집에 놀러 왔다. 레고 블록을 맞춘다. 자기 것을 맞추다가 친구가 맞추고 있는 레고를 보더니 자기 것은 밀쳐두고 같이 만들기 시작한다. 그렇게 잠깐 만들다가 또 다른 친구에게로 가서 참견하며 같이 앉아서 이번에는 그 레고를 맞춘다.

❹ 끈기와 인내심이 없어서 진득히 앉아 있지 못한다.

독후감 숙제 중이다. 한 페이지는 써야 한다. 그런데 첫 줄을 쓰고 나니 쓸 말이 없다. 몸은 이미 의자에서 반쯤 내려와 있다. 엄마가 빨리 쓰라고 재촉하니 이렇게 말한다. “뭐라고 써요? 아, 팔 아픈데. 쓸 게 없는데 10줄을 언제 다 써요?”

해담이는 한마디로 과제를 지속하는 힘이 부족하다. 이렇게 주어진 과제, 자신에게 필요한 자극이나 정보에 지속적으로 주의를 기울이는 능력을 '지속주의력sustained attention'이라고 한다. 이때 주의집중을 지속하는 시간을 '주의폭attention span'이라 부르는데, 지속 시간이 짧을 때 우리는 '주의폭이 짧다'라고 표현하기도 한다. 고학년이 되면 공부가 더 이상 단순하지도 않고, 분량도 많아진다. 그러니 공부에 주의를 지속하는 시간도 길어져야 한다. 문제는 그러지 못하는 아이가 무척 많다는 것이다. 그래서 과제가 많고 어려워지는 고학년이 되면 해담이처럼 지속주의력이 큰 문제로 떠오른다.

●● 지속주의력이 중요한 이유

아이들은 성장하면서 점점 더 고차적인 문제 해결력을 요구받는다. 앞서 말했듯 공부 내용도 어려워지고, 공부량도 많아지기 때문이다. 그만큼 주의를 길게 지속해야 하는 것은 물론이다. 하지만 해담이 같은 아이들은 지속주의력이 부족해서 이에 적응해나가기가 쉽지 않다. 학년이 올라갈수록 공부 과정은 계속 힘들어지므로 결국은 포기하는 상황이 발생하게 된다.

공부에서 실패감을 자주 경험하면 아이의 자존감을 약화시켜 한 독립된 인격체로 성장하는 데 큰 저해 요인이 된다. 그로 인해 일상생활에서도 여러 문제가 빈번하게 생겨난다. 또한 당연히 이는 아이를 불안하게 만들고, 불안정해진 정서는 아이의 지속주의력까지 방해하는 악순환이 거듭되게 한다.

아이가 성장하면서 지속주의력이 더욱 중요한 이유가 있다. 집중 시간의 문제이다. 연령에 따라, 그리고 아이 개인의 특성에 따라 주의를 지속하는 시간에 조금씩 차이가 난다. 보통은 생후 1년이 지나면서부터 아이가 스스로 정한 목표에 따라 주의를 지속하는 시간이 달라진다.

평균적인 연령별 집중 가능 시간은 '연령×1분' 정도로 알려져 있다. 최대 집중 시간은 경우에 따라 아이 연령의 2~3배까지도 가능하다고 알려져 있다. 또한 서울대 교육연구소의 자료에 따르면 만 2세에는 약 5분, 3~4세에는 10~15분, 5세 이상이 되면 15~30분 동안 한 가지 활동에 주의를 집중할 수 있다.

이렇게 아이들의 주의 지속 시간에 대해 서로 다른 이야기를 하는 것은 같은 연령대라고 해도 주의집중에 개인차가 있을 수밖에 없기 때문이다. 정말 재미있어하는 수업이거나 몰입할 만한 이유가 충분하다면 아이는 훨씬 긴 시간 동안 주의집중을 유지할 수 있을 것이다.

초등학교 시간표는 40분 수업 시간에 10분 휴식 시간이 반복된다. 하루 4~6교시까지 수업이 진행되는데, 지속주의력이 부족하면 교시마다 얼마나 많은 시간을 잃어버리게 될지 계산해보자. 다른 또래 아이들이 그 시간 동안 배우고 경험하고 인식하는 지식과 지혜의 양을 가늠해본다면 아이의 지속주의력이 얼마나 중요한지 체감하게 된다.

●● 지속주의력을 키우기 위한 준비

지속주의력이 부족한 아이들은 특히 자신이 하던 일에 주의를 계속 유지하지 못하고 자꾸 산만해진다. 아이의 빈약한 지속주의력을 키워줄 구체적 방법들을 시도하기 전에, 무엇이 아이의 지속주의력을 도와주는지 먼저 아는 것이 중요하다.

첫 번째, 각성 상태를 유지해야 한다.

각성 상태라는 것은 단순히 잠을 자지 않는 상태를 의미하는 것이 아니다. 주의 대상에 지속적으로 주의를 기울이며 정신을 차리고 깨어 있는 것을 의미한다. 그래서 지속주의력이 떨어지는 아이가 공부나 숙제를 할 때 부모가 적당히 거리를 유지하면서 아이에게 말을 걸어주거나 부모의 질문에 답하게 하는 등으로 도와줄 필요가 있다. 이런 도움은 단지 아이가 모르는 것을 알려주는 차원을 넘어서 아이가 각성 상태를 유지하도록 해주는 효과가 있다.

두 번째, 아이가 수행하기에 적당한 수준의 과제여야 한다.

너무 어려워서 도전하기에 무리가 있는 과제에는 지속적으로 주의를 유지하지 못한다. 방학 동안 영어 캠프에 보냈더니 그 캠프에서 수업 시간 내내 졸기만 했다는 아이가 생각난다. 누구보다 꼼꼼하고 성실한 아이였는데 대부분 영어로만 이루어지는 영어 캠프 수업이 힘겨웠던 것이다. 수업 내용이 이해가 안 되니 무슨 흥미와 도전 의욕이 생기겠는가? 전혀 알아들을 수 없으니 아이는 잠만 잘 수밖에 없었을 것이다.

세 번째, 힘든 상태를 참고 견디는 데 필요한 정서 조절 능력이 뒷받

침돼야 한다.

잘 알려진 초기 마시멜로 실험은 특정 계층의 아이들을 대상으로 했고, 특정한 목적을 위해 그 실험 결과를 사용한 문제로 비판과 논란을 일으켰다. 하지만 그럼에도 불구하고 이와 관련해 우리가 눈여겨봐야 할 후속 실험이 너무 많다.

먼저 2012년 미국 로체스터대학 연구팀의 실험이다. 이 연구팀은 4세 아이 28명을 두 그룹으로 나누어서 사전 실험과 본실험을 진행했다. 사전 실험에서는 아이들에게 컵 꾸미기를 할 것이라고 먼저 알려주고 미술 재료가 놓여 있는 책상 앞에 앉혔다. 그러고 나서 "조금만 기다리면 크레용 외에 다른 재료들을 가져다줄게. 잠깐만 기다려줘"라고 지시한 후 몇 분을 기다리게 했다. 그 후 한 그룹에는 약속대로 다른 재료들을 가져다줬고, 또 다른 그룹에는 "다른 재료들이 있는 줄 알았는데 없네. 미안해"라고 사과하며 더 가져다주지 않았다.

그 후 본실험으로는, '신뢰'를 경험한 그룹과 '비신뢰'를 경험한 그룹의 아이들을 대상으로 (15분을 기다리면 마시멜로 1개를 더 준다고 제안하는) 마시멜로 테스트를 통해 '만족 지연 능력'을 시험 했다. 본실험에서 두 그룹의 아이들은 어떤 반응을 보였을까?

신뢰를 경험한 아이들은 비신뢰를 경험한 아이들보다 평균 4배의 시간을 더 참고 기다렸다. '신뢰'의 경험 여부가 만족 지연 능력에 이렇게 큰 차이를 만든 것이다.

비록 주의력과 직접적으로 연관된 실험은 아니지만, 이 실험에서 우리가 주목해야 할 점이 있다. 아이에게 신뢰를 경험하게 하면 아이도 자신의 욕구와 바람을 잘 조절하며 인내심을 갖고 기다릴 수 있다. 불편하고 힘들 때 자신의 정서 상태를 스스로 조절할 수 있는 힘의 원천이 바로 아이가 갖는 사람과 세상에 대한 신뢰감인 것이다.

인간의 뇌는 어떤 문제보다도 정서적 문제를 처리하는 데 우선적으로 에너지를 쓴다는 이야기를 이미 했다. 정서적으로 불안하거나 우울감 등에 시달리는 아이들은 대부분 주의를 지속적으로 기울이기를 유독 힘들어하면서 쉽게 좌절하고 포기한다. 아이의 마음이 편안해야만 뇌의 자원을 인지적 처리 과정에 적절하게 쓸 수 있다. 지금 아이의 지속주의력이 부족하다면 무엇보다도 정서부터 안정시켜주자. 아이가 불안할 때, 좌절감에 갇혀서 포기하고 싶을 때 진정한 위로와 공감과 격려를 할 줄 아는 부모가 되는 것이 아이의 지속주의력을 높이는 최고의 비법일 수 있다.

06

분할주의력

2가지 이상에 집중하지 못하는 아이

●● 분할주의력이란?

수학 시간이다. 선생님이 문제 풀이를 시작한다.

"오늘은 풀어야 할 문제가 많아요. 집중하지 않으면 놓치니까 얘들아, 모두 집중하자!"

선생님이 순서대로 빠르게 설명을 이어간다. 초등 6학년 준혁이도 열심히 설명을 들으며 노트에 바쁘게 필기한다. 그런데 준혁이가 선생님의 문제 풀이를 따라가는 과정에서 문제가 생겼다.

'중간 계산값이 왜 8이지? 뭐가 잘못된 거지?'

'어떡하지? 이거 중요한 문제인데.'

준혁이는 다시 계산 과정을 훑어보고 틀린 곳을 찾는다.

'아, 여기가 틀렸네.'

마침내 원인을 찾은 준혁이가 고개를 들어서 선생님을 본다. 그런데 선생님의 설명은 벌써 다음 문제로 넘어가 있다.

'앗! 어떡하나?'

사실 준혁이는 노력파다. 숙제도 열심히 하고 수업도 성실하게 듣는다. 그런데 준혁이에게는 종종 이런 일이 생긴다. 한꺼번에 여러 가지를 동시에 신경 써야 할 때 착착 따라가지 못하고, 그중에서 꼭 하나를 놓쳐버린다. 그러다 보니 과제나 활동을 제대로 완수하지 못하는 결과가 따른다. 뭐든 열심히 하는 준혁이에게 왜 이런 일이 일어나는 걸까?

다음 미션을 차례로 수행해보자.

지금부터 읽어주는 뉴스 기사를 잘 듣고 내용을 기억하세요.

이번에는 뉴스 내용을 들으면서 종이에 적힌 숫자들도 계산하세요.

뉴스를 듣고 그 내용을 기억하는 미션은 웬만큼 수행할 수 있을 듯

한데, 거기에다가 계산까지 하는 미션은 제대로 수행하기가 쉽지 않을 듯하다. 기사를 기억하려면 기사에 주의를 기울여야 하고, 또 동시에 계산도 해야 하니 계산에도 주의를 기울여야 하기 때문이다. 이렇게 서로 다른 자극이나 정보들에 자기 주의를 나누어서 기울일 수 있는 능력을 '분할주의력divided attention'이라 한다. 위 미션을 예로 들자면, 듣고 기억하는 과제와 연산하는 과제 모두에 골고루 자기 주의를 기울여서 성공적으로 수행할 수 있는 능력인 것이다. 2가지 이상에 동시에 주의를 기울인다는 의미에서 '동시주의력'이라 불리기도 한다.

분할주의력 덕분에 우리는 어렵지만 오른손으로는 동그라미를 그리면서 왼손으로는 세모를 그릴 수 있고, 농구 선수도 드리블을 하면서 전후방을 살피며 플레이를 계속할 수 있다. 그런데 이런 분할주의력에는 고도의 집중과 기술이 필요하다.

연령이 높아지면 아이는 점차 복합적인 요소를 지닌 과제를 수행해야 하고, 다양한 과제를 동시에 수행해야 하는 상황도 자주 만난다.

- 옷을 입으면서 엄마의 질문에 대답하기
- 엄마가 불러주는 계산식을 잘 듣고서 공책에 답을 쓰기
- 친구들과 어제 이야기를 하면서 카드게임을 하기
- 선생님의 말씀을 들으면서 칠판을 보고 노트에 요약하기

이렇게 일상생활과 공부 과정에서 분할주의력이 굉장히 많이 사용되고 있음을 알 수 있다. 일과도 공부도 사회적 관계도 아이가 자랄수록

더욱 다양하고 복잡해질 것이다. 분할주의력도 그만큼 더 절실하게 필요해진다.

●● 분할주의력이 중요한 이유

다음과 같은 미션도 한번 생각해보자.

화면 중앙에 원, 세모, 네모 중 한 가지 도형(시각 자극)이 차례로 보인다.

↓

그와 동시에 종소리, 카메라 셔터 소리, 초인종 소리 중 한 가지 소리(청각 자극)도 차례로 들린다.

↓

바로 직전에 나왔던 도형이나 소리가 이번에도 나오면 버튼을 누른다.

예를 들어 ① 세모—종소리→② 세모—초인종→③ 원—카메라 셔터 소리→④ 네모—종소리→⑤ 원—종소리→⑥ 원—초인종→⑦ 네모—초인종→⑧ 원—종소리의 순서로 그림 자극과 소리 자극이 제시됐다. 그럼 언제 버튼을 눌러야 할까? 정답은 ②, ⑤, ⑥, ⑦에서 버튼을 눌러야 한다.

이 과제를 통해 시각 자극(그림)과 청각 자극(소리)이라는 2가지 감각 자극이 동시에 제시될 때 적절하게 자기 주의력을 나누어 반응할 수 있는지 알아볼 수 있다. 자극들에 대한 분할주의력을 검사할 때 실제로 쓰이고 있는데, 많은 아이가 어려워하는 과제다.

고학년이 되면서 아이에게 요구되는 분할주의력은 매우 다양하다. 수업을 들으며 동시에 필기를 하거나, 자전거 페달을 밟으면서 커브를 돌고 기어를 변경해 속도를 조절하거나, 부모의 요구와 친구의 요구를 적절히 조화시키는 등도 전부 분할주의력의 영역이다.

그런데 주의를 나누어 모두 제대로 수행해야 할 필요가 있는 상황에서 분할주의력을 제대로 발휘하지 못하는 아이는 이런 문제들을 수월하게 처리하지 못하게 되는 것이다. 6학년 준혁이의 경우처럼 고학년이 되면 아이에게는 다양한 요소를 동시적으로 다룰 수 있어야 해결되는 과제들이 주어진다. 시험을 볼 때도 시험문제들이 요구하는 여러 사항을 모두 신경 써야 한다. 분할주의력이 부족한 아이는 2가지 이상을 동시에 수행해야 할 때 그중 한 가지에만 과도하게 주의를 기울이다가 다른 것들은 놓치는 문제가 생겨난다.

이렇게 아이의 성장 과정에서 분할주의력은 학년이 올라갈수록 점점 중요한 역할을 하게 된다. 그렇다고 유아기나 초등 저학년 아이를 두고서 미리 걱정할 필요는 없다. 실제 전산화된 주의력 검사에서도 분할주의력은 생일을 기준으로 만 9세 이상에서 평가하고 있다.

그보다 어린 아이들은 아직 한 가지에라도 주의를 제대로 기울이는 연습을 하는 단계이므로, 2가지 이상에 주의를 나누어 기울이기를 기대하는 것은 적절하지 않다. 초점주의력, 선택주의력, 전환주의력, 지속주의력을 잘 키우면서 아이가 3~4학년 정도 되면 분할주의력도 함께 발달시켜가는 것이 바람직하다.

●● 분할주의력을 키우기 위한 준비

미국 인지심리학자 마이클 포즈너Michael Posner와 그 동료들은 여러 자극에 동시에 주의를 기울일 때 과제의 종류에 따라 어떻게 반응이 달라지는지 연구했다. 실험 참가자들에게 '뚜' 같은 한 가지 기계음과 특정한 문자를 동시에 제공하고, 그 기계음을 들을 때마다 바로 앞의 문자와 뒤의 문자가 같은지 다른지를 판단해 버튼을 누르도록 했다. 즉 '기계음을 듣고 버튼을 누르기'와 '앞뒤 문자가 같은지 다른지 구분하기'라는 두 과제에 얼마나 주의를 분할하여 처리할 수 있는지 알아보는 실험이었다.

어떤 결과가 나왔을까? 실험 참가자들이 첫 번째 문자를 볼 때는 소리 자극을 듣고서 버튼을 누르는 속도가 일정했다. 안정적으로 반응했다는 의미다. 그런데 두 번째 문자를 보게 되면서부터는 소리에 반응하는 시간이 느려졌다. 그 이유가 무엇일지 생각해보자.

듣고 보며 버튼을 누르는 정도는 자동적인 처리가 가능할 정도로 익숙하기에 반응 속도가 일정했다. 하지만 두 번째부터는 소리 자극에 버튼을 누르는 동시에 앞의 문자에 대한 기억을 떠올려 지금 문자와 비교한 후 결론을 내리고 말까지 해야 하므로 훨씬 많은 용량의 주의력이 필요해진다. 그러니 최종 반응 시간이 늦어질 수밖에 없는 것이다.

이 과정에서 중요하게 작동해야 하는 분할주의력에 대해 정리해보자. 분할주의력은 단순하고 자동화된 반응이 아니다. 인지적 노력이 필요한 과제에서 분할주의력을 작동시키는 데는 어느 정도 어려움이 존재한다는 것을 아는 게 중요하다. 학자들도 완벽한 분할주의력이 가능하다고 보지 않는다.

그렇다면 이렇게 까다로운 분할주의력은 어떻게 향상할 수 있을까? 학자들은 만약 2가지에 분할주의력이 요구되는 과제를 원활하게 처리하려면 최소한 둘 중 한 가지에 대해서는 자동으로 반응할 수 있을 만큼 충분히 숙달되어 있어야 '주의를 분할하여 기울이는 것'이 가능하다고 강조한다. 여러 가지를 동시적으로 빨리빨리 수행해야 하기 때문에 각각의 개별적 기술에 미숙하면 전체적인 처리에 문제가 생기게 마련이라는 의미다.

앞에서 준혁이가 곤란에 처했던 것도 포즈너 연구팀의 실험 참가자들과 같은 이유에서였을 것이다. 준혁이가 선생님의 설명을 놓치지 않기 위해서는 '잘 듣기, 정확하게 이해하기, 문제 풀기'라는 세 과제 모두에 주의를 분할해 동시에 처리할 수 있어야 한다. 이 과정에 실패했다는 것은 그 각각의 기술에 아직 미숙하고, 그것이 빠른 처리에 걸림돌로 작용했다는 의미다. 준혁이가 주어진 상황에서 분할주의력을 제대로 발휘하려면 그 3가지 개별적 능력에 어느 정도 능숙해야 한다는 의미이기도 하다. 만일 그 능력들 중 어느 하나라도 미숙하면 주의를 적절하게 분할하기가 어려워진다. 다시 강조하지만, 분할주의력을 잘 발휘하려면 동시에 주의를 기울이고자 하는 각 과제들에 대해 많은 경험과 연습과 훈련이 반드시 전제되어 있어야 한다.

한 가지 더 기억해야 할 점이 있다. 분할주의력은 전환주의력과 관련이 깊다는 사실이다. 다음은 선생님이 화상으로 일정 시간 동안 글을 보여주고, 학생들은 그 글을 읽고 난 후 선생님의 질문에 대한 답을 컴퓨터로 입력해야 할 때 필요한 과정이다.

1. 읽기 : 내용을 읽기+읽은 내용을 머릿속에 요약하며 기억하기
2. 쓰기 : 기억하고 있는 내용을 떠올리기+답을 작성하기

어찌 보면 단순히 읽고 쓰면 될 것 같지만, 이게 그리 간단하지 않다. '읽고 쓰기'를 수행하려면 '읽기, 내용 이해하기, 요약하기, 기억하기'에다가 '질문 듣기, 질문에 필요한 내용을 선택적으로 떠올리기, 쓰기' 등에 이르기까지 여러 과제에 주의를 나누어 기울여야 하는 분할주의력이 매우 중요해진다. 그런데 이 과정은 엄밀히 따지면 동시에 이루어지는 것이 아니라 마치 그런 것처럼 보일 정도로 빠른 주의 전환을 통해 이루어지는 것이기 때문에 전환주의력이라고도 볼 수 있다. 그래서 어떤 학자들은 '분할주의력'을 '빠르게 전개되는 전환주의력'이라고 말하기도 한다.

다시 정리해보자. 동시에 여러 일을 하는 멀티태스킹에도 필수적인 분할주의력이 실제로 어떤 능력인지 잘 이해해야 한다. 여러 작업을 동시에 수행하는 멀티태스커들, 가장 가까운 예로 집안일을 매우 잘하는 주부의 모습을 살펴보면, 가스레인지 위에 2가지 요리가 동시에 끓고

있는 와중에 설거지도 하고 식탁 정리도 하면서 누군가와 통화를 한다. 이 모든 일을 동시에 원활하게 진행하니 분할주의력이 매우 뛰어나다고 볼 수 있다. 2가지 이상의 일에 동시에 주의를 기울여 집중해 제대로 해내기란 결코 쉽지 않은데도, 주부에게 그것이 가능한 이유는 그 과정에서 이루어지는 대부분의 일들이 오랜 기간의 경험과 연습과 훈련으로 너무나 익숙하게 몸에 배어서 자동화되어 있기 때문이다. 바로 그 사실이 무엇보다 중요하다.

분할주의력을 발휘하여 학년이 올라갈수록 더욱 복잡해지는 과제를 잘 수행하기 위해서는 거의 자동적으로 처리할 수 있는 다양한 능력이 많이 개발되어 있어야 한다. 유아기부터 퍼즐 맞추기, 미로 찾기, 색칠 완성하기 등 작은 과제들에 주의를 기울여 집중하는 연습을 꾸준히 하고, 학령기에는 학습을 위한 기본 능력인 읽기, 쓰기, 셈하기 영역에서 연습과 훈련을 통해 숙달하는 것이 중요하다. 단, 억지와 강요의 방식이 아니라 아이가 알게 모르게 습득하는 즐거운 놀이 방식이 바람직하다. 이에 대해서는 6장에서 소개할 구체적 방법들을 참고하길 바란다. 이렇게 자동적 처리 능력들이 충분히 발달되어 있어야만, 아이가 이후에 분할주의력을 요구하는 어려운 과제를 만나더라도 쉽게 수행할 수 있다.

3장

주의력을 키워주는 환경은 따로 있다

01

물리적 환경이 주의력에 미치는 엄청난 영향

●● 보이고 들리는 것들이 아이의 주의력을 좌우한다

숙제한다고 방에 들어가 책상에 앉은 9살 아이가 숙제는 하지 않고 놀고만 있다. 좋아하는 포켓몬 카드를 만지작거리거나 아이클레이로 뭔가를 만든다. 아이가 숙제에 집중하지 못하는 것은 주의집중력이 부족하기 때문인 것 같다. 그런데 과연 그뿐일까? 분명 아이에게는 숙제를 하려는 의지가 있었지만, 자신이 좋아하는 놀잇감들을 보자마자 숙제 대신 그것들에 빠져들었다.

'견물생심'이라는 말이 시각적 환경에 영향을 받는 아이의 심리를 대표적으로 설명해준다. 무언가를 보는 순간, 아이는 그것을 손에 쥐고 만지며 확인하고 싶은, 즉 그것을 가지고 놀고 싶은 충동을 느끼는 것이다. 그래서 주의집중력에서 가장 먼저 신경 써야 할 것이 바로 시각적 환경이다. 공부하려고 했는데 눈앞에 보이는 다른 것들에 빠져들게 하는 환경, 가만있어도 정신이 어수선해지는 환경, 그야말로 견물생심인 환경에서는 아이가 아무리 의지를 발휘해도 주의가 산만해질 수밖에 없다.

또 있다. 청각적으로 예민한 아이들은 아주 작은 소리에도 주의가 흐트러질 뿐만 아니라 신경이 날카로워져 짜증을 내고, 집중하고 있던 공부를 지속할 수 없게 되기도 한다.

요즘 아이들의 주의력을 해치고 공부를 방해하는 최강의 존재인 스마트폰은 시각적으로도, 청각적으로도 두말할 나위가 없다. 스마트폰을 옆에 놓아두는 것만으로도 과제를 수행하는 시간에 차이가 나지 않았던가? 그러니 바로 옆에 스마트폰을 두고서 집중하지 못한다고 혼내는 건 참으로 어처구니없는 일이다.

주위 환경이 아이의 공부와 주의력에 미치는 영향을 너무 쉽게 간과하면 안 된다. 아이의 주의집중력을 의지와 노력으로 조절할 수 있다고 오해하는 것도 안 된다. 아이가 스스로 자신의 환경적 조건을 통제하고 조절할 수 있는 능력을 키울 때까지는 부모가 아이의 환경을 조절해줘야 한다.

어떤 아빠가 6살 아이와 산책을 나왔다. 그런데 평소에 다니지 않던 길로 들어섰더니 저만치 앞쪽에 아이가 아주 좋아하는 인형 뽑기 가게가 있다. 아직 아이는 그 가게를 발견하지 못했다. 그 가게를 발견한 순간, 아이가 보일 행동이 눈에 보이듯 훤하다. 이럴 때 아이와 대화하기에 앞서 먼저 필요한 일이 바로 아이의 환경을 조절해주는 것이다.

여러분이라면 과연 어떻게 할 것인가? 되돌아가는 방법도 있고, 아이를 멈추게 하고 오늘은 인형 뽑기를 하는 날이 아님을 말해줄 수도 있다. 혹은 인형들을 구경할 수는 있지만 뽑기를 할 수는 없다고 적당한 선에서 타협할 수도 있다. 어떤 방법을 선택해도 약간의 후유증은 있을 것이다. 어찌 보면 되돌아가는 방법이 가장 간단하겠지만, 그러면 의아해진 아이의 질문 공세에 답하느라 고생해야 한다.

아빠가 선택한 방법은 마치 놀이를 하듯이 아이의 눈을 살짝 가린 채 번쩍 안아 올린 후 빠른 걸음으로 그 가게를 안전하게 지나서 아이를 내려놓는 것이었다. 아무것도 모르는 아이는 아빠의 깜짝 이벤트에 기분이 더 좋아져서 다시 아빠의 손을 잡고 산책을 즐기기 시작했다. 이런 대처가 바로 아이의 환경을 조절해주는 것이다.

심리전문가들은 내담자의 심리적 변화를 위해 아주 세심한 부분까지 환경의 영향을 먼저 생각한다. 상담실을 찾은 아이가 놀이와 대화에 집중해 심리적 안정을 찾고서 발전하는 경험을 할 수 있도록 상담사들이 어떻게 환경을 준비하는지 한번 살펴보자.

일단 상담실에서 아이와 마주 앉는다. 일주일에 한 번씩 만나는 아이에게 그동안 어떻게 지냈는지 질문도 하면서 아이의 표정과 몸짓을 살피며 심리를 파악한다. 그러고 나서 아이가 원하는 놀잇감을 선택하게 한다. 아이에 따라서 그날 놀 수 있는 놀이의 개수를 정해주기도 한다. 주의가 산만하고 조금만 어려워도 쉽게 포기하는 아이에게는 2~3가지 정도로 제한한다. 아이는 자신이 선택한 놀잇감을 가져와서 테이블 한편에 놓아둔다. 그리고 다시 의자에 앉는다. 과연 아이는 스스로 선택한 놀잇감에 제대로 집중해서 놀이를 진행할 수 있을까? 자기 뜻대로 되지 않거나 질 것 같을 때, 혹은 졌을 때도 하던 놀이를 계속할 수 있을까?

주의집중력이 흔들리는 상황에서는 눈앞에 또 다른 놀잇감들이 보인다면 아이가 마음을 잡기 어렵다. 분명히 자신이 선택한 놀이임에도 불구하고 흥미는 사라지고, 지금 시선을 끄는 다른 것에 마음을 뺏기기 때문이다. 그렇게 되면 지금까지 하던 놀이에 아이의 주의를 다시 집중시키기란 무척 어려워진다.

만약 이런 상황에서 아이의 눈앞에 다른 놀잇감이 없었다면 일은 좀 더 수월해진다. 져서 속상한 아이의 마음에 공감해주고, 비록 졌지만 아이가 잘한 점들을 찾아서 칭찬하고, 아이가 자신만의 창의적 방법을 새롭게 썼다면 그 점을 강조해 또 칭찬해주면 된다. 그러면 아이는 속상한 마음을 진정하고 끝까지 다시 지속할 수 있게 되는 것이다.

그래서 상담사 수련 과정에서 매우 중요하게 생각하는 한 가지가 상담실 세팅이다. 아이가 앉을 자리에 먼저 앉아보고 아이의 시선이 어디로 향하게 될지, 아이는 그 자리에 앉아서 어떤 것을 느끼고 무슨 생각을 하게 될지 미리 가늠해본 후 상담에 필요한 물건 등을 배치한다.

보통 유아와 아동 상담실에는 한두 벽면에 놀잇감들이 진열되어 있다. 상담사가 앉은 자리에서는 그 놀잇감 선반이 다 보이지만, 아이가 앉은 자리에서는 상담사와 그 뒤의 벽면만 보이게 하는 것이 더 바람직하다. 아이가 주로 경험하는 집 안의 환경은 어떠한가? 너무 많은 장난감으로 아이의 산만함을 부추기고 있지는 않은가?

환경은 사람의 마음에 생각보다 치명적인 영향을 미친다. 특히 아이의 주의집중력을 키우고 싶다면 꼭 기억해야 할 사실이다. 이제 주의집중력 향상을 위해 제거하거나 더해줘야 하는 시각적·청각적 요소들을 알아보자.

●● 반드시 제거해줘야 할 시각적·청각적 자극들

부족해서 문제가 생기기보다 과잉 제공으로 문제가 생기는 경우가 더 많다. 우선 우리 집의 시각적·청각적 환경에서 제거해줘야 하는 것을 살펴보자. 무엇이 아이의 시각을 어지럽게 자극하고 있을까?

일단 아이의 방에 장난감이 얼마나 많은가? 아이의 책상 앞 의자에 앉아서 눈에 보이는 것들도 확인하자. 책꽂이가 있고, 책과 문제집과 공책 등이 꽂혀 있다. 필기도구도 놓여 있다. 그리고 또 무엇이 있는가? 아이가 좋아하는 인형, 작은 장난감, 스마트폰이나 스마트패드, 혹은 먹다 남긴 간식이 있기도 하다. 미디어 수업 때문에 책상 위에 컴퓨터도 있기 쉽다. 지금 아이가 숙제로 문제집을 풀어야 하는 상황이라면 쉽게 집중하기 어렵다는 게 느껴질 것이다.

이런 시각적 자극들은 아이를 유혹하여 아이의 의지를 빼앗아 간다. 아이는 집중해서 숙제하려고 했지만, 자신도 모르게 눈앞에 있는 것들에 마음을 빼앗겨버리게 된다. 바로 이런 것들을 아이의 눈에 보이지 않게 만들어줘야 한다.

집중하지 못하는 아이를 혼내는 것은 아무 소용이 없다. 숙제를 하는 데 필요 없는 인형, 장난감, 스마트폰 등을 아이의 시선이 미치지 않는 곳으로 옮기는 것이 중요하다. 그런 걸 옮기기가 적절하지 않다면 아이가 숙제에 집중할 수 있는 다른 장소를 찾는 것도 좋은 방법이다. 아이와 엄마가 마주 앉아 집중할 수 있는 좌식 탁자를 따로 마련하거나, 거실 테이블이나 식탁에서 숙제하게 하는 것이다. 어떤 방법이든 아이의 주의를 산만하게 자극하는 시각적 요소를 제거해주는 것은 이미 절반의 성공으로 숙제를 시작하도록 도와준다.

청각적 자극에 예민한 아이도 의외로 많다. 자기 방의 책상에 앉아서 공부하려고 마음먹었는데 여기저기서 들리는 소리가 주의를 집중하지 못하게 방해한다. 층간 소음을 비롯해 아이의 방 밖에서 청소기 돌리는 소리, TV 보는 소리, 통화하는 소리, 다투는 듯한 엄마 아빠의 높은 음성, 심지어 집 밖에서 들리는 자동차 경적 소리까지 귀에 거슬려서 아이는 괴롭기만 하다. 이런 아이에게 집중하지 못한다고 혼내기만 하는 건 말이 안 된다.

청각적 자극에 예민하다면 주변 소리가 아이를 방해하지 못하도록 조절해줘야 한다. 부모가 어떻게 해볼 도리가 없는 소리는 어쩔 수 없지만, 가족이 내는 소리는 가능한 한 조심해주는 것이 좋다. 주의집중력은 걱정한다고 나아지지 않는다. 환경적으로 아이가 힘들어하는 자극들을 먼저 제거해줘야 아이의 주의집중력이 점차 발전할 수 있다는 사실을 기억하자.

●● 주의력을 위해 꼭 체크해야 할 것들

지우개 하나를 찾으려고 책상에서 멀리멀리 벗어나는 아이가 있다. 온 집 안을 돌아다니면서 자신이 좋아하는 지우개를 찾는다. 엄마가 출동해 결국 아이의 책상 위에서 지우개를 찾아준다. 지우개가 책 아래로 들어가버려 눈에 보이지 않았던 것이다. 별일 아닌 것 같지만, 엄마는 화가 치밀고 아이는 지우개를 찾느라 더 산만해져 숙제에 집중하기가 어렵다. 이런 일이 어쩌다 한두 번이 아님을 우리는 너무 잘 안다.

주의력이 부족한 아이들은 잘 준비된 물리적 환경이 매우 중요하다. 아이가 스스로 준비하고 정리하는 것을 습관화할 때까지 부모가 도와줘야 하는 건 어쩔 수 없다. 책상 배치는 물론이거니와 책상 위 각종 도구들의 배치도 아주 중요한데, 정연하게 잘 정돈되어 있어야 한다.

시각적 자극에 금세 정신이 팔리는 아이를 위해서는 시각적으로 집중할 수 있는 특별한 준비가 필요하다. 책상 앞이나 옆에 책꽂이가 있다면 과목별 책과 문제집의 위치를 정하고 이름표를 붙이는 것이 바람직하다. 거기에다가 '오늘 해야 할 숙제', '완성한 숙제', '이번 주까지 할 숙제' 칸을 따로 만들어두면 아이가 해야 할 과제를 한눈에 확인할 수 있어서 효과적이다. '완성한 숙제' 칸에 다 한 숙제가 쌓이는 걸 보며 느끼는 뿌듯함은 앞으로의 행동에 큰 자발적 동기가 될 수 있다.

필기도구 준비도 매우 중요하다. 가방 안에도 필통이 있겠지만, 책상 위 한편에 늘 비치해두는 스탠드형 연필꽂이도 중요한 역할을 한다. 물론 부모가 항상 준비해주라는 말이 아니다. 하루 중 일정 시간에 아이와 함께 책상을 정리하는 시간을 가지자. 5분 정도면 충분하다. "왜 이렇게 어질러져 있니? 정리 좀 해라"라는 잔소리는 아무 소용이 없다. 여러 번의 연습 과정을 통해 자기 환경을 스스로 정리하는 능력이 발전해야 한다. 아이가 부모와 함께 편안한 마음으로 이같이 준비하는 경험을 쌓아가다 보면 주의집중이 잘되는 자기 맞춤형 환경을 만드는 능력이 점차 습관으로 자리 잡힌다.

특히 청각적 자극에 예민한 아이들은 좀 더 세심하게 신경 쓸 필요가 있다. 아이는 귀를 자극하는 소리가 괴롭고, 그로 인해 주의를 집중하기가 훨씬 어려워진다. 아이를 괴롭히는 소리를 막아주되, 그게 안 되면 최대한 그 소리가 들리지 않게 해주는 장치가 필요하다. 어떤 아이에게는 헤드폰을 끼고 안정감을 주는 음악을 듣는 게 도움이 되기도 한다. 그러나 음악을 듣기보다 외부 소음을 차단해주는 편이 주의집중 효과가 더 크다. 성능 좋은 귀마개를 준비해주자. 여력이 된다면 아이의 방에 차음재를 설치해주는 것도 방법이다. 이런 환경적 준비가 아이의 주의력을 키우기 위한 필수 사항임을 잘 기억하면 좋겠다.

중요한 한 가지가 또 있다. 공복 상태에서는 주의집중력이 현저히 떨어진다. 너무 배가 불러도 졸리고 집중하기 어렵지만, 배가 고파도 마찬가지다. 식사 후라면 어느 정도 소화가 된 후에, 배가 고픈 상태라면 약간의 간식으로 허기를 달랜 후에 집중이 잘된다는 것도 기억하자.

아이의 주의력은 사소한 자극에 더 쉽게 분산되는 경향이 강하다. 그러니 이런 환경적 준비가 다소 하찮아 보일지라도 의외로 주의력에 강력한 영향을 미친다는 걸 유념해야 한다.

02

주의력을 키워주는 '사례 개념화'와 '구조화'

●● 아이의 주의력 문제를 '사례 개념화'하라

어쩌면 '사례 개념화'라는 말을 처음 들을 수도 있다. 심리 상담에서는 사례 개념화 과정이 매우 중요하다. 이는 내담자의 다양한 심리적 정보를 토대로 문제의 원인과 증상을 판단하고, 상담 치료의 목표와 전략을 세우는 과정을 말한다.

현재 부모와 아이가 괴롭게 호소하는 문제가 무엇인지, 그 문제를 일으키는 촉발 요인은 무엇인지, 또 그런 문제 행동을 지속하게 하는 유지 요인은 무엇인지 먼저 알아야 한다. 그다음 이에 맞게 치료 목표를 정하고 치료 방법을 계획하여 상담을 진행하게 되는데, 바로 그 전체적인 과정을 사전에 개념화하는 것이다.

초등 3학년 진성이의 사례를 개념화해 살펴보자. 진성이 엄마가 주요하게 호소하는 문제는 진성이가 숙제를 미루고, 심지어 숙제를 안 하고도 했다고 거짓말하는 것이다. 그런데 엄마가 더 걱정하는 점은 숙제를 다 했어도 집중하지 않아서 빠트리거나 틀리는 일이 많다는 것이다. 아이가 집중만 잘하면 숙제를 미루지도 않고 거짓말할 일도 없어질 텐데 말이다. 그런데 중요한 건 진성이의 마음이다.

진성이가 불편해하는 주호소문제는 무엇일까? 진성이의 문제 행동을 촉발하는 요인은 무엇일까? 그리고 그런 행동을 유지시키는 이차적 이득은 무엇일까? 다음은 진성이와의 상담을 토대로 정리한 내용이다.

진성이의 마음	
주호소 문제	• 나도 부모님 말씀을 잘 듣고, 숙제도 잘하고 싶어요. • 한번 시작하면 끝까지 잘 해내고 싶어요. • 눈치 보지 않고 게임하고 싶어요.
촉발 요인	• 게임을 제일 먼저 하고 싶어요. • 숙제는 하기 싫고 힘들어요. • 숙제하려고 마음먹어도 집중하기 어려워요.
유지 요인	• 스마트폰 게임이 너무 재미있어요. • 하기 싫어서 미루고 떼쓰면 엄마가 숙제를 줄여주기도 해요. • 숙제를 틀리면 엄마가 잔소리하지만 결국 설명하면서 답을 가르쳐줘요.

이렇게 정리해보니 현재 문제에 대한 아이의 마음을 잘 알 수 있고, 아이 역시 자신의 변화를 바란다는 것도 알게 된다. 그중에서도 중요한 점은 마음먹어도 집중하기 어려운 아이의 주의력 문제가 두드러지고, 그로 인해 숙제하기 싫은 마음이 커지고 있다는 것이다. 게다가 게임이 재미있다는 것 외에도 엄마의 부적절한 개입이 아이의 문제를 지속시키

는 요인이라는 사실까지 드러난다.

여기서 아이의 주의력은 의지와 노력의 문제가 아니라는 점, 아직 아이는 주의를 집중해 숙제를 쉽게 하는 방법을 배우지 못했다는 점이 핵심이다. 또한 엄마가 쓴 방법은 아이의 주의력에는 아무 도움이 되지 못한 채 오히려 아이에게 이차적 이득만 가져다주어 이런 현상을 강화하는 결과만 가져왔음도 주목해야 한다.

안타깝게도 문제 행동의 촉발 요인과 유지 요인이 너무 강력하다면 아이 혼자서는 아무것도 개선할 수 없을 뿐만 아니라 자랄수록 더욱 심각해진다. 그렇다면 이제 어떻게 아이를 도와줘야 할까? 당연히 주의집중력을 키우는 앞으로의 계획을 세워 연습과 훈련을 진행하는 것이 가장 바람직할 것이다.

그런데 실제 전문가들처럼 주의집중력을 키울 계획을 세우는 일은 너무 거창해서 어렵게 느껴질 수 있다. 이럴 때 우선 한 가지 방법만 알아도 아이의 주의집중력을 키우는 데 큰 힘이 된다.

●● 주의력을 키워줄 방법을 '구조화'하라

아이가 수행해야 할 과제들에 대한 순서와 방법을 정해서 체계적으로 실행하는 과정을 심리 상담에서는 '구조화 작업'이라 말한다. 수행해야 할 일들과 그 순서, 지켜야 할 규칙을 미리 정해놓고, 그 순서대로 아이와 함께 진행하는 것이다. 주의력을 키우기 위해 구조화를 시작하는 방법은 간단하다. 예를 들어 지금부터 주의집중력이 좋아지는 놀이를 시작한다는 것, 다만 놀이지만 몇 가지 규칙을 정해서 놀이한다는 것, 그리고 혹시 놀이의 순서나 규칙이 마음에 들지 않거나 바꾸고 싶을 때는 어떻게 말하고 행동할 수 있는지를 아이에게 미리 안내하고, 사전 안내대로 진행한다.

다음은 구조화 작업을 위해, 집중 못 한다고 자주 혼난 민규와 나눈 대화다.

상담사 엄마 말을 안 들어서 혼났구나. 많이 속상하지?

민규 네. 엄마는 나만 혼내요.

상담사 에구, 정말 속상하겠다. 그런데 너도 잘해서 칭찬받고 싶어?

민규 네, 당연하죠. 그런데 잘 못하겠어요.

상담사 그럼 지금부터 어떻게 하면 되는지 선생님이 가르쳐줄게. 배우고 싶니?

민규 근데 어려운 건 싫어요.

상담사 아냐, 우리는 그냥 놀 거야. 다만 몇 가지 규칙만 잘 지키면 돼. 네가 충분히 할 수 있을 거야.

민규 네.

상담사 좋아. 그럼 놀이 규칙을 말해줄게. 아주 간단해.

① 한번 시작한 놀이는 끝까지 하기

② 다 논 놀잇감은 즉시 제자리에 치우고 나서 다음 놀이를 하기

③ 중간에 마음이 바뀔 경우에는 말로 표현하기

쉽게 말하면 이렇게 아이와 무엇을 어떻게 할지 미리 설명하고 진행하는 것이다. 짐작하겠지만, 주의력을 키우기 위한 상담에서는 필요에 따라 자유 놀이를 할 수도 있지만, 더 중요한 것은 구조화된 놀이다. 제한된 시간에 갖고 놀 수 있는 놀잇감 개수도 정하고, 놀이 순서도 정하고, 지켜야 할 규칙도 정한다. 이런 것들을 진행할 때는 아이가 잘 수행할 수 있도록 구조화되어 있어야 한다. 다음은 민규의 주의력 훈련을 위한 구조화에 따라 놀이를 진행하면서 나눈 대화다.

상담사 오늘 민규랑 3가지 놀이를 할 수 있어. 네가 3가지를 골라봐.

민규 3개밖에 못해요? 전부 다 하고 싶은데.

상담사 40분 동안 놀려면 3가지가 딱 적당해. 3가지만 골라봐.

민규 이건 놀아봤고, 저것도……. 이건 뭐예요? 아, 아니에요.

민규가 놀잇감을 고르는 데 벌써 5분 이상의 시간이 흐른다. 이것저것 산만하게 집적거리기만 하고 자신이 진짜로 원하는 것은 쉽게 고르지 못한다. 이런 결정 장애 현상도 주의력이 부족한 아이에게서 흔히 나타난다. 이럴 때 적절한 시간 제한은 도움이 된다.

상담사 우리가 놀 시간이 줄어들고 있어. 다음 주에 또 다른 것들을 갖고 놀면 되니까, 지금 하고 싶은 놀이를 3가지 고르는 거야. 10초 줄게. 준비됐어?

민규 네.

상담사 10, 9, 8, 7, 6, 5, 4, 3, 2, 1, 끝!

그제야 민규가 3가지 놀잇감을 후다닥 골라서 테이블 위로 가져온다.

상담사 네가 원하는 걸 잘 골랐구나. 자, 이번에는 이 3가지 중에서 제일 먼저 놀고 싶은 것부터 순서를 정하는 거야. 첫 번째, 두 번째, 세 번째 순서를 정해봐.

민규는 3가지 보드게임의 순서도 빨리 결정하지 못하고, 심지어 다른 장난감들에 시선을 빼앗기기까지 한다. 또 시간이 흐른다.

상담사 이번에는 5초 준다. 순서 정하기 시작. 5, 4, 3, 2, 1.

민규 이거 첫 번째, 저거 두 번째, 이거 세 번째.

시간을 제한해주니 민규는 이번에도 별로 망설이지 않고 순서를 정한다. 어쩌면 이 정도도 훈련되어 있지 않아서 아이 역시 많이 힘들었을 것이다. 이렇게 간단해 보이는 과정이 바로 구조화다.

그런데 이 같은 과정에 아이가 익숙해지고 이런 규칙을 당연한 것으로 받아들이기까지는 여러 회기가 걸린다. 3가지 놀이를 정하고도 중간에 바꾸려 하고, 하던 놀이를 끝까지 하지도 않는다. 한 가지 놀이를 진행하고 있는데 좀처럼 집중하지 못하고 다른 것에 한눈팔기도 한다. "바꾸면 안 돼요? 나, 저거 하고 싶었는데……"는 아이들의 단골 멘트다.

이때 다른 잔소리는 필요 없다. "약속했잖아. 지켜야지" 같은 설득의 말도 효과 없다.

"오늘은 미리 정한 놀이만 할 거야. 다음에는 더 신중하게 고르기를 바라."

그저 이렇게 말하면서 짜증 내지도 않고, 목소리를 높이지도 않고, 그야말로 여유롭게 평정심을 유지하면 된다. 오히려 이런 반응에 아이가 더욱 안정감을 느껴서 주의집중에 도움이 된다. 물론 혼자 좀 더 웅얼거릴 수는 있지만, 아이가 뭐라고 저항해도 단단하게 규칙을 지키는 것이 중요하다.

이렇게 주의력 훈련에서는 기본적인 규칙을 설명하고, 규칙에 따라 반복적으로 행동하도록 이끌어서 그 규칙이 몸에 배게 하는 과정이 필수다. 상담실에 들어올 때부터 몸을 바르게 하고 인사하기, 인사말은 정확하게 발음하기, 자리에 앉아 일주일 동안의 안부를 묻는 질문을 2가지 하기, 오늘 사용할 놀잇감을 고른 후 순서를 정하고 그 순서대로 즐겁게 놀기 등을 구조화해 아이가 편안하게 수행할 수 있을 때까지 반복적으로 진행한다.

이런 설명을 거듭해도 엄마들은 또 걱정이다. "아이가 말을 안 들으면 어떡해요? 순서를 정하고도 마음대로 한다고 하면 어떡해요?" 당연히 그런 모습이 나타날 수 있다. 중요한 건 규칙을 말로 설명하고 담담히 아이를 기다려주는 것이다. 머리로 백번 알아도 한번 실천해보는 방법만 한 게 없다. 열 번 실행해서 한 번이라도 성공하면 그때서야 무릎을 치게 된다. 부모가 힘들이지 않고, 담담하고 여유롭게, 원칙을 지키며 기다려주면 아이는 잘 따라온다는 것을 꼭 기억하면서 그대로 따라해보길 바란다.

●● 아이가 규칙을 잘 지키도록 가르치고 약속하는 방법

우리가 아는 모든 놀이도 그렇지만, 일상생활과 공부에도 알게 모르게 엄청나게 많은 규칙이 있다. 주의집중이 어려운 아이들은 정해진 규칙을 지키는 것이 무척 어렵다. 이를 쉽게 가르치고 몸에 체득하도록 도와주는 것이 바로 놀이다. 아이에게 놀이가 중요한 이유는 그 많은 사회적 규칙을 부담감과 스트레스 없이 즐겁게 몸으로 배울 수 있기 때문이다. 서툴러도 조금씩 참여해서 같이 놀다 보면 배우게 된다.

그런데 아이의 놀이는 바로 부모와의 놀이에서 시작한다. 상호 작용하는 놀이가 가능해지는 3~4살이 되면 하나를 주면 하나를 받고, 아이가 하면 엄마가 하고 다시 아이가 하는 순서의 개념을 배우게 된다. 짝짜꿍 놀이부터 묵찌빠 놀이까지 모든 놀이의 규칙들이 그렇다.

만약 이런 과정이 없으면 아이는 가장 기본적인 규칙도 지키기 힘든 독불장군이 되어버린다. 주의집중력을 키우는 놀이에 필요한 규칙들은 의외로 단순하다. 예를 들어 할리갈리 보드게임의 규칙들을 살펴보자. 전체 카드를 똑같이 나눠 가지기, 자신이 배분받은 카드를 차례로 한 장씩 내기, 카드를 낼 때는 자신이 먼저 보면 안 되므로 카드 위쪽을

잡아서 뒤집어 내기, 깔린 카드들에서 같은 과일이 5개가 되면 종치기, 먼저 종을 친 사람이 깔린 카드들을 다 가져가기, 이때 잘못 치면 벌칙으로 카드 1장을 상대에게 주기 등과 같다.

기본 규칙을 아직 배우는 단계라면 이런 규칙을 그때그때 설명하며 아이에게 지키도록 가르치는 것이 중요하다. 그런데 이런 규칙에 익숙해졌다 해도 여러 어려움이 남는다. 규칙을 다 알지만, 질 것 같아서 초조하고 불안해지면 아이는 규칙을 어기려 한다. 그러니 이럴 때를 대비해 아이와 정해야 할 약속들이 있다.

1. 놀이 시작 전에 규칙에 동의하기. "놀이 규칙을 알지? 잘 지킬 수 있겠어?"
2. 바꾸고 싶은 규칙이 있으면 놀이를 시작하기 전에 말하기. "놀이 중간에 규칙을 바꾸고 싶은 마음이 들어도 한판이 끝난 다음에 다시 의논해서 결정하자."
3. 질 것 같아서 울컥하는 마음이 든다면 잠시 하던 놀이를 멈추고 울기
4. 놀다가 우는 사람이 있으면 잠시 기다려주기
5. 중간에 그만하고 싶을 때는 그 판을 그대로 두고 잠시 쉰 다음에 다시 시작해서 끝내기
6. 이긴다고 잘난 척하지 않기
7. 진 사람을 놀리지 않기
8. 놀이가 끝난 놀잇감은 즉시 치우기

위 약속들을 규칙이라고 무조건 강요하면 아이는 자기 마음을 더 조절하기 어려워진다. 예를 들어 놀이에서 지면 우는 아이도 있다. 감정은 스스로 통제하기가 어려우니 '울지 않기'라는 약속은 아이에게 무리다. 그러니 울어도 괜찮고 다 울 때까지 기다려준다는 ③, ④의 약속은 오히려 아이가 스스로 마음을 조절하도록 도와준다.

기억할 점은 위 약속들을 한 번에 모두 다 지켜야 한다고 요구하지 않는 것이다. 지금 아이에게 꼭 필요한 한두 가지만 설명하고 지키기로 약속해야 한다. 각 상황에서 새롭게 발생되는 문제가 있으면 한판의 놀이가 끝난 후 규칙과 약속을 다시 정하면 된다.

규칙은 대부분의 사람들이 같이 지키기로 약속한 질서다. 그러니 꼭 지키는 것이 중요하다. 약속은 함께하는 사람들이 어떻게 할 것인지 미리 정하는 것이므로 상황에 따라 서로 협의하여 조정할 수 있다.

아이들은 자신이 불리해지면 갑자기 그 순간에 규칙도 약속도 바꾸려 한다. 물론 규칙도 재미있게 바꿀 수 있다. 할리갈리 보드게임에서 같은 과일이 '5개'가 나와야 종을 친다는 규칙을 서로 협의하여 '6개'나 '7개'로도 바꿀 수 있다. 다만 중간에 바꾸는 건 적절치 않다.

그때는 잔소리하지 말고, 담담하고 명확하게 이렇게 말해주자. "이번 판이 끝나고 다시 의논하자!" 이런 대화로도 의외로 쉽사리 진정하고 규칙과 약속을 잘 지키는 아이로 성장해갈 것이다.

03

아이가 성공할 수 있는 과제여야 한다

●● 과제 난이도 조절하기

주의집중력을 키우기 위한 환경을 설정할 때 아이가 수행해야 할 과제의 난이도를 조절하는 것은 매우 중요하다. 아이에게 적절한 과제를 주어야 한다. 놀이에서도 일상에서도 공부에서도 마찬가지다. 아무리 주의집중력이 좋아도 아이에게 적절하지 않은 과제로는 성공하기 어렵다.

6살 아이가 만 7살 이상, 즉 8~9살 이상의 아이에게 추천하는 '부루마블' 보드게임을 하고 싶다고 떼쓴다면 어떻게 해야 할까? 1천 원부터 5천 원, 1만 원, 2만 원, 5만 원, 10만 원, 50만 원 단위를 사용하는데 계속 돈을 계산하고 거래하면서 진행해야 하는 게임이다. 물론 아이의 수준에 맞게 1원에서 100원 정도까지의 돈을 다시 만들어 사용할 수 있다면 반가운 일이다. 그러지 않는다면 분명 아이에게는 난이도가 너무 높다. 아이가 원한다고 어떤 게임이든 무조건 하게 해준다면 그 게임을 제대로 배우기보다 자기 뜻대로 잘 풀리지 않을 때 짜증 내며 떼쓰거나, 우기고 반칙하는 행동을 더 많이 보일 것이다. 그럴 때는 이렇게 말해주자.

"아, 이 게임은 8~9살 이상이 할 수 있네. 너도 내년 가을쯤에는 할 수 있을 거야."

이 게임이 지금은 아이에게 어렵지만 아이가 날마다 자라고 있으니 때가 되면 잘할 수 있게 될 것임을 암시해주는 말이어서, 이런 말은 아이도 별 거부감 없이 수용한다.

더구나 공부 과제의 난이도는 아이의 주의집중력에 매우 큰 영향을 주기 때문에 더욱 세심하게 조절해야 한다. 쉽다고 느끼면 주의집중을 유지하기는 수월하지만, 그렇다고 너무 쉬우면 흥미를 잃어버린다. 적당히 어려우면 도전 의식을 갖게 되지만, 많이 어렵다고 느끼면 포기하고 싶은 마음이 강렬해진다. 그래서 아이에게 쉬움과 어려움의 비율을 조절해주는 것은 의외로 중요하다.

적절한 난이도라면 아이가 대강 공부 과제를 훑어봤을 때 자신이 알 것 같은 느낌, 즉 조금은 쉽다는 느낌이 들어야 한다. 학습 동기의 차원에서 본다면, 10개의 문제 중에서 7~8개 정도를 자신 있게 풀 수 있을 때 아이는 도전할 의욕이 생긴다. 어렵거나 잘 모르는 문제는 2~3개 정도가 적당하다.

그런데 어려운 과제에 적응하는 아이의 심리적 태도에 따라 이를 조금 다르게 적용할 필요가 있다. 조금만 어려워도 쉽게 포기하는 상태라면 처음에는 9:1의 비율이 적당하다. 척 보면 알 수 있을 것처럼 쉬운 내용과 어려운 내용의 비율을 9:1에서 시작해 점차 8:2, 7:3으로 조절해가는 편이 좋다. 이때 주의할 점은 아무리 아이가 순조롭게 적응하고 발전한다고 해도 어려운 내용이 30퍼센트를 넘어가면 절대 안 된다는 것이다. 아이가 잘 따라오는 것 같아서 문제집을 어려운 수준으로 올리면 공부 태도가 확 바뀌어버리는데, 이런 경우가 무척 많다.

이처럼 세심하게 신경 쓰지 못하면 아이는 공부에 주의를 집중하기가 더더욱 어렵고, 금방 좌절감을 느낀다. 과제 난이도를 적절하게 조절해서 제공해야 아이가 성공 경험을 얻을 수 있다. 공부든 놀이든 일상생활이든 마찬가지임을 꼭 기억하면 좋겠다.

●● 과제의 양과 소요 시간 결정하기

과제의 난이도만큼이나 아이의 주의집중력과 수행에 영향을 미치는 것이 바로 과제의 양과 소요 시간이다. 보통 학교나 학원의 숙제는 양으로 정한다. 또래 아이들이 평균적으로 소화할 수 있는 양을 예상하고 숙제를 내주지만, 그렇게 정해진 양을 수행하는 데 걸리는 시간은 아이마다 천차만별이다.

학교 숙제의 양은 사실 과하지 않고 적절하다. 하지만 학원 숙제의 양은 적자생존의 법칙이 적용되는 야생의 밀림과도 같다. 그 숙제를 잘 해내면 다행이지만 버거워서 힘겨워한다면, 그런 아이에게는 일률적으로 정해진 양을 억지로 강요하기보다는 아이가 실제로 수행할 수 있는 만큼의 시간을 정해서 그 시간을 채우는 데 성공하도록 도와주는 과정이 필요하다. 예를 들어 어떤 아이가 집중해서 20분 정도 숙제할 수 있다면 그동안 아이가 푼 정도가 적절한 양인 것이다. 혹은 10분 숙제하고, 5분 쉬고, 10분 더 숙제하는 것도 괜찮다. 잠시 쉬었다가 숙제해도 아이가 그날 지속할 수 있는 집중 시간에 적합한 양을 제시하는 것이 좋다.

그래서 과제의 양과 소요 시간을 설정할 때 가장 바람직한 방법은, 아이가 자신이 소화할 수 있는 양을 직접 정한 후 집중적으로 수행하여 성취감을 맛보게 하는 것이다. 이 과정을 거치면 아이는 성공 경험을 토대로 긍정적인 내적 동기가 생겨나 과제 수행 시간을 조금씩 늘려갈 수 있고, 소화 가능한 과제의 양도 저절로 늘어나게 된다.

먼저 아이의 과제 집중 시간을 정확하게 파악해야 한다. 아이가 과제를 시작해서 몇 분 정도를 집중할 수 있는지 관찰하면 된다. 과제를 시작한 지 10분쯤 후에 흐트러지는 아이라면 아예 처음부터 10분간 과제를 하고 짧게 쉬는 방식의 계획이 바람직하다. 이때 쉬는 시간이 너무 길면 다시 시작하기가 힘들어지니 3~5분 정도로 정하는 것이 좋겠다.

그런데 여기서 주의할 점은 아이가 겨우 10분 만에 자리에서 일어나는 걸 보면 부모가 참아내기 어렵다는 것이다. 부모는 아이의 산만함에

화가 치민다. 이럴 때는 2가지 사실을 기억하자. 타고난 기질 때문에 아이의 집중 시간이 짧을 수도 있다. 혹은 더 긴 시간 동안 주의를 집중하는 능력을 부모가 키워주지 않았기 때문일 수도 있다. 둘 다 아이 탓이 아니다.

주의집중 시간에 대한 부모의 고정관념도 돌아봐야 한다. 우리 자신도 그리 오래는 집중하지 못하면서 아이에게는 참으로 긴 시간 집중하기를 기대하고 있지 않은지 말이다. 초등학생이라면 최소 1시간 이상 집중해야 한다는 것은 주의집중력이 부족한 아이에게는 무리한 계획이다. 기질적으로 주의집중 시간이 짧은 아이라면 더더욱 그렇다. 연령별 평균 주의집중 시간이 알려져 있긴 하지만, 그건 어디까지나 평균일 뿐이다.

그러니 우리 아이가 주의집중을 유지할 수 있는 시간에서 시작하자. 10분 만에 하던 일을 중단하는 아이라면 10분 동안 잘 집중하는 특성부터 칭찬해주는 것이다. 10분 집중한 것을 칭찬하고 지지해주면 아이의 집중 시간이 서서히 늘어난다. 아이가 해낼 수 있는 정도에서 시작해 점차 늘려가는 게 중요한다는 것을 꼭 기억하길 바란다.

●● 과제 순서 정하기

여러 과제를 수행해야 한다면 과제들의 순서 정하기는 무척 중요한 과정이다. 이는 일상생활과 공부 등에서 우선순위를 정하는 것으로, 아이와 협의하여 그 순서대로 진행하면 산만해지지 않고 계획적으로 수행할 수 있다.

이 과정에서 더 큰 효과를 얻으려면 아이가 스스로 그 순서를 정하는 것이 좋다. 가능하면 아이가 좋아하는 과제에서 관심 없어 하는 과제로의 순서가 바람직하다. 좋아하는 과제를 먼저 하는 것이 효율적인 이유는 그로 인한 긍정적 정서 때문이다. 좋아하는 과제를 하면 잘할 수 있고 만족감도 크다. 이미 절반 정도를 했으니 부담감도 줄어든다. 그래서 그다음의 하기 싫은 과제도 좀 더 수월하게 해낼 수 있다.

다만 좋아하는 과제에 기울였던 주의력이 관심 없는 과제에도 발휘될 수 있어야 하는데, 그럴 수 있도록 하기 위해서는 아이의 집중하는 모습, 어려운 문제도 포기하지 않는 행동, 더 잘하려 노력하는 태도 등을 강화해야 한다. 대부분의 경우에는 이 지점을 놓쳐서 아이가 커갈수록 자신이 좋아하는 것만 하려는 현상이 더 심해진다. 그러니 관심 없고 어려운 과제를 먼저 해야 한다는 억지 규칙은 바람직하지 않다. 아이의 자발적 동기가 없을 때 강압적 방식은 주의집중력을 더 방해할 뿐이다.

그럼에도 불구하고 자신이 좋아하는 것만 계속하려는 문제가 생긴다면, 그럴 때는 아이가 수행해야 할 과제들에도 앞에서 설명한 '구조화' 기법을 적용해 체계적으로 수행하도록 도와주자. 수행해야 할 과제를 아이가 1가지 선택하기, 엄마가 1가지 선택하기, 두 과제의 수행 순서 정하기, 한 과제를 완전히 끝낸 후 다음 과제를 하기 등으로 아이의 과제 수행 순서와 규칙과 방법을 미리 정하는 것이다. 정해진 틀 안에서 순서는 아이의 자유의지로 정하지만, 하기로 약속한 과제는 끝까지 해내도록 도와줘야 한다. 이처럼 아이의 과제 수행을 구조화하면 아이는 엄마가 시키는 과제를 하기 싫어도 그 마음을 극복하고 진정한 성취감을 느끼게 된다. 그런 경험을 바탕으로 주의집중력도 발전해간다.

아이는 아직 과제를 끝까지 제대로 수행할 수 있는 주의집중력을 충분히 키우지 못했다. 좋은 부모의 역할은 이럴 때 좀 더 바람직한 방법을 제시하고, 그 방법을 아이가 조금씩 수용하도록 이끌면서 금지 행동은 단단하게 제한해주는 것이다. 이런 과정이 아이에게 안정감 속에서 성취감을 맛보게 하고, 자신만의 개성 있는 방법을 찾아가게 해준다. '집중을 못 하는 아이'가 아니라 '약속을 잘 지키고 끝까지 해내는 아이'로 아이의 자아 개념이 달라지는 것이다. 안전하고 튼튼한 틀 안에서 정해진 규칙에 따라 과제들을 하나씩 실천하는 과정이 아이의 주의집중력을 쑥쑥 자라게 함을 기억하자.

Tip

주의집중력을 키우는 환경 만들기 10계명

아이의 주의집중력은 훈련과 연습을 통해 충분히 발전할 수 있다. 아이가 주의를 집중할 수 있도록 도와주는 물리적·심리적 환경이 더불어 갖춰진다면 더 말할 것도 없다. 다음에 제시하는 '주의집중력 환경 만들기 10계명'을 활용하여 아이의 주의집중력을 효과적으로 키워가길 바란다.

① 주의력을 방해하는 물리적 자극을 제거해주기

② 아이의 책, 필기도구, 물건 등을 쉽게 정리할 수 있는 수납공간을 만들어주기

③ 각 상황에서 만져도 되는 것과 만지면 안 되는 것을 명확히 알려주기

④ 퀴즈나 게임의 방식을 빌려 와서 과제를 재미있게 제시하기

⑤ 다양한 과제를 제시하여 주의를 기울일 수 있는 폭을 넓히기

⑥ 긴 시간이 필요한 과제는 여러 단계로 짧게 나누어 제시하기

⑦ 그럴 경우에는 단계별 계획표를 만들고, 아이 스스로 체크하도록 하기

⑧ 약속을 지키면 그 점을 구체적으로 충분히 칭찬해주기

⑨ 디지털 미디어 규칙을 철저하게 지키기(5장 참고)

⑩ 크고 작은 성공 경험을 쌓아주기

4장

아이의 주의력, 부모와의 대화에 달렸다

01

치료적 부모 대화법이 필요하다

지석이의 유아기는 사랑스러움으로 가득했다. 밝고 활달했으며, 아이의 웃음소리가 주변까지 환하게 만들었다. 장난꾸러기이고 조금 산만했지만, 별문제가 되지 않았다. 하지만 초등학생이 되면서 상황은 급격히 달라졌다. 수업이 시작돼도 자기 자리에 앉지 않고 아무 때나 끼어들어 말을 하는 등 지석이의 산만한 행동은 자주 지적을 받았고, 그로 인해 다른 문제 행동까지 점점 늘어났다. 소소한 행동들에도 계속 잔소리를 듣고 혼이 나니 아이는 짜증이 많아졌다. 그렇게 짜증이 나면 공연히 친구에게 심술을 부리거나 동생도 괴롭히고, 숙제가 싫다면서 책을 집어 던지는 행동들도 덩달아 잦아졌다.

그런 시간이 흘러서 4학년이 된 지석이는 이제 반에서 골치 아픈 말썽쟁이가 되어버렸다. 지석이 엄마, 아빠는 어릴 때는 이렇게까지 심각하지 않았는데, 그 같은 문제들을 개선하려고 나름대로 열심히 노력했는데, 왜 아이가 점점 악화해가는지 이해되지 않았다.

이런 사례를 만날 때마다 그저 안타깝다. 아이가 산만한 기질적 특성을 보인다 해도 그에 맞게 대응해줬다면 그토록 심각해지지 않을 수 있었기 때문이다. 아이를 이해하지 못한 채, 산만하고 주의력이 부족할 때 어떤 말로 아이와 대화하고 어떻게 도와줘야 하는지 모른 채 계속 문제아로 취급해 지석이의 상황을 어렵게 만들었다는 사실이 참으로 속상하다. 무엇보다 안타까운 점은 지석이가 타고난 활발하고 적극적인 강점조차 발휘되지 못하고 있다는 것이었다. 지난 시간이 너무 아깝지만, 그럼에도 불구하고 지석이는 다시 좋아질 수 있다. 이제 지석이를 어떻게 도와줘야 할지 생각해보자.

지석이의 발달력 중에서 어릴 적에는 그저 조금 산만했다는 점에 초점을 맞춰보자. 그때 아이의 산만함을 지혜롭게 조절해 주의력이 개선됐다면 어땠을까? 만약 그럴 수만 있었다면 지금 지석이의 모습이 많이 다르리라는 것은 어렵지 않게 짐작할 수 있다.

아이의 문제 행동에는 여러 원인이 있겠지만, 순응적 태도와 집중을 요구하는 우리나라의 교육 환경에서 산만하게 장난기가 많아서 자주 혼나는 아이들이 지석이 같은 모습으로 변해가는 경우가 무척 많다. 그렇다고 부모들이 노력하지 않은 것은 아니다. 아이를 달래고 어르면서 보상을 주기도 하고 무섭게 혼내기도 했다. 무엇도 효과가 없었고, 아이는 오히려 점점 심해졌다. 이렇게 힘든 상황이라면, 혹은 이런 상황을 예방하고 싶다면 이제 산만하고 주의력이 부족한 아이와 어떻게 대화하여 아이의 문제를 풀어가야 할지 제대로 알아야 한다.

우선 강조하고 싶은 점이 있다. 주의력이 부족한 아이에게 가장 필요한 대화는 그에 맞는 심리적 기법을 활용한 대화다. 주의력을 키우려면 감정적 공감의 차원을 넘어서야 하기 때문이다.

집중이 안 되어 짜증을 심하게 내는 아이에게 "집중이 안 돼서 속상하구나"라고 계속 말해주면 어떨까? 화내지 않는 부모에게 감사하기야 하겠지만, 주의력 문제는 해결되지 않는다. 정서적 문제가 큰 아이라면 아이의 마음에 공감만 잘해줘도 쉽게 진정된다. 하지만 주의력이란 좀 더 인지적인 노력이 필요하고, 충분한 연습과 훈련을 거쳐서 발달하는 능력이다. 날마다 반복되는 주의력 부족으로 지치고 짜증 나는 아이에게 감정만 읽어주는 것은 문제의 근원적 해결을 놓치는 것이다.

이제 주의력이 부족한 아이를 위해 좀 더 전문적인 차원에서 아이의 심리를 이해하고, 그것에 기초한 대화 기법이 필요하다. 우선 주의력이 부족한 아이에게 절대 하면 안 되는 말부터 알아보자.

02

주의력이 부족한 아이에게 절대 하면 안 되는 말

●● '네이밍'의 강력한 파워

범죄에 붙이는 이름에 따라 사람의 인지와 사고가 어떻게 달라지는지에 관한 흥미로운 실험이 있다. 폴 H. 디보도Paul H. Thibodeau와 레라 보로디츠키Lera Boroditsky는 범죄에 대한 은유적 표현에 따라 사람들의 대응책이 어떻게 달라지는지 연구했다. 실험 참가자들을 두 그룹으로 나누고, 범죄에 대한 간단한 지문을 똑같이 제시했다. 다만 그 지문의 앞부분에다가 A 그룹에는 "범죄는 맹수다"라는 문장을, B 그룹에는 "범죄는 바이러스다"라는 문장을 달리 제시하고, 범죄에 대한 대처 방안을 질문했다.

결과는 명확하게 대비됐다. A 그룹에서는 범죄자들의 색출과 검거, 처벌 방안들을 주로 제안했다. 반면 B 그룹에서는 범죄의 근본 원인을 제거하고 범죄 바이러스에 감염되지 않기 위한 방안들을 제안했다. A 그룹은 '범죄자를 가두어야 한다', B 그룹은 '범죄를 예방해야 한다'라는 대답이 주를 이룬 것이다. 언어적 이미지가 심리적 영향력을 발휘하여 이렇게 생각의 방향을 다르게 한다는 사실이 놀랍다.

좀 더 깊이 알아보자. 특정한 이미지를 떠올리게 하는 '맹수'와 '바이러스'라는 표현을 지문의 마지막에 제시한다면 실험 결과는 어떻게 달라질까? 문장의 순서를 다르게 하자 두 그룹의 대응책에는 별 차이가 없었다고 한다. 즉 지문의 '시작' 부분에 제시한 맹수와 바이러스라는 은유적 표현이 그다음의 내용을 이해하는 데 결정적 영향을 미쳤다는 의미다.

이를 우리의 일상 대화에도 적용해보자. 부모의 잔소리는 습관적으로 어느 정도의 흐름과 맥락을 가지고 있다.

1. 아이의 행동에 화가 나서 먼저 잔소리를 시작한다.

   "너 빨리 게임 끝내고 숙제해!"

2. 잔소리를 시작한 후에 속상한 마음이 더 커져서 화를 낸다.

   "진짜 말 안 들을래? 도대체 왜 그러는 거야!"

3. 아이가 평생 이럴 것 같아서 불안하고 속이 터질 듯 답답하다.

   "어쩌려고 그래? 나중에 뭐가 되려고! 당장 안 꺼?"

④ 결국 크게 화내면서 아이를 협박하거나 벌하고서야 말을 멈춘다.

"너 내일부터 일주일 동안 게임 못 해! 핸드폰 압수야!"

그제야 겁먹고 풀 죽어 울먹이는 아이의 모습이 눈에 들어온다. 마음이 아파온다. 너무 심하게 말한 것 같아서 미안한 마음도 든다. 하지만 미안하다고 사과하면 아이가 부모의 권위를 무시하게 될까 봐 입 밖으로 꺼내지는 못한다.

⑤ 다음부터는 잘하라는 격려의 말로 마무리한다.

"그러니까 다음부터는 그러지 마. 알겠지?"

대부분의 부모들이 문제 행동이 많은 아이와 나누는 대화 패턴이다. 하지만 안타깝게도 이 일방적 대화의 마지막에서야 겨우 나오는 긍정적 말은 아이의 마음에 전혀 영향을 미치지 못한다. 이미 앞에서 부정적인 말들로 아이의 마음이 '자신에 대한 부정적 인식'의 방향으로 향하도록 만들었기 때문이다.

●● 부정적 낙인은 주의력을 망친다

산만하고 주의집중력이 부족한 아이에게 디보도와 보로디츠키의 연구 결과를 적용해보자. "왜 이렇게 산만하니? 제대로 집중을 못 하고.

앉은 지 몇 분이나 됐다고 또 일어나?" 같은 말만 한다면 아이는 자신의 문제 행동을 고치는 것이 아니라 '나는 원래 집중 못 하는 아이, 산만한 아이', 더 나아가 '공부 못하는 아이, 숙제 안 하는 아이'라는 부정적 별명을 스스로에게 붙이게 된다.

이런 부정적 낙인은 또 다른 커다란 부작용을 가져온다. 주의집중을 잘할 때도 있고 잘 못할 때도 있던 아이가 한번 부정적 별명으로 불려지기 시작하면 자신을 그런 부정적 존재로 규정하게 되는 것이다. '산만한 아이, 주의력이 부족한 아이'라는 부정적 자기 인식이 형성되고 나면 그다음에 아이는 자신에게 붙여진 이름대로 행동한다. 이렇게 아이에 대한 부정적 표현이 아이의 의식적·무의식적 행동에 끼치는 영향은 아주 지대하다.

아이의 산만한 행동을 고치기 위해 실컷 혼내고 나서 아픈 마음에 "그래도 너는 잘하는 게 많잖아"라는 칭찬으로 마무리하는 것은 부모의 노력에 비해 아무 의미가 없다. 주의력이 부족하고 산만한 아이는 절대 일부러 그러는 것이 아니다. 집중하려는 의지가 있어도 아직 충분히 연습되지 못해서, 습관으로 몸에 배지 않아서 그런 것일 뿐이다. 이런 식의 대화는 절대로 하면 안 된다.

우리가 바라는 것은 아이가 '주의집중을 잘하는 아이, 마음먹으면 끝까지 해내는 아이'로 자아 개념을 건강하게 세워가는 것이다. 자신을 이렇게 생각하는 아이는 자존감도 높고, 약간의 도움으로도 많은 능력을 스스로 발전시킬 수 있다. 어떤 대화가 필요할까? 의외로 어렵지 않다. 아이가 단 3분, 5분이라도 뭔가에 집중한다면 그런 모습에서 아이의 긍정적인 점을 찾아 말해준다.

"와~ 집중을 잘하네! 열심히 하는 네 모습이 정말 멋있어. 하다가 잘 안되니까 왜 그런지 생각해보는구나. 진지하게 생각할 줄도 아는 거야. 좋은 생각이 나면 엄마에게도 말해줘. 어려운데도 포기하지 않고 끝까지 해내는구나. 대단해. 엄마가 네 사진을 찍어서 간직해도 될까? 아빠도 그런 네 모습이 보고 싶으실 거야."

이런 말을 들으면서 아이는 서서히 긍정적인 모습으로 변화하고, 더욱더 주의집중을 잘하는 아이로 성장하게 된다. 기특하게도 이미 이런 긍정적 자아가 잘 형성되어 있어서 자신에 대해 아주 당당하게 말하는 아이들이 있다. "저는 원래 시작하면 끝까지 해요. 저는 집중을 잘해요." 이렇게 자기 주의집중력에 관해 아이가 스스로 긍정적 이미지를 만들어야 행동이 달라지기 시작한다는 사실을 꼭 기억하길 바란다.

03

주의력을 촉진하는 7가지 심리대화법

●● 초두 효과 대화법, 스스로를 긍정적으로 바라보게 해주기

모든 아이의 하루 일과는 생각보다 수월하지 않다. 씻기, 옷 갈아입기, 양치질하기 등을 잘 수행해야 한다. 식사 예절도 지켜야 하고, 장난감도 정리해야 한다. 유치원에 다니기 시작하면 한글과 산수 같은 인지적 과제도 주어진다. 그러다가 초등학생이 되면 노골적으로 공부 압박이 시작되어 수학 문제 풀기, 영어 단어 외우기, 일기 쓰기, 독후감 쓰기 등도 해야 한다. 그 와중에 예체능을 비롯한 여러 종류의 학원에도 다니게 된다. 이 모든 것을 잘 해내기 위해 아이에게 요구되는 능력은 각각의 과제에 대한 주의집중력이다.

이제 부모는 어떻게 해야 할까? 아이가 제 할 일을 다 했는지 확인하고, 잘못하면 잔소리하고, 투정 부리고 짜증 내면 혼내는 게 부모의 역할이라 생각하지 않았으면 좋겠다. 좋은 부모라면 아이에게 주어진 과제를 수행하는 데 어떤 어려움이 있는지 알고서 아이의 힘든 마음을 다독이며 그 어려움을 해결해줄 대안을 제시해야 한다. 한마디로 힘들어하는 아이의 마음을 알아주고 다독이는 정서적 공감을 기반으로 주의집중력을 촉진할 수 있는 대화법을 알아야 하는 것이다.

첫째, 긍정적 자아상을 만들어주는 데 아주 효과적인 대화법이 있다. 바로 '초두 효과 대화법'이다. '초두 효과'란 처음 입력된 정보가 나중에 알게 된 정보보다 더 강력한 영향을 미치는 것으로, '첫인상 효과'라고도 한다.

범죄에 서로 다른 이름을 붙인 실험과 비슷한 실험을 미국 심리학자 솔로몬 애시Solomon Asch도 진행했다. 동일한 정보일지라도 제공하는 순서에 따라 그 정보를 받아들이는 정도가 다르다는 것을 증명하는 실험이었다.

여기에 '김대박'이라는 사람에 대한 6가지 정보가 있다.

1. 영리하다. 근면하다. 충동적이다. 비판적이다. 고집스럽다. 질투심이 많다.
2. 질투심이 많다. 고집스럽다. 비판적이다. 충동적이다. 근면하다. 영리하다.

①과 ②는 순서만 바꾸었지 똑같은 내용이다. 다만 A 그룹에는 긍정적 정보를 먼저 제공하는 ①의 내용을 차례로 하나씩 들려줬고, B 그

룹에는 그 순서를 뒤집어 부정적 정보를 먼저 제공하는 ②의 내용을 들려줬다. 순서는 달랐지만 똑같은 내용을 말해줬으니 당연히 어느 그룹이나 김대박이라는 사람에 대해 비슷하게 인식해야 할 것 같다. 하지만 실험 결과는 그렇지 않았다. A 그룹은 김대박을 긍정적인 사람으로 인식한 반면, B 그룹은 부정적인 사람으로 인식했다. 똑같은 단어들을 순서만 다르게 제시했을 뿐인데도 이렇게 다른 인식을 불러일으키는 것이다.

부모는 부정적인 평가의 말로 산만하고 주의집중력이 낮은 아이에게 잔소리한다. 이것이 주는 영향은 엄청나다. 부모가 그렇게 입 밖으로 표현함으로써 아이에 대한 부모 자신의 부정적 인식도 강화할 뿐만 아니라, 그 말을 들은 아이까지 아이 자신에 대한 끔찍한 부정적 인식 속에 가두는 것이다. 이렇게 만들어놓고서 아이에게 자신감, 자존감이 부족하다고 한탄하는 건 어불성설이다.

우리 아이는 어떤 모습을 보이고 있는가? 만약 아이가 '충동적이다. 산만하다. 집중을 못 한다. 끝까지 안 한다. 대충 한다. 꼼꼼하지 못하다. 활발하다. 낙천적이다. 친구를 잘 사귄다. 친절하다. 진취적이다. 창의적이다' 같은 모습들을 보인다면 어떤 순서로 말하는 것이 좋을까?

1. "너는 왜 이렇게 충동적이고 산만하니? 뭘 해도 대충 하고 끝을 못 맺어. 집중도 잘 못하고 말이야. 그래도 활발하고 낙천적인 건 좋아. 친절해서 친구도 잘 사귀고. 때로는 창의적이기도 해."
2. "너는 참 활발하고 낙천적이라서 좋아. 친절하고, 친구도 잘 사귀지. 때

로는 창의적인 생각도 잘해. 가끔 산만하고 충동적이고 집중을 못 해서 대충 하거나 끝까지 못 할 때도 있지만 말이야."

같은 내용인데 순서를 바꾸어 말하니 아이에 대해 어떤 느낌이 드는가? 안타깝고 조바심 나는 마음에 자꾸 부정적 언어로 먼저 지적하게 되지만, 뒷말은 아이에게 제대로 들리지도 않는다. 어떤 아이는 앞의 부정적인 말들이 진실이고, 뒷말은 자신을 동정하는 거짓말처럼 느껴진다고 얘기하기도 한다. 그러면 아이는 이제 스스로를 구제 불능이라 여기고, 더 이상의 노력을 하기가 어려워진다. 하지만 긍정적인 면에 대해 먼저 말해주면 아이는 자신의 좋은 점을 다시 인식하고, 뒷말에 담긴 자신의 부정적 모습을 좀 더 개선하고 싶은 동기를 가지게 된다.

그러니 부모가 해야 할 말들의 순서를 꼭 기억하길 바란다. 아이에 대한 긍정적 언어의 양이 어느 정도 차올라야 어느 순간 아이가 바람직한 행동을 하기로 결심할 수 있게 된다. 아이가 스스로 자신을 믿기 시작해야 힘을 내고 의지를 발휘해 어렵고 힘든 일에도 주의를 집중할 수 있다.

●● 칭찬과 격려의 대화법, 짧은 집중 시간을 쑥쑥 늘려주기

아예 집중할 줄 모르는 아이는 없다. 계속 강조하지만, 아이마다 집중 시간의 길이가 다를 뿐이다. 현재 아이가 집중할 수 있는 시간에서 조금씩 늘려가도록 도와주는 것이 중요하다. 가장 효율적인 방법은 아이가 집중하는 시간, 바로 그 순간에 칭찬하고 격려하는 것이다. 그리고 아이가 수행하는 과제의 내용에 대해 말하기보다 그 과제에 잠시나마 집중하는 아이의 태도를 칭찬하고 강조하는 것이 훨씬 효과적이다.

예를 들어 책 읽기를 싫어하는 아이에게 책이 재미있으니 끝까지 읽어보자고 말하는 건 소용없다. 대신 아이가 책에 집중해 있는 짧은 시간에 그 모습을 칭찬해주는 것이 매우 중요하다.

"책 보는 모습이 참 멋있어. 집중을 잘하네. 주의를 집중하려는 너의 모습이 정말 멋지다."

"사진 찍어도 되니? 엄마가 간직하고 싶어. 아빠한테도 보내주고 싶어."

이렇게 말하면 분명히 아이가 갑자기 두 눈을 더 빛내며 집중하려 애쓸 것이다. 그 예쁜 모습을 꼭 경험해보길 바란다.

●● '멈추고, 생각하고, 선택하기' 대화법, 산만해지기 시작하면 일단 멈춰주기

아이의 문제 행동을 발견했을 때 가장 먼저 해야 할 일은 그 행동을 '멈추게' 하는 것이다. 자전거를 타다가 가던 길을 되돌려야 할 때 일단 멈추어야 그 방향을 바꿀 수 있는 것과 마찬가지다. 아이가 장난감을 치우다 말고 더 어지르기 시작하거나, 숙제를 하다가 계속 왔다 갔다 한다면 일단은 다음과 같이 말해야 한다. 말로 해도 멈추지 않는다면 아이의 몸을 살며시 안아주자. 그럼 쉽게 멈출 수 있다.

"잠깐만. 멈춰!"

그런 다음에는 아이가 무엇을 하고 있었는지 다시 생각해낼 수 있도록 도와줘야 한다. 아이도 자신이 하던 일을 끝까지 해야 하는 것을 잘 알고 있다. 다만 아이의 산만함과 충동성이 그걸 잠시 잊어버리게 만든 것이다. 그러니 아이가 하려던 일이 무엇이었는지 일깨워주는 과정이 필요하다.

"지금 뭘 하던 중이었지? 네가 하려고 하던 걸 다 한 거야?"

이제 아이가 어떤 행동을 선택해야 바람직한지 알려주자. 이때 부모도 아이도 잊어버리지 말아야 할 것이 처음의 약속이다. 부모의 부적절한 공감적 태도는, 아이에게 자신이 정한 약속을 자꾸 잊어버리고 그 순간의 감정에 따라 바꾸도록 허용하는 꼴이 되어버린다. 그러니 '지금 하고 싶은 일'이 아니라 '처음에 하려고 했던 일'을 아이가 다시 선택하도록 다음과 같이 도와주는 것이 중요하다. 이렇게 단단한 경계를 세워주는 것이 아이가 현명한 선택을 하도록 안내하는 방법이다.

"잠깐 다른 걸 하고 싶은 마음이 생겼구나. 그럴 수 있어. 그래도 네가 하려던 걸 먼저 할 수 있지?"

'멈추고 생각하고 선택하기' 대화법의 핵심은 충동적으로 산만해졌을 때 아이가 잠시 멈추어서 지금 무슨 일을 하고 있었는지, 그런데 자기 마음이 어떻게 바뀌었는지 생각해보고, 다시 자신이 하려고 했던 일로 돌아가기로 선택하는 과정을 경험시키는 데 있다. 그러면서 산만한 마음을 조절하는 힘이 점점 커지는 것이다. 다음 사항을 꼭 기억하기를 바란다.

1. 일단 "잠깐만! 멈추자!"라고 말하고 아이의 주의를 환기한다.
2. 이후에 부모의 말이 길면 안 된다. 2~3단어의 문장으로 말한다.
3. 차분하고 분명한 목소리가 효과적이다.
4. 지금 해야 할 일을 아이가 결정하게 한다.
5. 아이가 결정한 것을 말로 표현하게 한다.
6. 다시 시작하는 아이의 행동을 칭찬한다.

●● 호흡 조절 대화법, 숨쉬기로 주의력을 되찾아주기

아직 주의력이 부족한 아이는 수시로 마음이 바뀐다. 생각보다 재미가 없어서 그럴 수도 있고, 질 것 같아서일 수도 있다. 혹은 청각적·시각적 자극에 주의를 빼앗겨서 그럴 수도 있다. 이럴 때 매우 중요한 것이 호흡이다. 어른들이 하는 심호흡을 떠올려보자. 불안하고 당황스러운 순간에 숨을 깊게 들이쉬고 내쉬면서 마음을 진정한다. 아이도 마찬가지다.

충동성과 산만함이 아이의 주의력을 빼앗아 가는 순간, 가장 쉽게 효과적으로 도와주는 방법이 바로 호흡이다. 호흡을 조절하는 것만으로도 아이를 진정시키는 데 큰 도움이 된다. 혹은 좀 더 집중할 필요가 있는 순간에 더 강한 집중력을 발휘하게 도와주기도 한다. 주의집중력은 몸과 마음이 함께 일치할 때 작동하기 때문이다. 그러니 아이가 주의를 기울여 집중하지 못한다면 호흡으로 몸을 안정시키고 마음도 차분하게 가라앉히도록 숨쉬기부터 다시 도와줘야 한다.

유아, 초등학생 모두와 종종 과녁 맞히기 놀이를 한다. 다트를 할 때도 있지만, 큰 종이에 숫자 점수판을 만들어 벽에 붙이고 아이클레이로 만든 공이나 지우개를 던져서 점수를 계산하는 놀이로 변형하기도 한다. 이 같은 놀이를 할 때 아이의 마음은 복합적이다. 잘하고 싶은 욕심과 잘 못할지도 모른다는 두려움, 칭찬받고 싶은 마음과 비난당할까 걱정스런 마음이 아이의 정신을 산란하게 만든다. 이런 마음들이 들면 이상하게 결과는 더 좋지 않게 된다.

그럴 때 아이에게 제대로 된 숨쉬기가 필요하다. 이것은 공부하다가 어려운 문제에 부딪혀 마음이 흐트러진 퍼즐처럼 뒤죽박죽일 때도 다시 마음을 정돈하고 주의를 기울일 수 있게 해주는 가장 쉬운 방법이다. 이제 아이에게 주의력을 되찾는 숨쉬기 방법을 알려줄 차례다.

"자, 잠깐, 지금 잘해야 한다고 생각하니까 더 잘 안되는 것 같아. 맞아?"

"선생님보다 좋은 점수를 내려고 하니까 더 안 맞는 것 같은데? 너는 어떻게 생각해?"

"이럴 때 마음을 집중해서 더 잘하는 방법이 있어. 선생님이 가르쳐줄까?"

이렇게 물었을 때, 만약 아이가 괜찮다고 대답한다면 좀 더 기다리다가 아이의 뜻대로 잘되지 않아 힘들어할 때 다시 물어본다. 그러면 대부분의 아이들이 집중해 잘하는 방법을 배우고 싶어 한다. 아이에게 숨쉬기를 가르치는 것은 어렵지 않다.

"자, 심호흡을 하는 거야. 하나, 둘, 셋을 세는 동안 코로 숨을 들이쉬어.
다시 하나, 둘, 셋을 세는 동안 천천히 숨을 내쉬는 거야.
이제 시작해보자. 하나, 둘, 셋, 들이쉬고, 하나, 둘, 셋, 내쉬고. 잘했어.
천천히 세 번만 더 해보자."

신기하게도 좋은 호흡은 주변에 신경 쓰지 않고 자신이 하고자 하는 일에 주의를 기울여 집중하게 해준다. 실제로 아이와 함께 심호흡을 한 후 다시 수행하도록 이끌면 그 결과의 완성도가 훨씬 높아진다. 아이가 신기해하는 그 모습을 꼭 확인해보길 바란다. 호흡법은 쉽게 흥분하는 아이들, 자극에 예민한 아이들, 주의집중력이 낮은 아이들이 몸과 마음을 함께 진정시키는 구급약이다. 아이와 종종 놀이를 하듯 연습하면 좋겠다.

이렇게 심호흡을 가르치는 것도 어렵게 느껴진다면 그림책 『ABC 호흡 놀이』(불광출판사)를 활용해보자. 숨쉬기를 아이들이 좋아하는 악어, 고래, 산, 나무, 케이크 등에 비유해 설명하는데 이를 따라 하기만 해도 마음을 조절해 쉽게 차분해지는 호흡법을 몸에 익힐 수 있다.

●● 생각 코칭 대화법, 부정적 감정에서 벗어나게 해주기

주의집중력이 부족한 아이에게서는 감정 기복이 훨씬 크게 나타나기도 한다. 이럴 때 감정을 위로해주는 것도 때로는 필요하지만, 감정에만 초점을 맞추면 자신의 그 감정에 타당성을 부여받은 것 같아서 아이가 조절력을 잃고 감정을 더 폭발시키기 쉽다. 그럴 때는 아이가 원하는 것을 얻기 위해 어떻게 생각하여 좋은 방법을 찾을 수 있는지 가르쳐주는 것이 더 중요하다. 한마디로 '생각 코칭 대화법'이다.

7살 태현이가 '미스터 오도독'이라는 기억력 보드게임을 하다가 자꾸 틀리자 카드를 던지려는 듯 씩씩대며 소리를 지른다. 그런 아이에게는 "잠깐, 멈추자"라고 말한 후에 잠시 기다려준다. 아이가 진정되면 대화를 시작한다.

상담사 태현아, 같은 카드를 못 찾아서 답답하지?

태현 끄덕끄덕.

상담사 선생님이 보기에는 태현이가 집중만 하면 충분히 잘할 것 같은데,

지금 집중하지 않아서 그런 것 같아. 지금부터 집중 잘하는 법을 알려줄까?

태현 그게 뭔데요?

상담사 지금부터 여는 카드를 보고서 한 번씩 소리 내어 색깔을 말하는 거야.

태현 그럼 선생님도 듣잖아요.

상담사 아, 중요한 걸 알아차렸네. 좋아, 그럼 마음속으로 말하는 거야. 노란색이 나오면 '저기는 노랑, 그 아래는 빨강' 이렇게 말하는 거지. 어때? 할 수 있겠어?

태현이가 고개를 끄덕인다. 내가 설명한 내용을 받아들인 표정이다. 게임을 다시 시작하자 갑자기 판세가 달라진다. 아이의 눈빛이 초롱초롱해지더니 같은 색을 잘 기억하고 2장의 카드를 척척 따먹는다. 얼굴에도 미소가 번진다. 이처럼 간단하게 아이가 지금 무엇을 생각해야 하는지 가르쳐주는 대화만으로도 그 순간 자기감정에서 빠져나와 주의를 집중하도록 도와줄 수 있다.

그런데 위기가 왔다. 태현이가 폭탄 카드를 연 것이다. 폭탄 카드는 1장만 나와도 가져가야 하고 2점을 잃게 된다. 모처럼 잠시 집중해서 성취감을 맛보다가 자기가 질 것 같은 상황이 되자 아이의 감정이 또다시 흔들리고 주의력도 흐트러진다.

바로 이런 상황에서 아이가 자신의 속상한 마음보다 무엇을 원하는지에 초점을 맞추어 생각하도록 코칭하는 대화가 필요하다. 자신이 원하는 것을 얻기 위해 바람직하고 성숙하게 생각하는 방법을 가르쳐야 한다. 다시 한번 강조하지만, 주의가 흐트러진 상황에서 아이의 화나고 속상한 감정에만 초점을 맞추면 그 감정에 매몰되어 폭발시키기에 이른다. 얼른 태현이의 마음을 진정시키고 빨리 주의를 전환해 과제에 다시 집중하게 하는 대화가 시급하다.

상담사 남은 카드가 몇 장이지?

태현 6장.

상담사 네가 폭탄 카드로 2점을 잃었어. 하지만 지금은 네 차례, 다음은 누구 차례?

태현 선생님, 그다음은 저요.

상담사 그렇지. 네가 기억을 잘해서 두 번 다 맞히면 너는 몇 점을 딸 수 있어?

태현 4점요.

상담사 선생님은?

태현 2점요.

상담사 그럼 이제 어떻게 할래? 계속 화내고 있을래? 아니면 다시 집중해서 기억하고 카드를 맞힐래?

이 같은 생각 코칭 대화는 부정적 감정에 매몰되지 않고 지금 무엇에 집중해야 할지를 아이에게 알려준다. 물론 아직은 스스로 감정을 조절하기 어렵고 주의력도 부족한 아이에게는 승패 여부를 조절해서 '아이가 지다가 이기는' 역전의 기회를 만들어주는 것이 꼭 필요하다. 이때 아이가 그것을 눈치채지 않도록 주의해야 한다.

●● '따단' 대화법, 마음은 따뜻하게, 경계는 단단하게

미국 심리학자 잭 브렘Jack Brehm은 "금지할수록 욕망한다"라는 심리적 저항 이론을 주장했다. 브렘에 따르면 사람들은 자유가 위협받는다고 느낄 때 심리적으로 저항을 하려는 경향이 강해진다. 어떤 선택의 자유가 제한되면 그 자유를 유지하려는 욕구가 일어나 이전보다 그것을 더욱더 강렬히 원하게 되는 것이다. 그것을 리액턴스 효과reactance effect((유도) 저항 심리)라고 하는데, 굳이 어려운 심리학 용어를 동원하지 않아도 이미 우리가 너무나 잘 알고 있는 청개구리 심리다. 하지 말라면 더 하고 싶고, 하라면 더 하기 싫은 바로 그 마음 말이다.

역시 미국 심리학자인 샤론 브렘Sharon Brehm은 잭 브렘의 이론을 기반으로 흥미로운 실험을 진행했다. 각기 다른 높이의 벽을 만들고 그 위에 장난감을 하나씩 놓아뒀다. 하나는 손이 쉽게 닿는 위치였고, 다른 하나는 까치발을 하거나 뛰어올라야 잡을 수 있는 위치였다. 아이들의 반응은 어땠을까?

아이들은 손쉽게 잡을 수 있는 장난감에는 관심을 두지 않고, 높은 벽 위에 있는 장난감에 호기심을 보이면서 서로 가지려고 애썼다. 허락이나 금지에 대해 따로 설명하지 않았지만, 이미 낮은 곳은 허락의 의미이고 높은 곳은 금지의 의미인 것이 자명하므로, 높은 벽 위의 장난감에 대해 저항 심리가 나타나는 건 당연한 결과인 것이다.

이런 저항 심리는 아이가 어릴 때부터 나타난다. 최초로 자아를 발견하는 3살 무렵부터 아이는 뭐든 "싫어!"를 외치기 시작한다. 그 정도가 점차 심해져 미운 4살로 불리는 무렵부터는 틈만 나면 부모의 권위에 반항하는 모습을 보인다. 어찌 보면 그야말로 자신의 자유를 얻기 위해 기회가 있을 때마다 저항하는 투쟁의 삶이라 말해도 무리가 아닐 것 같다.

미운 4살을 키울 때 부모에게 요구되는 태도는 '되는 것과 안 되는 것', 즉 허용과 금지의 경계를 명확히 세우는 것이다. 자동차의 카시트에 태울 때 아이들은 대부분 그 답답한 불편함을 견디기 싫어서 울거나 소리를 지른다. 그럴 때 어떻게 할까?

아이가 우는 게 너무 마음이 아프다고 어린이용 카시트에서 내려서 성인용 안전벨트를 매게 할 것인가? 그마저도 싫다고 거부하면 어쩔 수 없이 그냥 부모의 무릎에 앉히고 말 것인가? 아무리 아이가 울어도 부모가 해야 할 일은 해야 한다. 다만 아이의 그 힘든 마음은 따뜻하게 안아줄 필요가 있다.

"맞아, 많이 힘들지. 그래도 이건 꼭 해야 하는 거야. 네 마음이 진정될 때까지 엄마가 안아줄게. 그다음에 네가 카시트에 앉으면 출발할게."

이렇게 아이의 마음은 따뜻하게 다독이고 경계는 단단히 세워줘야 한다. 그래야 아이가 안전해진다.

주의력 훈련도 마찬가지다. 아이의 저항과 반발이 나타날 수 있다. 점과 점을 이어보라고 하면 선을 확 긋거나 낙서를 해버리기도 하고, 숨은 그림을 찾자고 하면 아무 데나 동그라미를 치며 다 찾았다고 우길 것이다. 아무리 놀이처럼 진행해도 정해진 규칙을 지키면서 인지적 과제를 수행해내는 일에는 이렇게 저항 심리가 생긴다.

특히 초등학생 이상이 되면 이런 반발적 경향은 매우 심해진다. 이는 아이 탓이 아니라 뇌의 문제다. 우리 뇌는 안타깝게도 항상 올바른 것을 추구해 선택하지는 않는다. 특히 새로운 방식은 더더욱 선택하지 않으려 든다. 이유는 단순하다. 그냥 하던 대로 하는 게 편하기 때문이다. 그래서 뇌과학자들은 이를 고속도로에 비유한다. 늘 하던 대로 하는 습관의 경우에는 관련 뇌세포들 사이에 고속도로가 뚫려 있어서 특정 신호가 입력되면 자동으로 처리해버린다고 말이다. 반면 그동안 시도하지 않던 새로운 방식을 익히는 일은 길 없는 밀림에 한 발자국씩 더하는 과정을 수없이 진행해서 작은 오솔길을 만드는 것과 같다.

그러니 아이의 산만함이 너무 심해서 개선되기 어렵다고 미리 포기하면 안 된다. 시간이 조금 걸리기는 하겠지만, 주의력에 관여하는 뇌세포들 사이에도 오솔길로 시작해 고속도로가 뚫려서 금방 주의를 집중할 수 있는 수준으로 발전할 수 있다. 아이들의 뇌는 청소년기가 되기 전까지 계속 변화하기 때문이다. 단, 이 시기에 자주 사용하지 않는 뇌세포들에는 가지치기 현상이 나타나서 그 기능이 약화되는데, 더 이상 사용하지 않는 뇌세포들은 아예 사라져버리기도 한다.

즉 주의를 기울여 집중하는 훈련이 유아기와 초등 시기에 충분히 이루어지지 못하면 청소년기에 다시 바로잡기가 너무 어려워진다는 의미다. 그러니 청소년기에 접어들기 전에, 아이가 낯설어하면서 저항하고 반발하는 모습을 보여도 이 또한 따뜻하게 다독이며 격려하여 포기하지 않고 앞으로 나아갈 수 있도록 도와줘야 한다.

"안 해본 걸 하려니 많이 힘들지? 맞아, 힘들 거야. 그런데 너는 원래 집중을 잘하는 아이잖아. 지금 안 해본 거라서 거부감이 좀 드는 것뿐이야. 너는 충분히 할 수 있어. 너무 힘들게 많이 노력하지 않아도 돼. 조금씩 꾸준히 하기만 하면 어느새 익숙해져서 잘하게 될 거야. 자전거나 수영을 배우는 것과 똑같아. 너 자신을 믿어. 너만의 속도로 천천히 한 걸음씩 하면 돼."

아이의 저항을 대할 때 강압적 방식은 금물이다. 무섭게 하면 겉으로는 따르는 척하겠지만 속으로는 저항심이 강해져서 아이와의 관계를 해칠 뿐만 아니라 주의력 훈련 효과도 얻기 어렵다.

실제로 주의집중력을 키워주는 간단한 놀이조차 "아이가 좋아하지 않아요. 싫다고만 해요"라고 하소연하는 부모가 무척 많다. 당연한 과정이고, 우리 아이만 이상한 게 아니다. 아이가 그 놀이를 싫다고 거부해도 괜찮다. 한 가지를 거부하면 또 다른 놀이들이 얼마든지 있다. 아이가 기꺼이 수용하는 놀이부터 천천히 시작하면 이전에는 거부했던 놀이도 잘 해내는 모습을 보여줄 것이다.

●● 예방 대화법, 지레 포기하지 않도록 예방해주기

미로 찾기 놀이를 한다고 생각해보자. 미로를 따라가다가 막히면 되돌아가야 한다. 또 가다가 막히면 다시 돌아가야 한다. 이렇게 여러 번 실수하는 과정을 거치게 된다. 게다가 미로를 지나가며 선을 밟지 않아야 한다는 규칙도 있다. 이쯤 되면 놀이라고는 하지만, 아이에게는 정신 에너지를 꽤 많이 사용해야 하는 일이 아닐 수 없다.

그래서 주의력이 부족한 아이들은 미로 찾기를 하다가 한 번만 막혀도 포기한다. 아니, 실패할 것 같은 느낌이 들면 아예 포기하려 한다. 선을 넘지 말라는 말만 들어도 안 한다며 팽개친다. 조금만 어렵거나 흥미가 떨어지면 놀이를 쉽게 그만두거나 아무 데로나 선을 그어버리게 되는 것이다.

이런 행동을 보일 때 아이를 진정시키고 다시 수행하게 하는 건 사실 어려울 수 있다. 아이의 이런 행동을 미리 예방하는 것이 가장 좋다. 대부분의 놀이나 활동, 혹은 문제 풀이를 할 때 한 번에 성공하기는 어렵다. 당연히 여러 번 실수와 실패의 과정을 거친다. 어른들에게는 너무나 당연한 이 생각을 아이가 마음에 새기도록 다음과 같은 말로 도와줘야 한다.

"공기놀이를 할 때 1알 꺾기에 성공하려면 몇 번을 실패해야 할까?"

"5알 꺾기에 성공하기까지는 몇 번이나 실패하게 될까?"

"구구단 9단을 다 외우기까지 몇 번을 반복해야 잘 외우게 될까?"

이런 말이 바로 예방적 질문이다. 여기에 더해줘야 하는 말도 있다. 어떤 활동에서 아이가 충분히 성공할 수 있도록 연습 횟수를 미리 넉넉하게 말해주는 것이다. 구구단을 외워야 한다면, 날마다 한 번씩 며칠 동안 연습하면 외울 수 있는지 구체적으로 말해주자.

"구구단을 잘 외우는 방법이 있어. 날마다 한 번씩 30번만 연습하면 다 외울 수 있지. 그런데 그걸 끝까지 해내는 아이가 많지 않아. 대부분은 연습하기 싫다고 짜증 내며 찡찡거리지. 너는 어떻게 하고 싶니?"

아이들은 문제 상황에서 어떻게 생각하고 행동하는 것이 바람직한지도 배우는 중이다. 미리 실패를 예상한 후 자신은 실패해도 포기하지 않고서 끝까지 완수할 수 있다는 생각을 갖는다면 아무리 주의력이 부족한 아이라도 끝까지 수행할 수 있게 된다.

생각하는 방식은 곧 아이의 가치관과 신념으로 자리 잡으며 어떤 활동에 대한 아이의 감정을 결정하기도 한다. 구구단 외우기를 모든 아이가 싫어하지 않는다. 어떤 아이는 재미있는 놀이처럼 여기는 반면, 또 어떤 아이는 힘겨운 과제로 받아들여 억지로 수행하느라 불안증이 생길 정도다. 이렇게 '좋다', '싫다'는 개념도 부모와의 대화로 충분히 바꿀 수 있음을 기억하자. 실수와 실패를 당연한 과정으로 생각하고 몇 번의 실패를 겪게 될지 미리 예상해보는 대화만으로도 아이가 지속적으로 주의력을 발휘하는 데 큰 도움을 받게 되는 것이다.

"나는 포기 안 하고 끝까지 할 거예요."

이런 바람직한 생각은 말로 소리 내어 표현하게 하는 것이 좋다. 아이들은 자신이 입으로 한 말을 더 잘 기억한다. 그렇게 소리 내어 반복적으로 말하는 과정을 통해 그것이 아이 내면의 목소리로 자리 잡으면서 서서히 아이는 스스로 주의력을 조절할 수 있게 된다. 바로 이것이 '생각 크게 말하기' 기법이다. '생각'을 '말'로 크게 표현함으로써 인지 기능 및 기억력을 촉진하는 방법이다.

이 기법을 활용하여 학습 과제를 수행하기 전에 "나는 포기 안 하고 끝까지 할 거야"라고 혼자 크게 말하면서 자기 조절력을 향상시킬 수도 있다. 원래 이 기법은 공격적인 아동을 위해 개발됐으나, 일반 아동과 장애 아동 모두의 인지능력을 높이는 데 도움이 된다고 보고되어 있다. 아이가 일상생활이나 공부를 할 때, 혹은 친구와의 놀이에서 충동적으로 행동하기 전에 미리 자신의 바람직한 예상 행동을 말로 표현하는 것만으로도 아이의 주의집중력이 매우 건강하게 발휘될 수 있음을 기억하면 좋겠다.

Tip 주의집중력을 키우는 대화 10계명

부모들은 아이의 산만함을 개선해주고 싶어 하면서도 사소한 말들로 '산만한 아이'라는 낙인을 찍어서 그 같은 특성을 오히려 강화하고 만다. '주의집중력 대화 10계명'을 활용하여 아이가 스스로를 '주의집중을 잘하는 아이, 마음먹으면 끝까지 해내는 아이'로 생각할 수 있도록 도와주자.

① 아이의 강점을 칭찬하기

② 아이가 잘하려 노력하는 모습을 칭찬하기

③ 더 좋은 방법이 있음을 알려주고 구체적으로 가르쳐주기

④ 아이의 의견을 존중해서 새로운 방법을 찾기

⑤ 아이의 힘든 마음에 충분히 공감해주기

⑥ 조금이라도 주의를 집중하면 그때그때 칭찬하기

⑦ 꼭 긍정적인 말부터 먼저 하기

⑧ 아이가 산만해지기 시작하면 '멈추고, 생각하고, 선택하도록' 안내하기

⑨ 부정적 감정이 폭발해 주의력을 잃을 때는 심호흡을 하도록 이끌기

⑩ 실패에 대한 예방적 대화로 거부감과 저항감을 줄이기

5장

디지털 미디어를 이기고 주의력을 키우는 방법

01

디지털 미디어 과의존과 주의력

●● 디지털 미디어에 의존할수록 아이에게 일어나는 일

스마트폰 사용 문제로 상담실을 찾는 부모와 아이들은 다른 어떤 문제에서보다 심각한 갈등을 겪고 있으며, 그로 인한 정신적 고통 역시 극심하다.

"아이가 밥도 먹으려 하지 않고 스마트폰만 해요. 학교에도 가지 않으려고 해요."
"게임 말고는 어떤 것에도 흥미나 관심을 보이지 않아요."
"스마트폰 문제로 매일 다퉈요. 이제는 저도 아이도 너무 힘들어요."

부모들은 아이의 스마트폰을 두고 딜레마에 빠져 있다. 미래 사회를 생각하면 아이들이 디지털 전자기기에 익숙해지도록 허용해줘야 할 것 같지만, 지금 날마다 갈등하는 문제들을 생각하면 당장 아이에게서 빼앗아야만 할 것 같다. 그런 한편으로는 아이에게 스마트폰을 주지 않을 수 없음을 인정할 수밖에 없는 게 또 부모들의 현실이다. 아이가 각종 디지털 기술을 배울 기회를 부모가 가로막고 있는 것은 아닐까 하는 두려움도 막연하게 들고, 바빠서 아이와 오래 놀아주지 못하는 미안함도 깊으며, 무엇보다 이제 또래 친구들과의 소통에서 스마트폰은 필수이기 때문이다. 물론 스마트폰을 달라고 고집부리는 아이와 힘겨운 실랑이를 하기에는 너무 지친 것도 그 이유 중 하나일 것이다.

결국 이런저런 이유로 스마트폰을 아이의 손에 넘겨주기는 하지만 마음이 편치 않다. 적당하게 조절할 수 있으면 참 좋으련만, 도대체 아이는 왜 스마트폰만 보면 빠져나오지 못하는 걸까? 아이가 계속 이래도 괜찮은 걸까? 혹시 다른 문제가 있는 것은 아닐까?

사실 화려한 장치들로 재미와 흥분을 제공하는 게임과 동영상의 유혹에는 어른들도 저항하기가 어렵다. 그러니 주의력이 아직 미흡한 아이들은 강렬한 감각적 자극이 끊임없이 제공되는 스마트폰에서 빠져나오기가 더더욱 쉽지 않다. 여기서 중요한 점은 매우 빠른 속도로 전환되는 장면에 한번 시선을 빼앗기면 그 정도로 강렬한 자극이 제공되지 않는 다른 활동에는 관심을 두지 않게 된다는 것이다. 스마트폰 과다 사용이 아이들의 뇌를 '팝콘 브레인Popcorn Brain'으로 만들어버린다.

미국 워싱턴대학원의 데이비드 레비David Levy 교수가 소개한 팝콘 브레인 현상은 인간의 뇌가 스마트폰 같은 디지털 기기에 너무 익숙해져서 생각하고 판단하는 기능을 담당하는 전두엽 영역에 장애가 생기는 것을 일컫는다. 특별하고 강렬한 자극, 즉 팝콘처럼 튀어 오르는 즉각적 자극에만 반응할 뿐 다른 사람들의 감정이나 단조로운 현실에는 뇌가 무감각해지고 무기력해지는 현상을 말한다.

여기서 우리가 주목해야 할 점은, 팝콘 브레인 현상을 보이는 아이들은 주의집중력과 기억력이 감퇴할 뿐만 아니라 수시로 강렬한 자극이 주어지지 않으면 금방 싫증을 내고, 스스로 감정을 조절하는 능력도 잃게 된다는 것이다. 결국 스마트폰에 과도하게 노출되면 사소한 자극에도 산만해져서 충동적으로 행동하게 되고, 정서적으로 불안해져 자아 존중감도 떨어진다. 이렇게 스마트폰을 비롯한 디지털 기기를 오래 많이 사용할수록 디지털 기기에 대한 의존성이 강해지고 주의집중력이 쉽게 떨어진다는 연구 결과는 무척 많다.

영국 런던대학 뇌인지발달연구소의 팀 스미스Tim Smith 교수 연구팀은 12개월 된 유아 40명을 대상으로 2년 6개월간 스마트폰 등의 터치스크린 사용 시간과 주의력의 연관성을 연구했다. 그 결과, 스마트 기기를 오래 사용한 아이일수록 주의력이 분산되는 경향이 심한 것으로 나타났다.

독일 울름대학의 정신과 교수이자 독일 뇌과학계의 일인자인 만프레드 슈피처Manfred Spitzer는 지능지수 하락, 불안, 주의력 장애, 우울증 등의 부작용을 스마트폰이 만든 심각한 전염병이라 규정한다.

우는 아이를 그치게 하거나 시끄러운 아이를 조용하게 만들기 위해 스마트폰을 쥐여주는 것이 바람직한 행위가 아니라는 점은 많은 부모가 알고 있다. 그저 일시적으로 아이의 감정을 달래기 위해 어쩔 수 없이 아이가 스마트폰의 자극에 노출되는 것을 허용한다. 안타깝게도 어떻게 하면 아이가 스마트폰의 해로움과 거리를 두도록 할 수 있는지 잘 모르기 때문이다.

과학기술정보통신부와 한국지능정보사회진흥원에서 발표한 「2021년 스마트폰 과의존 실태조사보고서」에 따르면, 그 원인을 묻는 질문에 대답한 부모 중 3분의 1 이상이 스마트폰 이용에 관한 훈육 방법을 잘 몰라서 아이가 스마트폰 과의존에 빠지게 되는 것 같다고 응답했다.

아이의 건강한 발달을 위한다면 가급적 스마트폰 사용 시기를 늦추고, 특히 사용 시간을 스스로 조절할 수 있도록 아이에게 스마트폰의 올바른 활용법을 교육해야 한다. 그러면 지금부터는 스마트폰 같은 디지털 기기를 많이 접하게 된 아이들이 일상생활과 공부 과정에서 어떤 어려움을 겪고 있는지, 그 원인이 어디에 있는지, 그리고 부모와 아이가 건강하게 디지털 시대를 영위하려면 어떤 인식과 행동이 필요한지에 대해 같이 살펴보자.

●● 디지털 미디어 후유증이 심한 아이들

6살 승준이는 코로나19 팬데믹 때문에 몇 년간 어린이집을 제대로 다니지 못하면서 엄마의 스마트폰을 보는 일이 잦았다. 그렇게 승준이가 어쩔 수 없이 스마트폰을 만난 지 한참이 지난 지금, 스마트폰은 엄마와 승준이 사이를 갈라놓는 가장 큰 괴물이 되어버렸다. 상담실에서 엄마와 이야기를 나누기 시작한 지 5분쯤 지났을까? 별안간 승준이가 문을 열고 불쑥 상담실로 들어왔다.

승준 엄마, 나 폰!

엄마 엄마는 지금 선생님하고 이야기 나누는 중이야. 승준아, 나중에 얘기해.

승준 아냐, 지금 폰!

엄마 승준아, 엄마가 지금 얘기하는 중이잖아. 나가 있어, 승준아.

승준 아, 폰 줘. 폰 달라고. 폰 준다고 했잖아. 나 봐야 한단 말이야.

엄마 승준아, 이따가 상담 끝나고 갈 때 줄게.

승준 (발을 쿵쿵 구르면서 울고 떼쓴다) 아! 달라고, 달라고, 달라고, 폰 달라고…….

처음에는 공공장소로 외출할 때 승준이를 달래기 위해서 주기 시작한 스마트폰이었다. 스마트폰을 쥐여준 동안에는 승준이가 울음도 그친 채 떼쓰지 않으며 몇 시간이고 집중해서 화면을 들여다본 덕분에 엄마는 무사히 편안하게 일을 마칠 수 있었다. 그런데 그렇게 몇 달이 지나면서 승준이의 행동이 달라지기 시작했다.

"아이가 짜증을 내고 화도 많이 내요. 말로 표현하지 못하고, 뒹굴면서 난리가 나요."

"흥분하면 아무것도 들리지도 보이지도 않는 아이 같아요."

"스마트폰을 보고 있으면 너무 빠져들어요. 본 것도 또 보고 끝없이 봐요."

도대체 스마트폰 때문에 승준이에게 무슨 일이 생긴 걸까?

초등 3학년 유찬이의 독서 교육 시간이다. 책을 읽은 후 이야기를 나누고 글쓰기도 한다. 요즘 유찬이가 자주 산만한 모습을 보여서 선생님은 문단마다 번갈아 읽기를 제안했다. 같이 읽기 시작한 지 불과 5분이나 지났을까, 유찬이는 책은 보지 않고 머리를 푹 수그린 채 공책에 뭔가를 쓰고 있다.

선생님 유찬아, 뭐 하니? 지금은 읽는 시간이니까 메모하지 말고 읽기에 집중하자.

유찬 아, 메모 아닌데.

선생님 그럼 공책에 뭘 쓴 거야?

유찬 그림요. 제가 요새 하는 게임 캐릭터예요. 어때요, 잘 그렸죠?

이 말을 하는 유찬이의 눈빛이 순간 반짝 빛난다. 그런데 다시 읽기 시작한 지 3분쯤 지났을까, 아이의 눈빛이 멍해지더니 계속 하품을 하며 몸을 꼼지락거리다가 급기야 꾸벅꾸벅 졸기 시작한다.

선생님 유찬아! 유찬아! 일어나, 눈을 떠!

유찬 아, 죄송해요.

선생님 피곤하니? 어제 잠을 못 잤니?

유찬 아뇨. 유튜브를 보다가 12시쯤 잤어요. 12시를 넘기면 혼나요, 이제.

선생님 그럼 피곤하니? 학교에서 힘들었니?

유찬 아뇨. 그런 건 아닌데, 너무 지루해요. 무슨 내용인지 집중도 안 되고요.

다시 책 읽기로 돌아가지만, 유찬이는 이번에도 딴짓을 하다가 자신이 읽어야 할 부분을 찾지 못한다.

초등 5학년 수민이도 살펴보자. 예전의 수민이는 엄마의 요구에 잘 응하고 자기 일도 알아서 잘하여 다툴 일이 별로 없었다. 그런데 1년 전에 수민이가 스마트폰을 갖고 나서는 엄마와 자주 다투게 되었다. 수민이는 틈만 나면 동영상을 보려고 한다. 동영상을 보기 시작하면 밥 먹는 시간도, 학원 갈 시간도 잊어버린다. 야단을 쳐봐도 아이는 나아지지 않는다. 이제 숙제까지 점점 하지 않고 미루니까 아이를 붙잡아 앉혀놓고 억지로 시키게 된다. 순간순간 이 아이가 예전의 그 수민이가 맞나 싶은 의구심마저 든다. 오늘도 엄마는 수민이와 마주 앉아서 수학 숙제를 같이하고 있다.

엄마 이제 다음 문제를 풀어.

수민 아, 모르겠는데…….

엄마 방금 설명한 문제랑 같은 방법을 쓰면 되잖아. 설명했잖아.

수민 아니, 근데 이해가 안 된다고.

엄마 어느 부분을 모른다는 거야?

수민 (짜증을 내며) 아, 다 모르겠다고! 생각이 안 나는데 어떡하라고.

수민이가 수학에서만 그러는 게 아니다. 국어 공부도 힘들어한다.

엄마 다 읽었어? 그럼 네가 읽은 데에서 엄마가 문제를 내볼 테니까 맞혀봐.

수민 잠깐만, 나 다 못 읽었어.

엄마 아직도?

수민 내용을 잘 모르겠어.

엄마 그래, 다시 천천히 읽어봐……. (수민이가 다 읽기를 기다린 후) 이제 문제를 낼게. 이 글에서 호영이가 어제 갔던 곳은 어디일까요?

수민 뭐라고? 문제를 못 들었어. 어디를 갔다고?

수민이는 수학 풀이 설명을 듣고도, 국어책을 읽고도 자신이 들은 내용과 읽은 내용을 제대로 기억하지 못할 뿐만 아니라 어떨 때는 질문조차 되묻곤 한다. 당연히 이해도 느리다. 수민이가 좋아하는 동영상 시리즈는 전체 내용을 잘도 기억하는데, 공부만 하려면 마음이 콩밭에 가 있다. 초등 저학년 때까지는 책도 자주 보고 이야기도 곧잘 하던 아이였는데, 수민이에게 무슨 일이 일어난 건지 모르겠다. 이렇게 연령과 관계없이 스마트폰에 노출된 아이들에게 나타나는 문제는 점점 심각해지고 있다.

아이의 뇌는 생후 24개월까지 첫 발달단계를 밟는다. 태어날 때 약 400그램 전후인 뇌는 생후 12개월이 되면 그 2배가 넘는 1,000그램 정도로 성장하고, 24개월까지 오감각과 신경세포들을 연결해주는 시냅스가 급격히 형성된다. 이 시기 아이의 두뇌에서 가장 중요한 것은 부모의 따뜻한 돌봄과 상호작용에 기반한 안정 애착, 그리고 보고 듣고 만지고 맛보고 냄새를 맡으며 오감을 자극하는 다양한 경험과 활동을 통해 이루어지는 전두엽의 발달이다.

출생 후 3~4년 정도가 되면 아이의 뇌는 큰 변화기를 맞이한다. 이 시기에는 언어능력을 담당하며 보다 고차원적 사고와 조절 및 통제 능력을 가능하게 하는 대뇌피질의 발달이 어느 연령대보다 활성화된다. 이 시기부터 아이는 외부에서 들어오는 수많은 자극과 정보를 스펀지처럼 흡수하며 적극적으로 받아들여 처리하고 저장한다. 이렇게 한두 번 본 것도 정확하게 기억하는 놀라운 능력은 대뇌피질이 폭발적으로 발달하는 시기임을 시사한다.

우리가 더욱 관심을 가져야 할 점은, 유명한 '마시멜로 실험'에서 마시멜로를 먹고 싶은 당장의 욕구를 누르던 4살 아이들처럼 이 시기의 아이들은 더 나은 미래를 위해서 현재의 욕구와 감정을 조절하고 억제하는 힘을 기르기 시작한다는 것이다. 울며 떼쓰고 싶은 충동을 자제하고 화가 나도 감정을 조절해 말로 표현하는 능력이 발달한다. 전두엽이 발달하면서 감각적 욕구와 쾌락을 추구하던 뇌에서 점차 벗어나 자기 목표를 위해 필요한 외부 자극에 의식적이고 자발적으로 주의를 기울이는 힘을 서서히 갖추기 시작하는 것이다.

그런데 아직 전두엽의 발달이 미흡하여 해로운 자극은 제거하고 자신에게 도움이 되는 자극을 선택해 주의를 기울이게 해주는 그 주의집중력의 발달이 걸음마 단계에 지나지 않는다. 문제는 유아기에는 뇌가 폭발적으로 발달하기 때문에 스펀지처럼 즉각적으로 빨아들인 외부 자극들이 아이의 뇌에 강력하게 각인된다는 것이다. 디지털 미디어의 강렬하고 현란한 자극들이라면 더 말할 나위도 없고, 그 같은 자극들에 아이의 뇌가 순식간에 압도당해 자극의 노예가 될 수도 있다.

자극에 압도된 이후, 아이의 뇌에 어떤 일이 전개될지 짐작하는 것은 어렵지 않다. 현란한 감각 자극에 압도당하면 이제 막 시작된 감정 조절 및 억제 능력의 발달이 중단되고 충동적 욕구와 감정에만 충실해지면서 아이의 뇌는 화려한 스마트폰의 자극만을 더더욱 갈망하게 된다. 앞서 말했던 팝콘 브레인 현상이다. 조절 및 억제 능력에 제동이 걸리므로 당연히 주의집중력의 기반도 뿌리째 흔들리기 시작한다.

「2021년 스마트폰 과의존 실태조사보고서」에 따르면 우리나라의 모든 연령층에서 스마트폰 과의존 위험군이 해마다 증가하고 있는데, 특히 만 3~9세의 유아 및 아동은 2020년의 23.3퍼센트보다 상승한 24.2퍼센트의 과의존 위험군 비율을 보였다. 스마트폰을 이용하는 아이들 4명 중 1명이 과의존 위험군이라는 뜻이다.

이제 6살 승준이의 행동이 왜 그렇게 변했는지 짐작할 수 있다. 승준이는 스펀지처럼 외부 자극을 쑥쑥 흡수하는 그 중요한 시기에 너무 강렬한 스마트폰 자극을 오랜 기간 자주 접했다. 이로 인해 유아기의 중요한 발달 목표인 욕구와 감정을 조절하고 억제하는 능력에 문제가 생겼으며, 결과적으로 스마트폰만을 갈망하고 또 스마트폰을 억제할 수 없는 상태에 이른 것이다. 당연히 앞으로 주의집중력이 발달하는 데도 강력한 경고등이 켜졌다.

3학년 유찬이는 초등학교에 입학할 때까지만 해도 주의집중력에 큰 문제가 있어 보이지 않았다. 코로나로 온라인 수업을 하게 되면서 긴 시간 디지털 기기에 노출되어 주의집중력이 떨어진 경우다. 모든 아이가 그렇진 않지만, 아이가 읽어야 할 글이 좀 더 복잡해지고 길어지면 낮아진 주의력으로는 그 내용에 더 이상 집중하기가 어려워진다. 공부 자체에 대한 흥미가 점점 없어지는 것은 물론이다.

5학년 수민이는 1년 이상 디지털 기기의 자극에 의한 '비자발적 주의'에 익숙해진 상태다. 이제 수민이는 자신에게 입력되는 강력한 자극에만 주의를 빼앗긴다. 우리 뇌는 시각 자극이나 청각 자극이 입력되면 뇌의 신경망에서 전기적 신호로 변환되어 처리된다. 이때 자발적으로 주의를 기울인 자극은 그것을 인식하고 이해할 수 있도록 처리해주는 전두엽에 도달하지만, 비자발적으로 주의를 빼앗기게 되는 자극은 전두엽까지 전달되지 못한다. 이제 자발적 주의의 중요성에 대해 좀 더 알아보자.

02

자발적 주의력이 핵심이다

●● 우리 아이, 자발적 주의력을 가졌는가?

미국의 임상심리학자이자 주의력 전문가인 루시 조 팰러디노Lucy Jo Palladino 박사는 아이들이 디지털 기기의 자극에 사로잡혀 있는 상태를 '비자발적 주의'라고 일컬으며 '주의력 날치기'를 당하는 것이라고 표현한다.

아이가 스마트폰에 열중해 있으면 자극적인 장면과 소리로 인해 주의력을 날치기당할 준비를 하고 있는 것과 다름없다. 팰러디노에 따르면 자신에게 입력된 지시를 (자발적으로 주의를 기울여) 듣고 판단하고 실행하는 자발적 주의와 달리, 비자발적 주의는 본능과 욕구를 담당하는 변연계와 감각피질, 이른바 '동물의 뇌'가 반응한 결과다.

스마트폰의 자극에 빠져 있는 아이의 뇌를 촬영해보면 각종 감각 자극들을 종합하고 판단하여 행동하게 하는 컨트롤 타워 역할의 전두엽 및 대뇌피질이 전반적으로 활성화되지 않는다. 겉보기에는 아이가 굉장히 몰두하여 주의를 집중하고 있는 것처럼 보이지만, 실제로는 뇌의 고차적 기능은 대부분 정지하고 스마트폰에 정신이 빼앗겨 있는 것이다.

이와 반대로 아이 자신이 의도적으로 주의를 기울이는 능동적 상태는 '자발적 주의'라고 일컫는다. 자발적 주의가 발휘될 때는 전혀 다른 상황이 펼쳐진다. 아이가 스스로 책상에 앉아서 정신적 노력을 기울이면 뇌는 어떤 것을 해야 한다는 전두엽의 신호를 감지하고 그 신경 신호에 따라 학습 자료에 있는 글자들에 주의를 집중한다. 자발적 주의를 기울이면 전두엽이 그 신호를 감지하고 목표를 달성하기 위해 주의를 집중해 정보를 처리하는 것이다.

아이가 책상에 앉아서 공부를 지속하려면 의도적으로 주의를 집중하려는 노력을 해야 한다. 유찬이는 자발적으로 주의를 기울이는 훈련을 거의 하지 않은 상태에서 스마트폰을 가지고 오랜 시간 게임을 하거나 동영상을 시청하면서 점차 비자발적 주의에만 이끌리게 되었다.

스마트폰 사용에 의한 주의 분산은 여러 연구에서 보고되고 있다. 2017년 텍사스오스틴대학의 에이드리언 워드Adrian Ward 교수와 공동 연구팀은 학생 795명을 대상으로 3가지 조건하에서 스마트폰과 관련한 테스트를 실시했다. 즉 책상 위, 가방이나 주머니 속, 다른 방에 스마트폰을 두고 나서 집중력과 기억력을 시험했다.

그 결과, 스마트폰을 책상 위에 둔 그룹은 30.5점, 주머니나 가방 속에 둔 그룹은 31점을 약간 넘겼고, 다른 방에 둔 그룹은 34점을 받았다. 실험 결과에 대해 연구자들은 스마트폰을 사용하지 않더라도 가까이에 있을수록 주의력이 분산되며, 의식적으로 스마트폰을 생각하지 않더라도 '생각하지 않으려는 생각' 자체가 제한된 인지능력을 소모한다고 그 원인을 설명했다. 물론 스마트폰에 대한 의존성이 큰 사람일수록 이 같은 인지능력의 감소는 더 컸다. 스마트폰 사용 빈도가 높아짐에 따라 우리 뇌는 스마트폰의 직접적 자극이 없어도 스마트폰에 주의력을 빼앗기고 있는 실정인 것이다.

지루하고 힘든 자극 앞에서 쉽게 주의가 분산되고 기다리지 못하는 것은 아이들에게만 국한된 현상이 아니다. 2012년, 미국 매사추세츠대학의 라메시 시타르만Ramesh Sitarman 교수가 사람들이 동영상을 보기 위해 얼마나 기다리는지 알기 위해 동영상 2,300만 편과 그것을 재생한 사용자 670만 명의 데이터를 분석했다. 그 방대한 데이터에 따르면 사람들은 2초 이내에 동영상 재생이 안 되자 '뒤로 가기' 버튼를 눌렀고, 5초가 경과하자 20퍼센트 이상이 아예 다른 사이트로 가버렸다. 비자발적 주의에 노출된 결과라 보지 않을 수 없다.

어떤 과제를 완수하려면 그에 필요한 자극이나 정보를 선택하고 그것에 주의를 기울이는 능력이 필요하다. 이 능력은 고학년이 되면 더욱 절실해진다. 그런데 스마트폰에 장시간 과다하게 노출되어 비자발적 주의에 익숙해진 아이들은 이 같은 능력이 약화되어 더 이상 발전하지 못한다. 소중한 아이가 자발적 주의를 기울이기를 기대한다면 부모인 우리가 먼저 비자발적 주의를 일으키는 스마트폰 등의 디지털 미디어를 현명하게 사용하면서 건강한 거리 두기를 할 필요가 있다. 그래야 아이들도 비로소 성공적으로 자발적 주의력을 키워나갈 수 있을 것이다.

●● 자발적 주의와 비자발적 주의를 좌우하는 요인들

다음은 요즘 학교 수업 시간에 종종 발생하는 상황이다. 디지털 기기로 인한 비자발적 주의에 익숙한 아이들에게 어떤 문제가 나타나는지 잘 보여준다. 선생님은 본격적으로 수업을 시작하기 전에 재미있는 농담이나 이야기를 하며 아이들의 분위기를 풀어준다. 그러고 나서 수업 중에 수행해야 할 활동 내용과 방법을 설명한 후 아이들에게 질문한다.

선생님 얘들아, 지금까지 선생님이 한 설명을 잘 이해했지? 그럼 이제 시작해보자.

아이들 선생님! 그런데 어떻게 해요?

선생님 지금까지 설명했잖아. 이해가 잘 안됐니? 어디부터?

아이들 기억 안 나요. 다시 말씀해주세요.

선생님의 재미있는 유머 섞인 이야기에는 손뼉을 치며 웃기도 하고, 눈을 빛내며 선생님의 표정과 동작을 유심히 살피던 아이들이었다. 그런데 수업 활동의 설명에 들어가는 순간, 학습에 필요한 기억 정보는 아이들의 머릿속으로 전달되지 않은 것 같다. 아이들은 우스운 농담에는 자신도 모르게 주의를 기울였지만, 막상 중요한 수업 내용에 대해서는 그렇게 반응하지 않은 것이다. 한마디로 비자발적 주의에만 이끌리고, 자발적 주의는 기울이지 못한 것이다.

자발적으로 주의를 기울이지 못하니 당연히 필요한 정보를 입력하고 유지하기가 어려워진다. 디지털 기기의 자극은 그 자체로 매우 강렬하고 유혹적이어서 그로 인해 비자발적 주의에 이미 사로잡힌 아이들이건, 이제 그 자극을 막 경험하기 시작한 아이들이건 이에 저항하기가 쉽지 않다. 심지어 어른들도 마찬가지다.

그렇다면 아이들이 어떻게 비자발적 주의에서 벗어나 학습 내용 등 자신에게 필요한 자극에 자발적으로 주의를 기울여 원활하게 문제를 해결해나가도록 도와줄 수 있을까?

자발적 주의와 비자발적 주의를 좌우하는 것은 '주의의 비중'이다. 주의의 비중이란 외부 자극이 당사자의 주의를 얼마나 강하게 끌어당기는가를 가리킨다. 곧 아이의 주의를 끌어당기는 요소의 비중을 의미한다.

아이 주의의 비중에 영향을 주는 요인부터 살펴보자. 우선 자극이 얼마나 새로운지, 유혹적인지, 쉽게 접근할 수 있는지 등 자극 자체가 지니고 있는 고유의 특성이 주의의 비중에 영향을 미친다. 또한 현재 기울일 수 있는 자발적 주의의 강도가 어느 정도인지도 중요하다. 물론 아이의 기질적 특성, 그리고 아이가 처해 있는 상황적 조건에 따라 주의의 비중이 달라진다.

이런 요인들 중 기질은 타고나는 것으로 잘 변하지 않는 요인이고, 상황적 조건도 일상적으로는 크게 변하기 어려운 요인이라는 것을 먼저 전제하자. 그러고 나면 최종적으로 스마트폰 같은 디지털 미디어가 아이를 얼마나 유혹하고 있는지, 그동안 아이가 주의력 훈련을 얼마나 해왔는지, 이 두 가지가 아이의 자발적 주의 정도를 결정한다는 것을 알 수 있다. 여기서 또 스마트폰 등의 자극을 통제할 수 있다고 가정하면, 마지막으로 공부나 활동 내용이 어느 정도 주의의 비중을 차지하는가에 따라 자발적 주의 정도가 달라질 것임도 알 수 있다.

위 내용을 더 쉽게 정리하면 다음과 같다.

- 아이는 어떤 기질과 행동 특성을 가지고 있는가?
- 현재 아이의 주의력에 영향을 주는 신체적·심리적·정신적 상태는 어떠한가?
- 가족, 친구, 학교 등 주변 환경이 아이에게 어떤 영향을 미치고 있는가?
- 아이는 지금 공부하는 내용이 어느 정도로 새롭고 재미있다고 느끼는가?
- 공부의 난이도가 아이의 주의력에 얼마나 영향을 미치는가?
- 이전에 자발적 주의를 기울이는 연습을 얼마나 많이 해왔는가?
- 현재 아이의 자발적 주의를 도와주는 사람이 있는가?

우선 아이의 상태를 점검하는 것에서 시작할 필요가 있다. 아이가 기질적으로 디지털 기기의 자극에 얼마나 취약한지, 그동안 구체적으로 어떤 자극에 노출되어 있었는지 파악해야 한다. 자극에 취약한 아이를 스마트폰 등에 과도하게 노출시킨 것은 아닌지 살피면서 아이의 디지털 환경을 통제하고, 디지털 자극의 정도를 조절해주면서 아이 스스로 자발적 주의력을 키워가도록 훈련해야 한다. 이때 지금 배우고 공부하는 내용에 대해 아이가 새롭고 재미있다고 느끼도록 흥미와 동기부여를 불러일으켜주는 것이 중요하다.

그런데 이 모든 것을 부모가 다 하기는 어렵다. 그중에서 부모가 도와줄 수 있는 것을 먼저 선택하고, 거기에 집중하는 것이 필요하다. 6장에서 주의집중력을 키우는 놀이 활동들을 다채롭게 소개할 예정인데, 아이의 자발적 주의력을 키우는 연습과 훈련의 일환으로 매우 유용하게 활용할 수 있을 것이다. 이를 통해 자기 주의집중력이 향상된다는 것을 체감하게 된다면 아이는 더욱 강력한 자발적 주의력을 키워갈 수 있고, 긍정적인 학습 동기와의 시너지도 기대할 수 있다. 다만 디지털 미디어의 강력한 유혹이 만만치 않으므로, 우선 아이가 스스로 디지털 미디어 사용을 조절하고 주의력을 발휘하도록 도와주는 방법부터 알아보자.

03

스마트폰을 스마트하게 사용하는 아이로 키우기

●● 스마트폰에 빠져드는 아이들

앞에서 스마트폰을 이용하는 만 3~9세 아이들 4명 중 1명 정도가 과의존 위험군일 수 있다는 이야기를 했다. 스마트폰을 포함해 TV, 컴퓨터, 태블릿 PC 등 전체 디지털 미디어의 사용 정도는 어떤지도 살펴보자.

한국언론진흥재단이 만 3~9세 아이들의 미디어(TV, 컴퓨터, 스마트폰, 태블릿 PC) 사용에 관해 보호자들(2,161가구)을 대상으로 2020년에 어린이 미디어 이용 실태를 조사했다. 그 결과, 아이들의 하루 평균 미디어 이용 시간은 TV 2시간 10분, 스마트폰 1시간 21분, 태블릿 PC 48분, 컴퓨터 26분으로, 최소 4시간 45분 이상인 것으로 나타났다.

연령대별로 나눠서 살펴보면 3~4세는 4시간 8분, 5~6세는 4시간

24분, 7~9세는 5시간 36분으로 아이가 자랄수록 미디어 노출 시간이 점점 많아진다는 것을 알 수 있다.

유아와 초등 저학년 대상의 조사여서 TV 이용 시간이 가장 많은 것처럼 보이지만, 학년이 올라갈수록 개인 스마트폰을 가지기 시작하므로 스마트폰이 아이의 삶을 장악하는 현상이 점차 두드러진다. 조사 대상 아이들 중 이미 82.8퍼센트가 스마트폰을 사용하고 있었으며, 초등 고학년의 스마트폰 보유율은 87.7퍼센트인 것을 보아도 충분히 짐작할 수 있는 사실이다.

그래서 몇 살에 스마트폰을 사용하기 시작했는가는 아이가 자라면서 드러낼 여러 문제를 예견하는데, 주의를 집중하는 데 어려움을 겪는 아이들이 호소하는 대표적 이유가 스마트폰이기 때문이다. 밤새 스마트폰으로 게임을 하고, 동영상과 SNS를 들여다보고, 친구와 메시지를 주고받느라 잠을 제대로 자지 못한다. 당연히 아침이면 쉽게 일어나지 못하고 등교까지 거부하기 시작하면 아이의 문제는 주의집중력에 그치지 않고 너무 심각해진다.

한국언론진흥재단의 조사에 따르면 스마트폰을 5세 이후에 사용하기 시작한 7~9세 아이들은 53.1퍼센트, 5~6세 아이들은 29.2퍼센트인데 반해, 3~4세 아이들 중 47.4퍼센트가 이미 2세 전에 스마트폰을 접하기 시작한다. 아이의 연령이 낮을수록 디지털 미디어 기기를 이용하는 시기가 더욱 빨라지는 것이다. 식당에서 아이들과 함께하는 테이블마다 스마트폰을 보여주지 않는 경우가 드물다는 사실에서도 충분히 알 수 있다.

우리 집에서만 제한하는 게 점점 힘겨워지고 있지만, 모두가 다들 그러니 나도 어쩔 수 없다며 디지털 미디어에 아이를 맡겨버리면 안 된다. 이는 차도 옆에서 공놀이하는 아이를 그냥 내버려두는 것과 똑같다. 공놀이를 못 하게 하라는 말이 아니다. 때와 장소를 가려서 지혜롭게, 즐겁게 디지털 미디어를 활용할 수 있도록 도와줘야 한다. 아직 하고 싶은 일과 해야 할 일, 당장 하고 싶어도 지금은 하면 안 되는 일을 조절하는 힘도 키우기 전에 자신의 마음과 정신을 스마트폰에 빼앗기도록 아이를 내버려두면 안 된다는 말이다.

세계보건기구WHO는 2세 미만 아이는 스마트폰을 비롯한 전자 기기 화면에 노출돼서는 안 되고, 2~4세 아이는 하루 1시간 이상 보지 않아야 한다고 강조한다. 대신 1~4세 아이는 하루에 최소 3시간 이상 다양한 신체 활동을 해야 한다고 권고한다.

이렇게 아이에게 스마트폰을 쥐여주는 위험성에 대해 많은 전문가가 이구동성으로 경고하지만, 하루 종일 아이를 돌보며 씨름해야 하는 부모의 입장에서는 별수 없이 스마트폰으로 아이를 진정시킬 수밖에 없는 상황에 몰리기도 한다. 초등학생이 되면 공부와 숙제로 쌓인 아이의 스트레스를 풀어주기 위해서이기도 하고, 교육적으로 유용한 콘텐츠도 많으니 그것을 이용해 효율적으로 공부하게 하려는 의도도 있다. 물론 부모가 잠깐의 휴식을 취하기 위해 아이에게 스마트폰을 허용하기도 한다.

하지만 여기서 우리가 간과하면 안 되는 점이 있다. 사실 초등 고학년 이상의 청소년들이 보이는 대부분의 문제는 스마트폰 사용과 관련

되어 있다는 것이다(2021년 스마트폰 과의존 실태조사에서 청소년 중 35.8퍼센트가 스마트폰 과의존 위험군으로 나타났다). "공부를 안 하고 스마트폰만 들여다보고 있어요", "밤새 스마트폰으로 뭘 하느라 아침에 일어나지 못해서 이제 학교도 안 가겠다고 해요", "채팅 앱에서 나이 차이가 있는 이성 친구를 사귀고 밖에서 만나기도 하는 것 같아요", "SNS에 심한 노출 사진을 올리고, 친구들에게 과격한 내용의 문자를 보내요. 저러다가 신고를 당할까 봐 걱정되어죽겠어요" 등등 부모의 걱정은 끝이 없다.

이런 이야기를 들을 때마다 처음 스마트폰을 주기 전에 아이와 제대로 된 준비를 하지 않았다는 사실이 너무나 아쉽다. 스마트폰을 허락하기 전에 아이와 의논하여 합리적인 스마트폰 사용 규칙들을 먼저 설정해야 한다. 아이가 규칙을 어길 때면 그 규칙에 어떤 문제가 있는지 다시 의논하고, 만약 그렇다면 아이가 잘 지킬 수 있도록 규칙을 조절해 줘야 한다. 스마트폰의 유혹이 강력한 만큼 이런 과정을 거쳐도 아이가 부모와 합의한 규칙들을 온전히 지키지는 못할 것이다. 그래서 이런 과정을 통해 사전에 아이의 스마트폰 조절력을 어느 정도 키워주는 게 더더욱 중요한 것이다.

●● 스마트폰을 사주기 전에 아이와 미리 나누어야 할 대화

초등 저학년이 되면 아이들이 스마트폰을 사달라고 조르기 시작한다. 이때 사줄 테니까 열심히 공부해야 한다는 막연한 말로 스마트폰을 쉽게 허용하면 안 된다. 스마트폰을 갖기 전에 아이와 꼭 나누어야 할 대화를 필수적으로 해야 하고, 스마트폰 사용 계약서까지 작성하는 것이 좋다. 그래야 아이와 잘 협의해 스마트폰 사용 규칙들을 만들 수 있다. 이런 과정을 거치면서 아이는 스마트폰에 대한 올바른 판단력을 갖출 수 있고, 그 유혹에 쉽게 넘어가지 않는 자기 조절력은 물론 주의를 유지하며 집중하는 힘을 발휘할 수 있다.

아이가 아직 스마트폰을 갖기 전이라면 우선 다음과 같은 순서로 아이에게 꼭 필요한 대화부터 나눠보자.

1 지금까지 스마트폰 없이 잘 견뎌온 것을 먼저 칭찬한다.

많은 친구가 스마트폰을 가지고 있는데도 지금까지 그것 없이 버텨온 아이의 저력에 대해 얘기한다. 바로 그 지점에서 아이의 조절력이 키워진다.

"지금까지 스마트폰 없이 잘 견뎠어. 정말 훌륭해."

"갖고 싶은 걸 참는 마음이 정말 크구나."

"진짜 갖고 싶을 때는 어떻게 네 마음을 조절했어?"

2 스마트폰의 어떤 기능을 원하는지 질문하고 협의한다.

자신이 원하는 기능에 맞추어 스마트폰 기종을 선택하는 현명함을 배워야 한다. 물론 아이는 최신 기종을 가지고 싶어 한다. 과시용으로 필요하기도 하다. 하지만 그건 그냥 감정적 바람일 뿐이고, 아이에게도 진지한 생각이 있다. 부모가 어느 정도의 기능을 원하는지 물어주는 것만으로도 아이는 스마트폰의 용도에 대해 생각하게 되고, "최신 기종을 가지고 싶기야 하지. 그런데 그건 너무 비싸고, 그 정도까지는 필요 없어"라고 현실적이고 합리적인 선에서 마음의 결정을 할 수 있다.

"너는 스마트폰이 있으면 어떤 기능을 사용하고 싶니?"

"너한테 꼭 필요한 기능은?"

"최신 폰이 가장 멋있지만, 너무 비싼 것 같아. 너에게 필요한 기능을 충분히 사용할 수 있는 정도의 폰이어도 괜찮을까?"

3 스마트폰에 어떤 앱과 게임을 깔고 싶은지도 질문하고 협의한다.

그리고 미리 허락받지 않은 앱이나 게임을 설치하고 싶을 때는 꼭 부모와 의논해야 한다는 것도 분명히 한다.

"스마트폰이 생기면 어떤 앱과 게임을 깔고 싶니?"

"어떤 앱이나 게임은 엄마, 아빠가 허락하지 않을 수도 있어. 그럴 때는 어떻게 하면 좋을까?"

"네 마음대로 깔고 싶을 때도 엄마와 의논할 수 있겠니?"

4 스마트폰의 장단점에 대해 아이에게 질문하고, 부모의 의견도 보탠다.

"스마트폰을 사용하면 도움이 되는 점도 많지만 단점도 커. 네가 생각하기에 어떤 문제가 생길 수 있을까?"

"게임을 하고 싶거나 동영상을 보고 싶어서 숙제에 집중을 못 할 수 있어."

"그런 모습이 너한테 나타나기 전에 미리 약속을 정하는 게 중요해."

5 스마트폰 사용 시간대와 총 사용 시간의 제한도 필요하다.

부모가 일방적으로 스마트폰 사용 시간을 결정하면 그 약속은 지켜지기 어렵다. 아이들은 늘 친구와 자신을 비교하고, 친구들 중에 가장 오래 스마트폰을 쓰는 경우를 들면서 따진다. "내 친구는 하루에 게임을 5시간이나 하는데, 내가 제일 적게 한단 말이야"라면서 자신의 억울함을 호소한다. 아이가 가장 바람직하다고 생각하는 사용 시간과 그 시간대를 먼저 질문하자. 아이가 과도하게 원하거나 부모의 제안에 불만이 많을 경우에는 이렇게 대화해보자.

"그래, 그렇게 하도록 허락하는 부모도 있겠지. 하지만 그건 차도 옆에서 네가 공놀이를 하는 걸 그냥 내버려두는 것과 같아. 엄마, 아빠는 너를 그렇게 방치할 수 없어. 너에게 도움이 되는 선에서 규칙을 정하는 게 중요해."

6 잠을 잘 때, 숙제를 할 때는 스마트폰을 부모에게 맡겨야 한다는 것을 처음부터 가르친다.

이때는 절대 아이 옆에 스마트폰을 두면 안 된다. 정해진 시간에 사용하고 난 후에는 부모에게 맡겨야 한다는 것을 부드럽고 단단하게 알려줘야 한다. 스마트폰의 유혹에 저항하는 것은 아이의 의지와 노력만으로 조절되지 않는다.

"잠잘 때, 숙제할 때, 그리고 정해진 시간 외에는 스마트폰을 엄마에게 맡기는 거야. 알겠지?"

스마트폰 조절력은 매우 중요하다. 초등 2~3학년만 되어도 부모의 방에서 몰래 스마트폰을 꺼내 와 이불을 뒤집어쓰고 새벽까지 게임을 하거나 동영상을 보는 아이가 꽤 있기 때문이다. 그러니 스마트폰을 사주기에 앞서서 부모는 아이와 어떤 마음의 준비를 해야 하는지, 무엇을 약속하고 어떻게 대화해야 하는지 미리 알아야 한다. 아이는 부모와의 대화를 토대로 자기 판단을 더하여 사전 약속을 정하고, 그 약속을 지키려는 의지를 키워야 한다. 이렇게 미리 대화하고 결정하게 되면 아이가 그 약속을 실천할 확률은 매우 높아진다. 문제가 발생하고 나서 해결하려 들면 아주 많은 노력과 시간이 필요하다. 미리 예방하는 것이 최선이다.

●● 아이가 이미 스마트폰 부작용을 보인다면

아이가 이미 스마트폰을 사용하고 있으며 그로 인해 문제가 발생하기 시작했다면 다시 아이와 정식으로 의논해야 한다. 이미 정한 규칙을 아이가 어길 때 부모는 무척 걱정되고 화가 난다. 그런데 이때 부모가 크게 착각하는 것이 있다. 부모가 정해서 규칙을 알려준 뒤 아이가 "네"라고 대답했다고 해서 진짜 약속이 성립된 게 아니라는 점을 알아야 한다. 아이들은 그저 스마트폰을 가지고 싶은 마음에 무조건 그렇게 하겠다고 말할 뿐 그 규칙을 지킬 의지는 애초에 별로 없는 경우가 대부분이다.

아이가 스마트폰 사용 규칙을 지키지 않아서 속상할 때는 수학 문제 풀이를 떠올려보자. 수학 공식을 한 가지 가르쳤다고 아이가 바로 이해하여 그와 관련된 문제를 모두 맞히지는 못한다. 먼저 쉬운 단계의 문제들부터 연습하면서 난이도를 조금씩 높여야 한다. 온갖 응용문제와 함정 문제까지 잘 해독해 실수하지 않고 풀어내는 최상위 수준에 이르려면 꽤나 많은 시간이 걸린다. 답이 정해져 있는 수학 문제 풀이에도 그런 과정이 필요한데, 무궁무진한 스마트폰 세상에서 아이가 지혜로움을 구축하는 일은 더욱 어려울 수 있다.

그러니 강렬한 재미를 주는 게임과 동영상, 수많은 앱과 소셜 네트워크의 유혹에도 아이가 길을 잃지 않고 지혜로운 스마트폰 사용자로 성장할 수 있도록 그 과정을 부모가 함께해야 하는 것이다. 스마트폰에 대한 올바른 판단력과 조절력이 아이에게 없음을 한탄하기보다 이제 겨우 시행착오를 통해 조금씩 배우고 있음을 기억하자. 아이에게서 스마트폰으로 인한 문제가 나타난다면 다음과 같은 대화가 중요하다.

1 먼저 스마트폰 사용 규칙들 중 아이가 잘 지켜온 규칙을 찾아서 근거 있는 칭찬을 한다.

부모와의 약속을 지키지 못했을 때가 아니라 잘 지켰을 때에 관한 이야기를 먼저 나누는 것이 중요하다. 그때 아이가 스스로 조절할 수 있었던 이유에 대해 질문하면서 대화를 나누면 자신 안에서 스마트폰 조절력을 키울 수 있다.

"엄마와의 약속을 잘 지키는구나. 훌륭해. 어떻게 잘 지킬 수 있었니?"

2 아이가 지키지 못한 규칙이 있다면 그 이유가 무엇인지 질문한다.

절대로 아이의 의지가 부족해서만은 아니다. 친구와의 약속 때문에, 혹은 숙제가 어렵고 힘들어서, 스트레스를 풀려고 등등 이유가 너무 많다. 그 이유를 알고 공감해줘야 그다음 단계의 대화를 할 수 있다.

"그 규칙을 지키기 어려운 이유가 있었을 거야. 엄마에게 말해줄 수 있니?"

3 앞으로 이 문제를 방지하기 위해 어떻게 하면 좋을지 질문한다.

이렇게 질문해야 아이가 스스로 대안을 생각하기 시작한다.

"앞으로 이런 일이 생기지 않으려면 어떻게 하면 좋을까?"

4 아이가 지키지 못한 규칙에 대해서는 다시 협의한다.

규칙은 한번 정했다고 영원불변의 것이 아니다. 서로 절충하며 잘 지킬 수 있는 규칙으로 조절하는 것도 중요하다. 그러니 규칙을 어떻게 바꾸고 싶은지 질문하고, 허용 가능한 선에서 다시 협의하는 과정을 거친다.

"혹시 이 규칙에서 바꾸고 싶은 부분이 있니?"

5 새롭게 정한 규칙이나 다시 협의한 기존 규칙을 정리하고 기록해 스마트폰 사용 계약서를 작성한다.

엄마, 아빠, 아이 모두가 사인을 하고 냉장고에 붙여놓자. 냉장고 앞을 무심코 오가면서 그 계약서를 보기만 해도 아이가 지킬 확률이 매우 높아진다.

"우리 새로 정한 규칙들을 계약서로 작성하자. 그럼 서로 더욱 잘 지킬 수 있을 거야."

●● 스마트폰(디지털 미디어) 사용 계약서 작성하기

이제 부모와 아이가 실랑이를 가장 많이 벌이는 스마트폰 등 디지털 미디어 사용에 대한 약속을 구체적인 계약서로 만들 차례다. 단순히 말로 약속하기보다 구체적인 조항을 의논해서 '스마트폰(디지털 미디어) 사용 계약서'를 쓰는 것이 규칙에 대해 더 명료한 개념을 심어주고, 아이가 지킬 확률도 높아진다. 디지털 미디어를 지혜롭게 사용하면서 주의 집중력을 발휘하여 자기 할 일도 거뜬히 해내는, 진짜 스마트한 아이로 자랄 수 있게 해주는 첫걸음이다.

날마다 아이의 스케줄이 달라서 스마트폰 등의 사용 시간이 매일 달라질 수 있다. 그래서 매일 몇 시에 사용하겠다는 계획은 전날 저녁에, 혹은 당일 아침에 미리 정하는 것이 좋다. 아니면 매주 일요일 저녁에 다음 한 주의 스케줄을 떠올리면서 미리 계획해 계약서에 기록하는 것도 바람직하다. 이때 '스마트폰(디지털 미디어) 사용 기록장'으로 이용할 수첩 하나를 따로 정해두고, 아이도 동의한 시간들을 메모하여 미니 계약서처럼 활용해도 괜찮다.

아이의 자율성을 좀 더 키우고 싶다면 일주일간의 총 사용 시간을 미리 정해놓고, 날마다 어느 시간에 얼마 동안 사용할지는 아이의 자율에 맡긴다. 장기적으로는 이 방법이 아이의 디지털 미디어 조절력을 더 욱 잘 키워줄 수 있어서 권한다.

다만 스마트폰 사용 계약서의 작성에는 미처 생각지 못한 예외 사항이 계속 발생할 수 있다. 총 사용 시간을 초과할 경우 다음 주에 사용할 시간이 줄어든다고 하면, 어떤 아이는 사용 시간을 가불할 수 있다는 뜻으로 이해한다. 그러고는 계속 다음 주, 그다음 주에 사용할 시간을 미리 쓰겠다고 우기는 것이다. 그래서 한번 작성한 계약서는 일주일 후에 다시 협의해야 한다. 처음 3~4주 동안에는 매주 협의하는 시간을 가져서 아이가 지킬 수 있는 합리적·구체적 규칙들로 조절하며 더욱 바람직한 계약서를 완성해가는 과정이 꼭 필요하다.

그리고 중요한 점이 있다. 처벌과 보상 조항에는 특히 세심해야 한다는 것이다. 우선 게임 시간의 추가를 보상으로 제시하는 것은 바람직하지 않다. 디지털 미디어 사용에 계속 집착하게 되는 부작용이 발생할 수 있기 때문이다. 부모와 계약한(약속한) 규칙들을 잘 지킨다면 아이가 원하는 간식이나 음식으로 축하 파티를 하는 게 더 바람직하다. 혹은 같이 산책하거나 놀이터에서 신나게 놀아주는 보상이 좋다.

또한 이번 주의 사용 시간을 다 쓰지 못하여 남았을 때 그 시간을 소멸해버리면 아이는 억울하다. 남은 시간은 다음 주로 이월해주는 것이 마땅하다. 사용 시간을 저축하는 재미가 생길 뿐만 아니라 지금 사용할지 말지 선택하는 자유를 느끼면서 아이의 조절력이 좀 더 좋아질 수 있다. 추가로, 남은 시간을 아이가 바라는 다른 가족 활동이나 체험 활동과 교환할 수 있다는 조항도 덧붙이면 좋겠다.

스마트폰 사용 기록장			
날짜	사용 시간	하루 사용 시간(분)	누적 사용 시간(분)
/ (월)	: ~ :		
/ (화)	: ~ :		
/ (수)	: ~ :		
/ (목)	: ~ :		
/ (금)	: ~ :		
/ (토)	: ~ :		
/ (일)	: ~ :		

옆 페이지의 스마트폰 사용 계약서를 참고하여 TV, 컴퓨터, 태블릿 PC 등의 사용 계약서로도 응용하기를 바란다. 아이와 작성한 정식 계약서는 복사해서 아이도 부모도 따로 보관하고, 또 한 장은 냉장고 등 잘 보이는 곳에 붙여둔다. 이런 연습은 약속이나 계약이 왜 필요한지 이해하게 해준다. 또한 서로가 동의하는 항목들을 만들고 그것들을 잘 지키려 노력하는 과정을 거치면서 나쁜 습관 등이 고쳐진다는 것을 깨닫게 되면 아이는 자신의 대인 관계와 학교생활에도 곧잘 활용하게 된다.

_____ 와 엄마, 아빠의 스마트폰 사용 계약서

1. _____는 하루 총 _____분, _____시 _____분에서 _____시 _____분까지 스마트폰을 사용합니다.
2. 일주일에 총 _____시간(분)을 사용합니다. 날마다 자유롭게 운용하되, 총 사용 시간을 지키겠습니다.
3. 스마트폰 사용 기록장에 사용 시작과 끝 시각을 기록해 날마다 사용 정도를 확인합니다.
4. 시간 기록은 부모와 _____가 날마다 함께 확인합니다.
5. 게임 등의 시작에 소요되는 시간도 총 사용 시간에 포함합니다.
6. 총 사용 시간을 초과하는 경우에는 사용 제한 앱을 설치하기로 합니다.
7. 총 사용 시간이 남는 경우에는 다음 주로 이월할 수 있습니다.
8. 스마트폰을 사용하기 시작할 때 미리 말하고, 다 사용한 후에는 부모님에게 맡겨 둡니다.
9. 스마트폰으로 문자를 보내거나 SNS를 이용할 때 직접 얼굴을 보고 말하기 어려운 내용(욕설 등)은 쓰지 않습니다.
10. 의심스러운 문자나 광고를 보았을 경우에는 즉각적으로 부모님에게 알립니다.

본 계약서의 내용을 수정하고 싶을 경우에는 정식으로 서로에게 요청하여 협의 날짜를 정하고 의논하기로 합니다.

실행 기간 : _____년 _____월 _____일 ~ _____년 _____월 _____일

사용 규칙 재평가일 : _____년 _____월 _____일 저녁 _____시 식탁에서

엄마 : __________ (서명)

아빠 : __________ (서명)

딸(아들) : __________ (서명)

04

디지털 미디어를 이기는 신체 놀이 활동

●● 포노 사피엔스를 구출하라

우리 아이들은 포노 사피엔스다. '포노 사피엔스Phono sapiens'는 '스마트폰smartphone'과 '호모 사피엔스Homo sapiens(인류)'의 합성어로, 스마트폰을 신체 일부처럼 자유롭게 일상적으로 사용하는 새로운 세대를 뜻하는 신조어다. 18개월밖에 되지 않은 아기가 혼자서 스마트폰을 켜고 자신이 좋아하는 동영상을 찾아보더라는 말도 이제 별로 새롭지 않다. 물론 그처럼 어린 아기를 스마트폰에 노출시키는 것은 위험한 일이다.

부모도 이를 모르지 않아서 아이가 어릴 때는 어쩔 수 없는 경우에만 보여주려 하고, 좀 더 자란 아이에게 스마트폰을 사주면서는 여러 방지 앱을 설치한다. 하지만 어느새 아이들은 그걸 다 풀어버린다. 아무리 부모에게 스마트폰에 대한 기술적 지식이 있다 해도 포노 사피엔스들은 그야말로 어른들의 머리 꼭대기에서 논다.

이것이 막을 수 없는 시대의 흐름이라면 부모는 스마트폰으로 쏠리는 아이의 관심을 성장에 보다 도움이 되는 방향으로 돌릴 수 있어야 하고, 스마트폰 조절력을 키워서 주의력을 날치기당하지 않도록 도와야 한다. 그런데 과연 스마트폰보다 강력하게 아이의 관심을 끌 수 있는 것이 있을까? 그런 것을 찾기가 쉽지는 않다. 아무리 재미있는 장난감도 그림책도 스마트폰에는 당하지 못한다.

다행히 스마트폰을 만지작거리던 아이가 멈추고 다른 것으로 관심을 돌리게 할 만한 강력한 방법이 한 가지 있다. 바로 신체 활동이다. 아이의 몸은 움직임을 추구한다. 아이는 뒤집기를 시작하는 순간부터 잠시도 가만있지 않고서 기고 걷고 달리고, 만지고 주물럭거리고 던지며, 온몸으로 세상을 경험하고 탐색하기를 원한다. 바로 아이의 그런 타고난 욕구에 맞춰주는 것이다.

세계보건기구는 아이들이 신체 활동을 통해 얻는 이점으로 근력, 심폐지구력, 근지구력, 심장 대사 건강, 뼈 건강을 꼽는다. 그리고 이와 더불어 신체 활동이 우울증 등의 정신 건강을 개선해줄 뿐만 아니라 인지능력과 주의집중력을 비롯한 실행 기능까지 향상시켜 학업에도 도움을 준다고 강조한다.

신체 활동이 단순히 신체 건강만을 위한 것이 아니라 정신 건강과 주의집중력에도 중요한 역할을 한다는 것이다. 그래서 세계보건기구는 만 1~4세 아이에게는 하루에 최소 3시간 이상의 다양한 신체적 활동을 하도록 권고하고, 5~17세 아이와 청소년은 매일 중등도 내지 격렬한 강도로 적어도 1시간의 신체 활동을 해야 한다고 강조한다.

게다가 코로나19로 비대면 수업이 길어지면서 아이들의 신체 활동이 줄어들었고, 이것이 주의집중력을 향상시키는 뇌의 발달을 저해하고 있음도 전문가들은 경고한다. 하지만 아이의 신체 활동에 대한 우리의 오해는 깊다. 신체 활동이 아이의 뇌와 주의력에 미치는 긍정적 영향에 대한 인식 부족으로, 오히려 몸의 움직임을 제한하는 방식으로 아이의 주의집중력을 높여야 한다고 오해한다. ADHD로 진단받은 아이뿐만 아니라 주의집중력을 키워가야 할 모든 아이에게 신체 활동은 주의집중력을 발달시키고 디지털 미디어 조절력을 키워주는 가장 효과적 방법이라는 사실을 잊지 말아야 한다.

스마트폰 등에 빠진 아이를 구출하는 가장 강력한 한마디는 "나가서 놀자!"라는 말이다. 그런데 신체 활동을 통해 디지털 미디어를 이길 수 있는 귀중한 경험을 하는 데는 시간적 제한이 있다. 초등 고학년이 되고 스마트폰 과의존 현상이 심해지면 아이는 이제 신체 놀이 활동조차 거부하기 시작한다. 집 안에서 스마트폰만 붙잡고 있는 심각한 현상이 고착되는 것이다.

그러니 그런 불행한 일이 생기기 전에 아이의 신체 활동을 어떻게 재미있고 격렬하게 시킬 수 있을지 그 방법을 찾아야 한다. 그래도 아직 신체 활동이 주의집중력의 발달에 기여한다는 사실이 미심쩍을 수 있음을 안다. 아이의 신체 활동이 두뇌를 어떻게 발달시킨다는 것인지 좀 더 살펴보자.

●● 신체 활동이 주의력을 키워주는 뇌과학적 이유

초등 2학년 수호는 조용하고 소극적인 아이이다. 그러다 보니 친구들 사이에서 쉽게 어울리지 못하고 혼자 덩그러니 앉아 있는 일이 많다. 아이들이 모두 좋아하는 체육 시간에도 자신 없는 태도로 금세 포기하려는 모습을 보인다. 그렇다고 수업에 잘 집중하는 것도 아니다. 조용히 잘 듣는 것 같아서 선생님이 질문을 하면 제대로 대답하지 못하는 경우가 더 많았다.

초등 5학년 지호는 학습 자세가 좋지 않고, 자기 뜻대로 되지 않을 때 쉽게 화를 내거나 소리를 지르며 울기도 한다. 주의가 너무 산만하여 수업이나 활동 과제에도 집중하지 못한다. 다행히 신체 활동을 좋아하고 적극적이지만 의욕만 앞선다. 체육 시간에 규칙을 지키지 못하고 친구들과 갈등하며, 신체 움직임에 대한 주의집중력도 부족해서 자주 넘어지거나 다친다. 게다가 자기 상처가 어쩌다 생겼는지 기억을 못 하는 일도 많다.

두 아이는 정서와 주의집중 2가지 모두에서 문제가 발생하고 있음을 알 수 있다. 이렇게 복합적인 문제를 개선하기 위한 가장 효과적 방법으로는 무엇이 있을까? 아이의 정서를 안정시키고 주의집중력을 키워서 자기 잠재력을 보다 능동적으로 발휘하게 도와줄 방법으로 제일 먼저 권하는 것이 바로 신체 놀이 활동이다.

아이는 여러 방법으로 자기 신체를 움직이면서 동작의 강약과 속도를 조절하고 높이와 거리감, 방향과 공간개념을 이해해 익히고 배운다.

그야말로 신체 활동을 통해 삶에서 가장 중요한 학습이 이루어지는 것이다. 또한 신체 활동으로 발생하는 다양한 상황에 대처하는 경험이 쌓여서 문제 해결력과 창의력의 발전으로도 이어지며, 그 활동에 몰입하는 집중력도 키워지게 된다.

신체 활동을 할 때 인간이 최고의 집중력을 발휘하게 된 이유에 대해 혹자는 이렇게 말한다. 인류는 생존을 위해 사냥을 하거나 도망을 쳤고, 그 순간에 최고의 집중력을 가진 사람만이 생존할 수 있었다는 것이다. 공감되는 말이다. 신체의 정확한 움직임이 생존과 직결됐고, 신체를 정밀하고 조화롭게 조절하기 위해서는 주의의 집중이 수반돼야 했다. 따라서 가만히 앉아서 주의를 집중하지 못하는 아이들일수록 신체 활동으로 정서적 활력을 불러일으키고 주의집중력을 키우는 일이 우선돼야 하는 것이다.

실제로 수많은 연구에서 아이의 두뇌 발달에 특히 신체 활동이 중요하다고 강조한다. 하버드대학 정신의학교수인 존 레이티John Ratey는 운동을 하면 뇌에서 도파민과 세로토닌이 분비되므로 운동이 ADHD 치료약으로 간주될 수 있다고 주장한다. 그래서 주의력이 부족한 아이들에게 많은 의사와 전문가가 가장 먼저 규칙적인 운동을 권고하고 있다.

영국 스털링대학 연구팀은 평균 9세 아동 5,463명을 대상으로 흥미로운 실험을 했다. 15분간 달리기를 비롯한 신체 활동을 한 아이들과 15분간 신체 활동 없이 휴식한 아이들을 대상으로, 각각 운동과 휴식이 끝나고 나서 20분 후에 주의력과 집중력을 포함한 인지능력을 테스트했다. 그 결과, 신체 활동을 한 아이들의 주의력과 집중력이 휴식만

취한 아이들보다 높아졌음을 확인했다.

미국 신시내티대학 연구팀은 쉬는 시간이 아이들의 집중력에 미치는 영향을 분석했다. 그 결과에 따르면 쉬는 시간은 아이들의 스트레스를 감소하고 높은 학업 성취로 이어졌다. 쉬는 시간에 아이들이 달리기, 줄넘기, 공놀이 같은 신체 활동으로 뇌 기능을 안정시키면서 새로운 정보에 대한 습득력과 문제 해결 능력, 그리고 집중력이 높아진 덕분이다.

쉬는 시간의 신체 활동이 아이들의 주의집중과 학업을 도와준다는 사실을 입증한 연구진은 이렇게 강조한다. "운동은 전전두엽의 발달에 영향을 미칠 뿐만 아니라 정서적 안정을 주는 뇌내 화학물질인 세로토닌의 분비도 돕는다. 같은 공부를 해도 일정한 운동 이후에 효율이 더 높다."

이렇게 신체 활동이 아이 뇌의 기능을 발달시켜 몸의 건강뿐만 아니라 정서와 기분을 환기하고, 주의집중력을 높여서 인지적 수행 능력까지 증진시켜준다는 사실을 꼭 기억하자. 이제 수호와 지호를 비롯해 더 건강하게 주의집중력을 발달시켜야 하는 모든 아이에게 도움이 되는 신체 놀이 활동을 구체적으로 알아보자.

●● 아이의 주의력을 키우는 7가지 신체 놀이 활동

신시내티대학의 연구 결과와 같이 기본적으로 달리기, 줄넘기, 공놀이, 배드민턴, 태권도 등 신체의 움직임을 수반하는 운동, 놀이, 활동들은 모두 아이의 주의집중력 발달에 도움이 된다. 그러니 하루에 1시간 정도는 신체 활동을 할 수 있는 운동이나 놀이 프로그램에 아이를 일상적으로 참여시키는 것을 권한다.

여기서는 좀 더 섬세하게 아이의 주의집중력을 발달시켜주는 치료적 의미의 신체 놀이 활동들을 소개하려 한다. 간단한 준비로도 몸을 움직이며 아이의 주의집중력을 재미있게 키울 수 있으니 종종 활용하기를 바란다.

주의집중 신체 놀이 활동 ❶ 물컵 나르기 놀이

눈을 감은 상태에서 물이 든 컵을 들고서 옆 사람에게 건네주는 놀이다. 이때 컵의 물을 흘려서는 안 된다. 이 놀이를 성공적으로 수행하려면 주변 자극에 대해 민감하게 주의를 기울이는 동시에 자기 몸동작에도 섬세하게 주의를 집중해야 한다.

놀이 방법

1. 물이 채워진 물컵을 준비한다.
2. 처음에는 눈을 뜬 채로 아무 말도 하지 않고 상대가 주는 물컵을 전달한다.
3. 이 놀이를 둘이 한다면 세네 번 주고받기로, 여러 명이 한다면 두 바퀴 정도 돌리기로 한다.

4. 눈을 뜨고서 어렵지 않게 해낸다면 이번에는 눈을 감고 물컵을 건넨다. 눈을 감고서 말하지 않고 동작으로만 이어가면 아이는 더욱 주의를 기울이게 된다.
5. 놀이가 끝나면 눈을 감았을 때 어떤 소리가 들리고 어떤 느낌이 들었는지 이야기를 나눈다.

♥ 주의집중 놀이 대화법

자, 이제 물을 흘리지 않고 옆에 앉은 ○○에게 물컵을 건네줄 거야.

물이 쏟아지지 않으려면 어떻게 해야 할까?

물컵과 ○○의 손이 어디에 있는지 잘 보고서 조심조심 움직여보자.

이번에는 눈을 감고 다시 해볼 거야.

답답하고 긴장되겠지만 훨씬 재미있을 거야.

잘 들어보자. 물컵이 움직이는 소리, 물이 찰랑거리는 소리가 들리니?

또 무슨 소리가 나는지, 어떤 움직임이 느껴지는지 집중해보자.

♥ 놀이 TIP

1. 어린 아동은 익숙해질 때까지 물을 조금만 담고 연습해본다.
2. 컵 속 물의 움직임에 주의를 강하게 기울여야 한다고 알려준다.
3. 아이가 눈을 감고 물컵을 옮길 때 곁에서 다른 소리나 움직임을 만들어도 좋다. 주변의 소리 자극 등을 민감하게 알아차리는 경험을 할 수 있다.
4. 종이컵으로 놀이를 진행하면 컵을 쥐는 힘도 조절해야 하고, 물의

양이 많을수록 섬세한 근육을 사용해야 하므로 주의집중력을 더욱 향상시킨다.

5. '컵 옮기기 협동 놀이'로 응용해보자. 종이컵에 4가닥의 줄을 묶어서 1명이 두 줄씩 잡고 둘이 함께 종이컵을 목표 지점으로 이동하는 놀이다. 더 나아가 여러 개의 종이컵을 사용해 '컵 쌓기 놀이'로 활용해도 좋다. 서로 협동하면서 줄을 이용하여 종이컵을 움직여야 하므로 함께 호흡을 맞추고 힘도 조절하면서 주의집중력이 좋아진다.

주의집중 신체 놀이 활동 ❷ 쥐를 잡자 찍찍찍(숫자 암산 놀이)

이 놀이에서는 먼저 잡을 쥐의 숫자를 정한 후에 한 사람씩 돌아가며 각자 "잡았다(+)!", "놓쳤다(-)!"를 외치다가 목표 마릿수가 되면 만세를 외친다. 이때 "잡았다!"에서는 두 손으로 주먹을 쥐며 잡는 동작을, "놓쳤다!"에서는 한 손으로 자기 이마를 툭 치는 동작을 한다. 그와 동시에 잡고 놓친 쥐의 마릿수가 모두 얼마나 되는지 집중해서 계산해야 하고, 누군가 "잡았다!"를 외쳐서 목표 마릿수가 차면 만세까지 불러야 한다. "만세!"를 제대로 외치지 못한 사람이 지는 놀이다. 신체 동작과 함께 인지적 계산까지 요구하므로 이 놀이를 하는 내내 주의를 온전히 집중해야 하며 작업기억력(6장 참고)도 열심히 작동시켜야 한다.

♥ 놀이 방법

1. 다 같이 "쥐를 잡자, 쥐를 잡자 찍찍찍! 쥐를 잡자, 쥐를 잡자 찍찍찍! 몇 마리?"라고 노래를 부르면 놀이 리더가 "(예를 들어) 5마리!"라고 대답하며 게임을 시작한다. 이때 장단에 맞춰 두 손으로 쥐를 잡는 시늉을 크게 하면서 노래한다.
2. 그때부터 순서대로 한 사람씩 정해진 동작과 함께 "잡았다!", "놓쳤다" 중 하나를 외친다.
3. "잡았다!"를 외칠 때는 양손으로 주먹 쥐기, "놓쳤다!"를 외칠 때는 한 손으로 이마 탁!
4. 제각각 마음속으로, "잡았다!"라고 외치면 한 마리를 덧셈하고 "놓쳤다!"라고 외치면 한 마리를 뺄셈한다.
5. 아이들의 이해도에 따라 '잡았다'만 하기로 약속해서 난이도를 조절해도 된다.
6. '잡았다(+1), 잡았다(+1), 놓쳤다(-1)……'로 계산하며 목표인 5마리가 되는 순간 "만세!"를 외친다.
7. 만세를 외치지 못한 사람은 미리 정한 재미있는 벌칙을 수행한다.
8. 다시 처음부터 반복한다.

♥ 주의집중 놀이 대화법

"잡았다!", "놓쳤다!" 중에서 하나를 외치며 동작을 하면 돼.

동시에 다른 사람이 무엇을 외치는지 잘 들어야 해.

"잡았다!"를 외치면 머릿속으로 1을 더하는 거야.

"놓쳤다!"를 외치면 이번에는 1을 빼야 해.

우리가 정한 숫자만큼 '잡았다!'가 나오면 "만세!" 하고 외치는 거야.

우선 천천히 노래를 부르며 동작부터 연습해볼까? 시작!

♥ 놀이 TIP

1. 쥐를 잡거나 놓칠 때마다 지금까지 정확하게 총 몇 마리를 잡았는지 잘 기억하면서 장단에 맞추어 동작도 수행해야 한다.
2. 신체 활동과 기억 2가지 모두에 주의를 기울이고 집중해야 한다.
3. 아직 한 자리 수의 연산에 미숙하거나 운동 협응 능력이 부족한 아이들의 경우에는 5 이하의 쉬운 숫자를 활용하고, 놀이 진행 속도도 천천히 하자. 아이가 조금씩 성공하는 경험을 할 수 있도록 이끌어야 한다.

주의집중 신체 놀이 활동 ③ 이인삼각 놀이

이인삼각이란 두 사람이 나란히 서서 서로 맞닿는 쪽의 발목을 묶어 세 발처럼 만든 후 자연스레 어깨동무를 하고 함께 뛰는 경기다. 서로 협동하여 구령을 하며 동작을 맞추고 속도와 신체의 움직임을 조절해야 한다. 둘이 하나가 되어 함께 조율해가는 과정에서 사회성을 키울 수 있을 뿐만 아니라 자신과 타인에게 온전히 집중하는 경험을 하게 된다. 운동회 때만 하는 경기가 아니라 평소에 놀이처럼 종종 활용하면 아이의 신체 발달, 주의집중력 발달, 사회성 발달 전부에 큰 도움이 된다.

♥ 놀이 방법

1. 서로 나란히 서서 두 다리를 붙인다.
2. 끈으로 서로 맞닿는 발목을 묶는다. 적당한 끈이 없으면 못 쓰는 고무장갑의 손목 부분을 잘라서 끈 대신 사용해도 좋다.
3. 두 사람이 묶은 다리를 함께 움직이기 위해 구령을 정한다.
4. "하나!" 할 때 묶은 다리부터 움직이고, "둘!" 할 때 다른 다리를 움직인다.
5. "하나! 둘! 하나! 둘!" 외치면서 함께 출발해 목표 지점까지 걷는다.
6. 실내에서는 '걷기'로, 바깥에서는 '뛰는 걸음'으로 놀이를 진행하는 것이 좋다.
7. 한 사람이 넘어지면 같이 넘어지기도 한다. 다시 협동하여 그 자리에서 함께 일어나 끝까지 도착할 수 있도록 격려한다.
8. 목표 지점에 도착한 후에는 이인삼각의 소감을 나누면서 느낀 점, 잘한 점, 어려운 점 등을 얘기한다.
9. 같은 팀으로 호흡을 맞춘 짝에게 서로 칭찬해준다.

♥ 주의집중 놀이 대화법

"하나!"에 묶은 다리를 움직이는 거야. 천천히 연습해보자.

"하나! 둘! 하나! 둘!" 그렇지, 잘하는구나.

이제 이인삼각 걷기 시작!

아, 넘어졌다. 다시 일어나 그 자리에서 다시 시작!

"하나! 둘! 하나! 둘!" 너무 잘하네.

이제 삼인사각 걷기에 도전해볼까?

♥ 놀이 TIP

1. 협동 놀이가 잘되지 않으면 짝을 원망할 수 있다. 이때 다시 일어나서 제자리걸음으로 연습하는 과정이 필요하다. 충분히 준비되면 다시 시도해 성공하는 경험을 하는 것이 중요하다.
2. 이인삼각이 잘되면 이제 짝을 바꾸어 다시 진행한다. 예를 들어 엄마, 아빠, 첫째 아이, 둘째 아이가 서로서로 짝을 바꾸면서 시간을 재어 승부를 가리는 것도 흥미롭다.
3. 좀 더 난이도를 높여서 삼인사각, 사인오각으로 진행해보자. 가족 모두가 서로 다리를 묶어 걷는 놀이는 생각보다 쉽지 않다. 넘어지고 비틀거리면서 어떻게 하면 잘 걸을 수 있을지 함께 연구하는 동안 웃으며 행복한 시간을 보내게 된다.

주의집중 신체 놀이 활동 ❹ 박수치기 놀이

여기 박수 놀이가 조금 어렵게 느껴진다면 6장 초점주의력 놀이 활동들 중에서 좀 더 간단한 박수치기(258쪽 참고)를 참고하길 바란다.

♥ 놀이 방법 1. 계단 박수

1. 계단 박수는 주의집중력을 좀 더 필요로 하는 놀이다.
2. 박수 숫자를 하나씩 계단처럼 높였다가 다시 하나씩 내린다.
3. "계단 박수 3층 시작!"이라고 외치면서 먼저 "짝(1), 짝짝(2), 짝짝짝(3), 짝짝(2), 짝(1)!" 하고 소리와 동작을 함께 보여준다.
4. 계단 박수 4층은 "짝(1), 짝짝(2), 짝짝짝(3), 짝짝짝짝(4), 짝짝짝(3), 짝짝(2), 짝(1)!", 5층은 "짝(1), 짝짝(2), 짝짝짝(3), 짝짝짝짝(4), 짝짝짝짝짝(5), 짝짝짝짝(4), 짝짝짝(3), 짝짝(2), 짝(1)!"이다.
5. 계단 박수에 점차 익숙해지면 한 계단씩 높여가면 된다.
6. 좀 더 응용하고 싶으면 한 사람이 4~5개의 숫자(예를 들어 "2, 1, 4, 5, 3", "4, 6, 2, 7, 5")를 불러주고 나머지 사람은 그대로 박수를 치는 놀이로 진행해도 좋다. 아이가 잘하면 큰 숫자로 난이도를 높인다. 이때 서로 손뼉의 수를 다르게 세어서 갈등이 생길 수 있으므로 숫자를 부르고 손뼉을 치는 과정을 녹음해서 다시 확인해보는 것도 좋은 방법이다.

♥ 놀이 방법 2. 444 박수

1. 주먹 박수, 손가락 박수, 손바닥 박수, 손목 박수를 4번씩 반복하는 박수로 일명 '건강 박수'라고도 한다.
2. 주먹 쥔 두 손을 살짝 마주치는 주먹 박수 4번,
3. 두 손의 손가락끼리 마주치는 손가락 박수 4번,
4. 두 손을 힘껏 펼쳐서 손바닥만 마주치는 손바닥 박수 4번,

5. 그리고 두 손목을 마주치는 손목 박수 4번을 연속으로 친다.
6. "주먹 박수 시작! 하나·둘·셋·넷, 손가락 박수 시작! 하나·둘·셋·넷, 손바닥 박수 시작! 하나·둘·셋·넷, 손목 박수 시작! 하나·둘·셋·넷"을 함께 외치며 흥겹게 놀아보자.
7. 조금 능숙해지면 구호는 점차 마음속으로만 외치게 한다.
8. 아이가 헷갈려 하면 각 박수들 사이에 보통 박수를 4번씩 넣어서 호흡을 고르며 진행해도 좋다.

♥ 주의집중 놀이 대화법

천천히 하면 다 잘할 수 있어. 입으로 말하면서 하면 더 잘할 수 있지.

엄마가 치는 박수를 잘 보고, 귀로도 박수 소리를 잘 들었어.

집중을 정말 잘했어.

박수 치는 놀이, 너무 재미있지?

네가 한번 새로운 박수를 개발해볼래?

♥ 놀이 TIP

1. 유아라면 청각·운동 협응 감각을 키울 수 있도록 입으로 "짝짝짝" 소리를 내는 것도 좋다.
2. 박수 놀이에 익숙해지면 수를 세며 박수를 친다.
3. 혼자 손뼉을 치는 놀이에서 두 사람이 마주 보고 함께 손뼉을 맞대는 놀이, 가족이 둘러앉아 양손으로 옆 사람과 손뼉을 치는 놀이로도 응용하면 더 재미있다. 〈퐁당퐁당〉 노래를 부르면서 함께

놀아보기를 바란다.

4. 다양한 박수 놀이로 주의력 향상은 물론이고 함께 호흡을 맞추고 협동하는 힘도 커지게 된다.

주의집중 신체 놀이 활동 ⑤ 몸으로 말해요

신체를 이용해 제시어의 특정한 의미를 표현하는 놀이는 그 대상의 특징과 생김새 등에 대해 주의 깊게 생각하도록 해주고, 상대가 이해할 수 있는 방법으로 표현하기 위해 고민하게 한다. 게다가 몸도 아주 많이 움직이게 되므로 기분이 밝아지고, 함께하는 놀이이므로 사회성도 키워주며, 제시어에 집중하는 주의력의 발달에 큰 도움이 된다.

놀이 방법

1. 간단하게 몸으로 표현하는 숫자, 동물 등을 알아맞히는 놀이로 시작한다.
2. 여기에 조금 익숙해지면 다양한 퀴즈를 내고 그 답을 몸으로 말하게 한다. 예를 들어 "사람에게 꼭 필요한 것은?", "아빠가 제일 좋아하는 것은?", "식물에게 꼭 필요한 3가지는?" 등등.
3. 이번에는 역할을 바꾸어 아이가 퀴즈를 내게 한다.
4. 속담을 몸으로 표현하는 놀이도 진행할 수 있다. 이때 속담이 적힌 카드들을 준비해서 그 의미를 먼저 설명해준다.

5. 예를 들어 "하나를 알아야 열을 안다", "눈 가리고 아웅", "낫 놓고 기역 자도 모른다", "간이 콩알만 하다", "금강산도 식후경", "까마귀 날자 배 떨어진다", "바늘 도둑이 소도둑 된다", "하늘이 무너져도 솟아날 구멍이 있다", "소 잃고 외양간 고친다", "자라 보고 놀란 가슴 솥뚜껑 보고 놀란다" 등등. 그중에서 서로 한 가지를 골라 몸으로 표현하고 알아맞히는 놀이를 한다.
6. 놀이 과정을 동영상으로 찍어서 다시 돌려보면 더 재미있다.

주의집중 놀이 대화법

몸으로 표현하는 동물 알아맞히기 게임이야.

엄마가 먼저 표현해볼게. (코끼리, 타조 등을 아이가 알아맞히기 쉬운 동작으로 표현하면서) 이건 뭘까? 동물은 너무 쉽게 맞히네.

이제 네가 한번 표현해봐. 정말 재미있는 표현이다. 네 아이디어가 기발하네.

그렇다면 이번에는 (지우개, 연필, 공책 등을 표현하면서) 물건 알아맞히기!

조금만 더 생각해봐. 비슷해, 잘하고 있어. 물건도 잘 맞히네.

이번에는 (축구, 야구, 스키, 음악 듣기, 운전하기, 편지 쓰기 등을 표현하면서) 어떤 활동이나 운동이야.

놀이 TIP

1. 제시어로 동물, 운동, 음식, 탈것 등 다 괜찮지만, 아이가 좋아하는 주제로 놀이를 시작하는 것이 낫다.
2. 제시어들을 미리 카드로 만들어둔 뒤 자기 차례에 카드를 골라서

표현하는 방법도 좋다.

3. 카드를 만들 때도 물론 아이가 주도하는 것이 바람직한데 글자를 모른다면 제시어를 그림으로 그린다.
4. 속담을 표현하고 알아맞히는 것이 가능하다면 10가지 정도의 속담을 미리 골라서 즐거운 표현 놀이를 통해 어떤 동작으로 표현하면 좋을지 함께 연구한 후에 이 놀이를 하는 것이 바람직하다.
5. 속담을 고를 때는 몸으로 표현하기 좋은 속담을 아이와 함께 검색하자. 이때 속담을 정확히 표현하도록 도와주자.

주의집중 신체 놀이 활동 ⑥ 인간 윷놀이

사람이 윷놀이의 '윷' 역할을 한다. 4명이 있어야 가능하지만, 사람이 부족하다면 부족한 수는 실제 윷으로 대체한다. 윷가락을 굴리는 사람이 구호를 외치면 인간 윷들은 눕거나 엎드려서 윷가락을 표현한다. 그야말로 누웠다가 일어났다가 엎드렸다가를 반복하면서 상대편에 좀 더 불리한 결과를 내기 위해 집중하게 된다. 인간 윷끼리는 미리 의논할 수 없으므로 서로 눈빛 텔레파시를 보내면서 사회성도 크게 향상된다.

♥ 놀이 방법

1. 각자 개인전으로 하거나 2명씩 두 팀으로 나누어도 좋다.
2. 윷판과 말을 준비하고, 참가자 모두가 윷 역할을 한다. 아이가 굴

리면 아이를 포함해 엄마, 아빠 모두가 윷이 되는 것이다.

③ "굴러!", "던져!", "누워!", "엎드려!"처럼 윷을 굴리는 구호는 각자 정해도 좋다.

④ '모'가 되기를 바라는 마음에 엎드렸지만 다른 사람들이 누우면 '도'나 '개'가 나올 수 있다.

⑤ '백도'를 추가하고 싶으면 한 사람을 정해서 까만 테이프로 배에 '×' 표시를 한다.

♥ 주의집중 놀이 대화법

구호를 외치면 동시에 눕거나 엎드려야 해.

옆으로 애매하게 누우면 안 돼.

자기가 원하는 대로 하지 않았다고 상대방을 비난하기 없기.

아빠가 외칠 차례야. 준비, 하나, 둘, 셋, 모두 엎드려!

아, 안 속는구나. 엎드리라고 했는데도 누웠네.

놀이에 집중을 잘하는구나.

모두 함께 인간 윷이 되니까 더 재미있지?

♥ 놀이 TIP

① 자신이 원하는 결과를 얻기 위해 서로 부탁하거나 설득하는 기회를 주어도 좋다.

② 이기는 결과에 연연하기보다 몸을 움직여 규칙을 지키며 놀이에 집중하는 것이 더 중요하다. 유쾌하고 즐거운 분위기를 유지하자.

3. 한판이 끝나고 나면 꼭 서로의 소감을 나눈다. 재미있었던 점, 아쉬웠던 점, 다음에 다르게 놀이하고 싶은 점 등을 물으면 아이가 가족과 함께하는 신체 놀이에 더욱 흥미가 커지고 디지털 미디어의 유혹에서 쉽게 벗어날 수 있다.

주의집중 신체 놀이 활동 ⑦ 특별한 비밀 악수 만들기

영화에서 주인공들이 만나서 둘만의 '아주 특별한 악수'를 하는 모습을 보면 무척 부럽다. 아이와 함께 둘만의 특별한 비밀 악수를 만들어보자. 악수 방식을 정하는 과정, 그것을 기억하고 실행하는 과정에서 아이는 엄마, 아빠와 더 안정적인 애착을 형성하게 되고, 주의집중력의 향상에도 큰 도움이 된다.

놀이 방법

1. 아이에게 우리 둘만의 비밀 악수를 만들자고 말한다.
2. 각각의 손동작에 이름을 붙인다. 예를 들어 '손바닥 악수→따!', '손등 악수→쿵!', '주먹 악수→덩!', '하이파이브→짝!', '주먹 탑 쌓기→탑!' 등등.
3. 먼저 '따쿵덩!' 3가지로 익숙해질 때까지 연습한다.
4. 이 3가지에 익숙해지면 한 가지를 추가해서 '따쿵덩짝!'으로 연습한다.

5. 이 정도로 능숙해지면 아이는 흥미를 느낀다. 이제 아이가 주도적으로 악수 방식을 만들게 한다.
6. 유치원(학교)에 가기 전에 하는 악수, 유치원(학교)에 다녀왔을 때 하는 악수, 잠자기 전에 하는 악수, 심심할 때 하는 악수 등 상황에 따라 다양한 악수를 만들어본다.

♥ 주의집중 놀이 대화법

뭐든 세 번만 해보면 잘할 수 있어.

시작해볼까? 따쿵덩! 따쿵덩! 따쿵덩!

이번에는 따쿵덩짝! 따쿵덩짝! 따쿵덩짝!

손동작이 어려운데도 집중해서 잘하는구나.

이제 네가 악수 신호를 만들어볼래?

와~ 악수 신호를 정말 재미있게 잘 만드는구나!

거봐, 마음먹으면 뭐든 할 수 있어.

♥ 놀이 TIP

1. 아이가 어리면 악수 신호는 '덩따' 혹은 '쿵따' 등 2가지만 가지고 시작하다가 하나씩 늘려가면 더 재미있다.
2. 아이가 만든 악수 방식이 조금 어설퍼도 무조건 지지해준다. "정말 재미있는 생각이다. 엄마도 그런 생각은 미처 못 했는데 대단하다." 이런 칭찬은 아이가 주의를 더 집중해 깊이 생각하고 더 많은 방법을 창의적으로 만들어낼 수 있도록 도와준다.

③ 주먹 악수를 할 때는 힘을 조절해야 함을 알려준다. 너무 세게 치면 상대가 아플 수 있음을 알려주자.

④ 새로운 악수를 만들 때 신호를 말로 하고, 그 말을 글자로 쓰고, 쓴 대로 실행하고, 다시 고쳐가는 방식으로 진행해보자. 이런 활동은 아이가 체계적으로 문제를 해결하는 방법, 새로운 것을 만들어내는 탐구 방법까지 익힐 수 있게 해준다.

6장

주의력, 방법만 알면 누구나 키울 수 있다

01

주의력과 작업기억력은 환상의 짝꿍

●● '거꾸로 말하기'가 어려운 이유

7살 채영이와 '단어 거꾸로 말하기' 게임을 한다.

상담사 자, 문제를 낼게. 선생님이 말하는 단어를 거꾸로 말하는 거야. '김채영'이라고 말하면 채영이는 '영, 채, 김'이라고 말하는 거지.

채영 네.

상담사 이제 시작한다. 장미.

채영 음…… 미, 장.

상담사 이번에는 하늘.

채영 늘, 하?

상담사 맞았어. 잘했어! 이번에는 세 글자를 말해볼게. 무지개.

채영 음, 무지개요? 무지개? 음…… 개, 무, 지?

채영이는 두 글자는 쉽게 거꾸로 말하는데, 세 글자로 늘어나면 어떨 때는 성공하고 어떨 때는 실패한다. 이번에는 숫자를 불러주고 '바로 따라 말하기'와 '거꾸로 말하기'를 해본다.

상담사 선생님이 부르는 숫자를 순서대로 똑같이 말해보자. 3, 9, 1.

채영 3, 9, 1.

상담사 이번에는 거꾸로 말해볼까?

채영 음, (고개를 갸우뚱하고 눈을 굴리며 천천히) 1, 3, 9?

순서대로 따라 말하기에는 문제가 없지만, 거꾸로 말하기가 아이에게는 쉽지 않다. 어려운 이유가 있다. 단지 선생님이 불러준 숫자를 기억만 해서 되는 것이 아니기 때문이다. 숫자들을 잘 듣고, 그 숫자들을 기억하고, 그 순서를 거꾸로 배열하여, 그것들을 다시 기억하며 말하기까지 해야 한다. 즉 정답을 찾기 위해서는 머릿속에서 여러 조작을 거쳐야 하는데 이때 필요한 것이 바로 '작업기억working memory'이다.

아기가 계속 방문 뒤로 숨으면서 엄마가 거기 있음을 기억하고 "까꿍" 하며 엄마가 나타나기를 기다리는 것, 짝꿍이 묻는 말을 기억해서 적절한 대답을 하는 것, 선생님이 불러주는 단어를 기억하며 받아쓰는 것, 칠판에 쓰인 문장 하나를 한 번 보고 기억해서 공책에 적는 것처럼 일상에서는 수많은 반응 행동을 하기 위해 작업기억을 써야 한다. 채영이에게 부족한 능력이 바로 작업기억력인 것이다.

이번에는 채영이와 '방 꾸미기 놀이'를 해봤다. 흰 종이에 간단한 집 평면도를 그려놓고 종이 카드로 만든 가구를 이용해 꾸미는 놀이다. 선생님이 가구 목록을 불러주면 채영이가 기억해서 해당 가구 카드를 찾아오고, 그다음에 선생님의 주문대로 방을 꾸민다. 이때도 채영이는 가져오라는 개수가 3~4개쯤 되면 종종 1~2개를 빠뜨리거나 다른 가구를 가져온다. 또 "○○에 ○○과 ○○을 놓아주세요"라고 요청하면 자주 그 지시 내용을 따르지 못하고 "어디요? 이거요? 저거요?"라고 다시 묻는다.

채영이는 평소에 "앗, 까먹었다. 기억이 잘 안 나요"라고 입버릇처럼 말하는데, 실제로 일상생활을 할 때나 공부할 때도 기억하는 데 어려움을 자주 겪었다.

●● 작업기억력이 부족하면 생기는 문제들

일상생활을 할 때

- 물건을 둔 곳을 못 찾는다.
- "이따가 할게요"라고 말해놓고 잊어버린다.
- 숙제나 다른 할 일을 자주 깜빡한다.
- 뭔가를 하다가 다른 것들에 쉽게 정신이 팔린다.
- 조금 전에 했던 일을 잘 기억하지 못한다.

공부할 때

- 들은 단어나 숫자를 잊어버린다.
- 암산을 잘하지 못한다.
- 책을 읽을 때 앞 내용을 자주 잊어버린다.
- 수업 시간에 배운 내용을 잘 잊어버린다.
- 원리를 적용하여 문제를 푸는 것을 어려워한다.

이런 현상이 자주 나타날 때 전문가들은 작업기억에 문제가 있는 것으로 보인다고 말한다. 작업기억은 '어떤 작업을 처리하는 과정에서 자신에게 필요한 정보를 단기적으로 기억하며 이해하고 조작하는 과정'을 말한다. 즉 지금 필요한 문제를 해결하기 위해 적극적으로 집중하여 사용하는 기억을 말하는 것이다.

작업기억을 좀 더 이해하기 위해 기억의 종류에 대해 먼저 알아보자. 기억은 대표적으로 기억하는 시간의 정도에 따라 '단기기억short-term memory'과 '장기기억long-term memory'으로 나누어진다. 단기기억이란 방금 읽은 책 제목, 오늘 처음 만난 친구 이름, 조금 전에 들은 노래 제목, 방금 한 엄마의 말이나 선생님의 지시처럼 아주 짧은 시간 동안만 잠깐 기억하고 금방 잊어버리는 기억을 말한다.

그에 반해 장기기억이란 어릴 적 경험한 사건, 오래 기억하는 지식이나 정보처럼 긴 시간이 지나도 잊히지 않고 저장되어 있는 기억이다. 어떤 문제를 해결하거나 반응을 해야 할 때 우리는 장기기억에서 필요한 기억 정보를 꺼내어 사용하게 된다.

그렇다면 주어진 과제를 처리하기 위해 자신에게 필요한 정보를 '단기적으로 기억하며 이해하고 조작하는' 작업기억 역시 단기적 기억이라는 점에서 단기기억의 범주로 생각할 수 있을까? 둘 다 정보를 몇 초간 우리 의식 속에 유지한다는 공통점이 있으나, 엄밀히 따지면 다른 점을 발견할 수 있다.

단기기억은 방금 보거나 들은 정보를 '가공 없이 있는 그대로' 기억하는 것이고, 작업기억에는 문제 풀이 과정에서 장기기억과 단기기억의 조각들을 연결해서 조작하고 적용하는, 이름 그대로 작업하는 과정이 필요하다. 즉 자신에게 필요한 선택적 기억 정보들을 일시적으로 유지하면서 문제를 해결해주는 기억이어서 '뇌 속의 포스트잇'이라는 별명도 가지고 있다. 한마디로 작업기억에서는 장단기 기억처럼 기억을 유지하는 '기간'이 중요한 것이 아니라 정보와 기억을 선택적으로 처리하는 '과정'이 중요하다.

그렇다면 문제 '43×5=□'의 암산 과정을 통해 작업기억이 어떻게 작동되는지 한번 살펴보자. 우선 이 문제를 듣고 기억해 적는다면 이는 단기기억을 사용한 것이다. 하지만 단기기억만으로는 이 문제를 풀 수 없다. 이 문제를 암산하기 위해서는 몇 가지 작업 과정이 머릿속에서 복합적으로 이루어진다.

'43×5=□'을 암산할 때 머릿속에서 이루어지는 과정

1. 43×5를 떠올린다. 이를 계속 기억하면서,
2. 3×5=15를 계산해서 5는 일의 자리에 기억하고, 10은 십의 자리

에 올려서 기억한다.

3. 십의 자리에서 4×5=20을 계산하고, 200으로 기억한다.
4. 200과 올려둔 10을 더해서 210을 기억한다.
5. 마지막으로 210과 5를 더해서 215라는 최종 답을 만든다.

암산에 작업기억이 사용되는 과정은 이렇다. 먼저 계산해야 할 식을 기억하면서 자신이 이미 외우고 있는 구구단 기억을 꺼내야 한다. 또 일의 자리에서 곱셈하면서 일의 자리에 남겨야 할 값과 십의 자리로 넘길 값을 구별해서 잊지 말고 기억해야 한다. 여기서 구구단은 장기기억에서 가져오고, 계산한 값을 자릿수에 맞춰서 따로 기억하는 일은 단기기억으로 진행된다. 이 같은 여러 단계의 조작 과정이 머릿속에서 이루어져야 주어진 암산 과제를 해결할 수 있게 되는 것이다. 이렇게 기억한 정보들을 활용하여 이해하고, 판단하고, 계획하고, 수행하도록 작업하는 것이 작업기억이다.

정리해보자. 어떤 문제를 해결해야 할 때 우리는 그 문제의 해결에 필요한 정보를 장기기억에서 꺼내 온다. 물론 장기기억에 있는 정보만 가지고 문제가 다 해결되는 것은 아니고, 단기적으로 기억해야 할 정보도 있다. 이렇게 문제를 해결하는 동안 자신에게 필요한 기억들을 머릿속에 붙잡고서 조작하고 작업하여 해답을 찾아내는 일이 작업기억이 하는 일이다. 이제 채영이가 거꾸로 말하기를 어려워하는 모습에 왜 작업기억력이 부족하다고 얘기하는지 쉽게 이해할 수 있을 것이다.

●● 우리 아이의 작업기억력, 잘 발달하고 있을까?

아이의 작업기억력이 잘 발달하고 있는지 연령별 작업기억 정도를 알아보자. 선생님이 8살 아이에게 뭔가를 지시한다.

"종이는 책상 위에 두고, 색연필을 왼쪽에 있는 통에 넣고, 노란색 의자에 앉으세요."

이때 작업기억 용량이 3개인 아이라면 '종이는 책상 위에 두기', '색연필은 왼쪽 통에 넣기', '노란색 의자에 앉기'라는 3가지 정보를 모두 작업기억에 담을 수 있을 것이다. 그러나 아이의 작업기억 용량이 1~2개밖에 안 된다면 아이는 3가지 중에서 일부 정보는 기억하지만, 어떤 정보는 중간에 잊어버리거나, 정확하게 기억을 못 하고 다르게 기억하여 엉뚱하게 행동할 가능성이 매우 크다. 그리고 이렇게 날아가버린 기억 정보들은 장기기억으로 저장되지 못하고 소실되어 다시 불러올 방법이 없다. 결국 선생님에게 다시 물어보고 지시를 들어야 한다. 작업기억력이 약한 아이들이 자주 겪는 대표적 어려움이다.

당연히 성장 시기별로 작업기억의 용량에는 차이가 있다. 작업기억력이 발휘될 수 있는 작업대의 크기에 차이가 난다는 뜻이다. 교육신경과학 전문가인 데이비드 A. 수자David A. Sousa 박사는 저서 『뇌는 정보를 어떻게 처리하는가How the Brain Processes Information』(2022)에서 연령에 따른 작업기억의 일반적 용량을 다음과 같이 제시하고 있다.

연령	작업기억에 동시에 유지되는 정보 덩어리의 수
유아기 (취학 전 아동)	약 2개 정도
학령기 (청소년기 이전)	3개 또는 그 이상
청소년기 이상	5개 또는 그 이상

여기서 작업기억에서 기억하는 정보의 수를 단순히 정보 한 가지, 두 가지가 아니라 '정보 덩어리chunk(청크)'로 이해하는 것이 중요하다. 예를 들어 아이가 인체 구조를 배운다면 입, 식도, 위, 창자, 간, 쓸개, 기관지, 폐, 혈관, 심장, 콩팥, 방광 등 외워야 할 가짓수가 너무 많다. 이럴 때 소화기관, 호흡기관, 배설기관, 순환기관 등과 같이 정보들의 덩어리, 즉 청크로 구분할 수 있다. 쉽게 기억할 수 있는 청크는 장기기억으로 전환하고, 다시 새로운 정보 덩어리를 작업기억에서 작업하면 훨씬 여유로운 작업기억 공간을 얻게 된다.

수자 박사에 따르면, 미취학 아동은 작업기억에 동시에 유지할 수 있는 청크의 수가 2개를 초과하지 못한다. 7세부터 청소년기 이전의 12~13세까지는 3개 또는 그 이상의 청크가, 인지능력이 급격하게 확장되는 청소년기부터는 5개 또는 그 이상의 청크가 작업기억에 동시에 유지될 수 있다.

"식탁에 가서 식탁 위에 있는 파란 노트를 가져다가 안방 책꽂이 두 번째 칸에 놓아줄래?"라고 초등 1학년 아이에게 주문한다면 어떻게 될까? 아마도 아이는 식탁에 가서 파란 노트를 들고는 "엄마, 어디에다

뇌?"라고 다시 물을 수 있다. 작업기억을 쓰는 훈련이 아직 안 되어 있는 이 시기의 많은 아이는 '식탁, 파란 노트, 책꽂이, 두 번째 칸' 등 4가지 이상의 정보를 단기기억으로 붙잡고 있는 것이 쉽지 않다.

그러니 저학년 수업 시간에 너무 많은 내용을 너무 빠르게 전달하면 아이들이 지닌 작업기억 용량의 한계로 수업을 잘 따라가지 못하는 아이가 생겨나는 것이다. 그렇다고 너무 걱정하지 않아도 된다. 이 과정에 익숙해지면 자연스럽게 정보들을 덩어리로 이해하는 상위 범주의 개념이 형성된다. 즉 '정리하기'라는 개념이 만들어진다면 식탁 위의 노트는 당연히 책꽂이에 꽂아서 정리해야 하므로 정신 에너지를 별로 쓰지 않고도 기억하는 것이 가능하며, 두 번째 칸만 기억하면 되니까 어려움이 없어지는 것이다.

물론 주어진 과제가 얼마나 흥미로운지, 심리적 문제 등 어떤 기억 방해 요인을 가지고 있는지에 따라 아이마다 작업기억의 개인차가 있을 수 있다. 그러나 최근의 연구 경향은 작업기억 용량이 제한되어 있으며, 이 제한은 연령에 따라, 그리고 작업기억으로 다뤄야 할 정보들이 어떤 것인지에 따라 차이가 난다는 데 동의한다.

그런데 여기서 중요한 점은 작업기억에서 단기기억 정보는 주의를 기울이는 동안만 유지된다는 것이다. 잠시만 주의를 딴 데로 돌려도 이 정보들은 기억에서 사라진다. 그러니 아이가 자신에게 필요한 정보들에 주의를 계속 기울이도록 하기 위해서는 그 수가 매 순간 3~4개를 넘지 않게 해서 작업기억 과정에 과부하가 걸리지 않도록 해야 한다.

우리 아이의 작업기억력은 잘 발달하고 있는가? 작업기억은 문제 해결을 위해 장기기억과 단기기억을 적절하게 활용하는 '기억 활용 과정'이므로 그 과정의 곳곳에서 다양한 종류의 주의집중력이 유기적으로 작동해야 한다. 결국 의식적으로 주의를 기울여 선택한 정보만이 기억으로 진입할 수 있다는 것이다. 그러니 얼마나 기억을 많이 할 수 있는가는 결국 주의를 얼마나 강하게 집중하느냐에 달려 있다. 뭔가를 기억에 저장할 때도 주의집중력은 필수 조건으로 작용한다.

●● 작업기억력을 위한 5가지 장기기억 전략

작업기억의 제한적 용량 때문에 작업기억 작업대에서는 너무 많은 정보를 담고서 작업할 수 없다. 그래서 연구자들은 정보들을 자꾸 장기기억으로 옮겨서 작업기억 작업대의 용량을 확보해야만 작업기억력이 효과적으로 원활하게 작동할 수 있다고 강조한다. 장기기억 보존 창고에 지식과 기술을 넣어두면 필요할 때마다 다시 꺼내어 쓸 수 있으므로 굳이 작업기억 작업대에 붙잡아둘 이유가 없기 때문이다. 그렇다면 단기기억 정보들을 장기기억으로 만들려면 어떻게 해야 할까?

다양한 상황에서 외워야 할 것들을 잊지 않고 기억에 잘 담아놓을 수 있는 비법들이 있다. 시각적 이미지로 만들거나, 신체의 움직임과 결합하거나, 연관이 있는 것끼리 연결하여 짝짓는 방법 등이 그것이다. 지금부터는 효과적으로 오래 기억하게 해주는 5가지 기억 전략을 알아보자. 여기서 소개하는 기억법들은 일상에서 친숙한 소재를 사용하여 연령과 큰 상관 없이 유아나 초등학생도 쉽게 연습할 수 있을 뿐만 아니라, 좀 더 확장하고 세분화하여 중고등학생의 교과 학습에서도 유용하게 활용할 수 있다.

장기기억 전략 ❶ 재미있는 그림이나 이야기로 만들어 기억하기

암기할 목록들을 그림 또는 짧은 이야기로 만들면 더 쉽게 기억할 수 있다. '드레스, 숟가락, 테이블, 접시, 물컵'이라는 5가지 기억 과제가 있다. 이 목록으로 이야기를 만들고, 그림으로도 그려보자.

예쁜 드레스를 입은 숟가락 공주가 테이블에 놓인 접시 위에서 물컵을 들고 춤을 추다가 물을 다 쏟아버렸다.

이렇게 자신이 이야기로 만든, 혹은 그림으로 그린 장면을 한두 번만 반복해 말하기만 해도 쉽게 기억할 수 있다. 순서를 기억해야 하는 과제라면 기억을 정확히 재생해낸 다음에 바로 거꾸로 말하기 과제로 확장해보자. 신기하게도 따로 외우지 않았음에도 정확하게 거꾸로 기억이 재생되는 경험을 하게 된다. '접시 위의 춤'처럼 이야기가 엉뚱하고 맥락이 맞지 않을수록 더욱 잘 기억되니 재미있게 활용하기를 바란다.

장기기억 전략 ❷ 배우처럼 몸동작으로 표현하기

자신이 배우라고 상상하면서 암기할 목록들을 재미있는 몸동작과 실감 나게 결합하면 더 잘 암기하고 기억해낼 수 있다. '원숭이, 기타, 보온

병, 치약, 침낭'이라는 5가지 물건을 기억해야 한다고 가정하자.

1. 자신을 '원숭이'라고 상상하면서 원숭이의 동작을 흉내 낸다.
2. '기타'를 잡고 딩가딩가 연주하는 동작을 한다.
3. '보온병'의 달콤한 코코아를 따라서 호호 불며 마시는 동작을 한다.
4. 달콤한 것을 먹었으니 '치약'을 묻혀서 치카치카 이를 닦는 동작을 한다.
5. 이제 이까지 닦았으니 따뜻한 '침낭' 속에 들어가서 잠드는 동작을 한다.

몸의 기억은 무척 강렬하다. 두세 번 정도 말하면서 이런 동작을 하기만 해도 쉽게 기억할 수 있다.

장기기억 전략 ❸ 다양한 소리와 연결해서 암기하기

소리와 연결해 기억할 때 주로 쓰이는 3가지 방법이 있다. 이미 많이 애용되는 방법이지만, 의외로 아이들과 함께 자주 시도하지는 않는다.

1. 꾸밈말과 짝을 지어 암기하기 : 도둑맞은 도라지, 우걱우걱 먹는 우동
2. 앞 글자를 따서 암기하기 : 무지개 색깔→빨주노초파남보, 조선시대의 왕 이름→태정태세문단세

❸ 소리와 의미를 연결하기 : 2424→이사이사, 0909→공부공부, 8282→빨리빨리

장기기억 전략 ❹ 짝지어 기억하기

암기할 목록들을 살피고 짝을 지어서 기억하면 외우기가 훨씬 쉬워진다. '책, 고양이, 거울, 냉장고, 지갑, 볼펜, 사과, 바이올린'이라는 8가지 물건을 외워야 하는 상황이다. 하나씩 기억하려면 깜지를 쓰며 단순하고 무식하게 외워야 할지도 모른다. 그런 고생을 하지 말고 이제 둘씩 짝을 지어보자. 비슷한 종류나 연관성을 고려하면 쉽다. '책—볼펜, 고양이—거울, 냉장고—사과, 지갑—바이올린'으로 짝을 지었다. 그런데 다른 짝들은 다 연관성이 보이는데 지갑과 바이올린은 왠지 어색하다. 이럴 때는 '바이올린 모양의 지갑'으로 응용하면 된다.

장기기억 전략 ❺ 장소와 연결해서 기억하기

가령 외워야 할 물건들이 있을 때 자기 집 등을 떠올리며 그 각각의 물건을 곳곳의 장소에 두는 기억법이다. 여행 가는 장면을 상상하며 필요한 물건 10가지를 제시하겠다. '밧줄, 카메라, 샌드위치, 자동차, 지도, 전화기, 여행책, 구급상자, 담요, 동물 잠옷.' 그 모든 것을 기억하는데 이 방법이 얼마나 유용한지 초등 3학년 지원이와의 대화를 통해 살펴보자. 이전에 '장소기억법'을 몇 번 연습했기 때문에 지원이의 말투에 사뭇 자신감이 묻어 있다.

상담사 지원아, 오늘은 어디로 암기 여행을 떠날까? 지난주에는 지원이 학교로 갔지?

지원 오늘은 우리 집으로 가요.

상담사 좋아, 집! 이제 슬슬 암기 여행을 해볼까요? 먼저 너희 집을 떠올려볼래?

지원 (지난주에 한번 경험해본 터라 알아서 시작한다) 대문 앞에서 벨을 누르고, 엄마가 열어주면 들어가요. 아빠가 사준 나무 그네가 있어요. 그네를 한번 타고, 그다음에 현관으로 들어가서 신발주머니를 걸고, 거실로 들어가요. 앗! 신발장을 빼먹었다. 신발장이 있고, 옆에 아빠 구두칼. 이제 화장실에 가서 손을 닦아야 해요. 그리고 내 방에 가방을 가져다 놓고.

상담사 네 방에는 어떤 소중한 게 있지?

지원 책상 위에 지난주에 산 인스(인쇄 스티커). 정말정말 가지고 싶었던 거예요.

상담사 자, 이제는 여행에 필요한 물건들을 지원이 집에 하나하나 잘 놓아볼까?

지원 다 정했어요. 그네에 '밧줄'을 놓을래요. 그네 줄이 낡아서 끊어지면 그 밧줄로 묶어야겠어요. 그리고 현관에 들어가서 아빠 구두칼과 함께 구급상자를 놓을 거예요. (왜 구급상자를 거기에?) 음, 구두칼이 칼처럼 생겨서요. 화장실에는 전화기를, 아빠는 맨날 전화기를 가지고 화장실에 들어가니까. (이렇게 지원이는 집 안 곳곳에 선생님이 제시한 물건들을 척척 놓았다) 이제 끝났어요!

상담사 어때? 어디에 어떤 물건들이 있는지 기억나?

지원 당연하죠. 그건 너무 쉽죠!

'장소 기억법' 혹은 '장소법'으로도 불리는 이 전략은 오래 기억할 내용을 자신에게 매우 익숙한 장소와 결합해 암기하는 것이다. 그런 장소는 이미 장기기억에 단단하게 저장되어 있으므로, 장소와 암기 목록을 짝꿍처럼 잘 붙여놓고 나중에 그 장소를 불러오면 암기 목록도 쉽게 같이 딸려 나오는 원리다. 실제로 아이들과 같이 시도해보면 확실히 효과가 있다. 이 전략은 보통 세 단계를 거친다.

1. 1단계 : 먼저 자기 집이나 학교 등 매우 익숙한 장소를 고른다.
2. 2단계 : 암기해야 할 정보들을 그 장소의 곳곳과 연결한다.
3. 3단계 : 그 정보를 불러와야 할 때 해당 장소를 떠올리면 함께 저장해놓은 정보가 같이 기억난다.

장소 기억법을 응용하여 기억해야 할 과제들을 자기 몸과 연결하는 방법도 있다. 기억해야 할 게 물건들이라면 자기 몸에 입고 머리에 쓰거나, 등에 붙어 있다거나, 콧구멍이나 발바닥을 간지럽히는 상상으로도 가능하다. 한 가지 방법을 알면 다른 방법으로 얼마든지 응용하는 능력도 발달하게 될 것이다.

●● 아이의 작업기억력을 키워주는 7가지 놀이 활동

지금까지 작업기억 용량을 확보하기 위해 정보들을 장기기억에 저장해놓는 유용한 전략들을 살펴봤다. 이번에는 작업기억력 자체를 훈련시키는 7가지 놀이 활동을 소개하려 한다. 즐겁게 자주 하다 보면 아이의 작업기억력이 조금씩 더 강력한 힘을 발휘한다는 것을 발견할 수 있을 것이다. 여기에 소개하는 놀이 활동들을 참고하여 더 재미있게 응용해보기를 바란다.

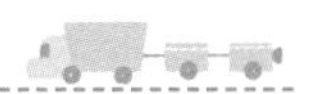

작업기억 놀이 활동 ❶ 같은 그림 찾기(기억력 게임)

뒤집어놓은 카드들 중에서 그림이 같은 카드 2장을 찾아내는 놀이다. 나이 제한 없이 다양한 연령의 아이들과 즐길 수 있다. '미스터 오도독'을 비롯해 이 같은 메모리 게임은 특히 정신 에너지를 집중해야 하는 놀이라, 그 대상에 관심이 없는 경우 처음에는 아이가 주의력을 발휘하기 어려울 수 있다. 다행히 동물, 과일, 자동차, 공룡 등 다양한 주제의 메모리 게임들이 시중에 나와 있고, 평소에 도둑 이야기나 추리 이야기를 좋아하는 아이라면 '엉덩이 탐정' 메모리 게임도 쉽게 구할 수 있다.

아이가 좋아하는 주제에서 시작하면 주의력이 점차 발전하여 관심 없는 주제에도 조금씩 주의를 집중할 수 있게 된다. 여기서는 집에서 직접 만든 카드들로 메모리 게임을 즐기는 방법을 소개한다. 간단한 재료만 있어도 아이와 함께 뚝딱 만들어 놀 수 있다.

놀이 방법

1. 도화지나 A4 용지 2장을 16등분으로 나누어 32장의 카드를 만든다.
2. 카드에 도형, 동물, 사물의 그림을 그리거나, 숫자 혹은 단어를 쓴다. 이때 똑같은 카드를 2장씩 만든다.
3. 완성된 32장의 카드를 잘 섞어서 뒷면이 보이도록 4×4 대열로 바닥에 엎어놓고 나머지는 더미로 쌓아둔다.
4. 순서대로 한 사람이 2장씩 카드를 뒤집는다. 같은 카드 2장이 나오면 가져오고, 그렇지 않으면 다시 원래 자리에 뒤집어놓는다.
5. 같은 카드를 맞추어 그 자리가 비면 카드 더미의 다른 카드로 채운다.
6. 같은 카드를 더 많이 찾는 사람이 승리한다.

주의집중 놀이 대화법

카드를 열 때마다 그림이나 이야기처럼 기억해볼까?

고양이 그림 위에 꽃이 있네. 고양이 머리에 꽃이?

강아지 아래에는 밥그릇이 있네? 강아지가 밥그릇 안에 빠질 것 같아.

독수리는 오른쪽 꼭대기에서 먹이를 찾나 봐.

아까 생각한 장면을 천천히 떠올려볼까?

재미있게 엉뚱한 이야기를 만들면 절대 안 잊어버린단다.

카드를 2장 열 때는 네가 모르는 카드를 먼저, 네가 잘 기억하는 카드를 나중에 열어보는 게 더 좋아. 그래야 같은 카드를 찾을 확률이 높아지니까.

놀이 TIP

1. 아이의 연령과 특성을 고려하여 전체 카드의 수를 조절하는 것이 좋다.
2. 그림뿐만 아니라 숫자, 단어 등으로 다양한 종류의 카드를 제작할 수 있다.
3. 처음에는 아이가 이것저것 아무 카드나 뒤집을 것이다. 그럴 때는 위와 같이 아이가 카드 위치를 잘 기억할 수 있는 이야기를 만들어 힌트를 주자. 그러면 아이도 스스로 효과적인 기억 전략을 찾아낼 수 있다.

작업기억 놀이 활동 ❷ 숫자와 낱말, 거꾸로 쿵쿵따

앞 사람이 낱말이나 숫자를 불러주면 다음 사람이 그 낱말을 거꾸로 말하는 놀이다. 거꾸로 말하기 위해 아이는 일단 들은 것을 머릿속에 떠올리고 그다음에 뒤집어 생각해서 말해야 하므로 작업기억력을 쓰게 된다. 아이의 작업기억 용량에 제한이 있음을 참고하여 유아의 경우 2글자, 초등 아이의 경우 3글자 이상 거꾸로 말하기로 진행하는 것도 고려하자.

♥ 놀이 방법

1. 벌칙으로 사용할 스티커를 미리 준비한다.
2. 다 함께 '쿵쿵따리 쿵쿵따' 추임새를 제창하는 것을 시작으로 놀이를 시작하는 사람이 3글자로 된 단어를 먼저 외친다.
3. 다음 사람은 앞 사람이 말한 단어를 거꾸로 말한 다음에 다시 자신이 새로운 3글자 단어를 말한다.
4. 그다음 사람도 같은 방식으로 진행한다.
5. 단어들 사이에는 다 함께 '쿵쿵따'를 넣는다.
6. 단어를 거꾸로 말하지 못하거나 박자를 놓치면 얼굴에 스티커를 하나 붙인다.

♥ 주의집중 놀이 대화법

실전 놀이에서 잘하기 위해 우리 연습을 좀 해볼까?

먼저 네 눈앞에 마법의 칠판이 있다고 상상해봐.

엄마가 말한 것을 너만 보이는 마법의 칠판에 한 글자씩 써보는 거야.

그다음에 거꾸로 한 글자씩 읽으면 돼.

눈을 위로 뜨고 고개를 갸웃하는 모습을 보니 마법의 칠판을 읽고 있구나.

잘 모르는 단어는 거꾸로 말하는 게 원래 더 어려워.

이제 진짜로 놀이를 시작해볼까?

(다 함께 쿵쿵따리 쿵쿵따) 고양이!→(다 함께 쿵쿵따) 이양고! (다 함께 쿵쿵따) 강아지!→(다 함께 쿵쿵따) 지아강! (다 함께 쿵쿵따) 소나무!→(다 함께 쿵쿵따) 무나소! (다 함께 쿵쿵따) 독수리!→(다 함께 쿵쿵따) 리수독!…….

놀이 TIP

1. 작업기억력을 사용하여 머릿속에서 단어를 거꾸로 뒤집는 데 아직 미숙하다면 익숙한 2글자 단어부터 시작해 점차 늘려간다.
2. '쿵쿵따' 추임새는 이 놀이를 신나게 해주는 효과도 있지만, 단어를 거꾸로 뒤집는 데 필요한 시간을 조금 벌어주는 역할도 한다.
3. 다만 외부 자극에 영향을 많이 받아서 쉽게 주의력이 분산되는 아이라면 추임새도 방해될 수 있다. 그럴 때는 추임새 없이 놀이를 진행하다가 나중에 이와 같은 방식으로 전환하는 것이 좋다.

작업기억 놀이 활동 ❸ 거꾸로 부르는 노래

어릴 적 부모들이 즐겨 불렀던 "끼토산 야끼토 를디어 냐느가"를 기억하는가? 노래 〈산토끼〉를 장난스레 거꾸로 부르곤 했는데, 이렇게 거꾸로 부르는 노래가 작업기억력을 발달시키는 아주 훌륭한 놀이였다. 아이와도 이 놀이를 즐겨보자. 단순히 단어를 거꾸로 말하는 것에서 나아가 문장을 거꾸로 말해야 하는 활동이므로 아이에게는 쉽지 않을 것이다. 아이가 흥미를 느낀다면 유아와도 가능하고, 어려워한다면 초등 이상인 아이와 함께하는 것을 추천한다.

놀이 방법

1. 평소에 낱말이나 숫자를 가지고 거꾸로 말하기를 즐겨 한다.

② 조금 익숙해지면 간단한 노래를 거꾸로 부르는 연습을 한다.

③ 처음에는 2글자가 많이 들어 있는, 우리에게 아주 익숙한 "학교 종이 땡땡땡~"으로 시작하는 〈학교 종〉 정도가 좋다.

④ 한 가지 노래를 거꾸로 잘 부르면 다음 노래에 도전하자.

♥ 주의집중 놀이 대화법

'거꾸로 쿵쿵따' 놀이를 기억하지? '단어 거꾸로 말하기' 놀이 말이야.

이번에는 노래를 전부 거꾸로 부르는 거야. 어때? 어려울 것 같아?

에이, 걱정하지 마. 아주 재미있는 방법을 가르쳐줄게.

"학교, 종이, 땡땡땡~" 이걸 거꾸로 하면? "교학, 이종, 땡땡땡~"

그렇지, 천천히 처음부터 한 단어씩 거꾸로 불러볼까?

그래도 노래를 거꾸로 부르기가 어려우면 거꾸로 말하기부터 먼저 연습해보자. 잘 들어봐.

둥둥? 너무 쉽지? 조금 어렵게, 둥댕? 이번에는 동둥댕? 그래도 잘했어.

단어를 작게 소리 내어 계속 말하면 그동안에는 잊지 않을 수 있어.

소리 내어 말하면서 맨 끝의 글자부터 하나씩 차근차근 말해보자.

♥ 놀이 TIP

① 아이가 익숙하게 외우고 있는 노래를 선택해야 한다. 즉 장기기억에 저장되어 있는 정보여야 한다는 것이다.

② 아이가 잘 모르는 노래라면 아직 제대로 암기하지 못한 가사부터 작업기억 작업대에 올려서 글자를 뒤집는 조작까지 가해야 하고,

그와 동시에 노래의 음과 박자도 맞춰 불러야 하므로 작업기억력의 과부하로 정보 처리 과정이 원활하게 이루어지지 못한다.

3. 아이가 좋아하는 다른 동요들로도 시도해보자.

작업기억 놀이 활동 ❹ 숫자 암산 놀이

먼저 0부터 시작해 숫자들을 계속 더해보자. '5 더하기' 다음에는 '2(혹은 3) 더하기'로 난이도를 높여가는 것이 적당하다. 반대로 어떤 숫자부터 시작해서 차례대로 특정 수를 빼고 또 빼는 활동으로 진행하면 머릿속으로 숫자를 계산하는 능력이 매우 좋아진다. 덧셈·뺄셈이 가능한 연령의 아이와 함께할 수 있으며, 아이가 머릿속에 숫자를 떠올려 덧셈이나 뺄셈을 해야 하기 때문에 작업기억력이 필요하다.

놀이 방법

1. 0부터 10까지, 혹은 50까지, 100까지의 숫자 범위를 아이의 수준에 맞게 활용해보자.
2. 작업기억력을 써야 하므로 손가락셈을 하거나 종이에 써서 계산하는 것을 허용하지 않는다. 암산으로만 해야 한다. 따라서 암산이 가능한 시기에 시작하는 것이 좋다.
3. 다음은 49에서 시작하여 3씩 뺄셈을 한 예시다. 놀이 전에 이런 표를 만들어 수의 규칙성을 눈으로 확인하고 시작하는 것도 좋다.

49에서 3씩 빼기	날짜 : 년 월 일									
49−3=46 46−3=43 43−3=40 40−3=37 …		(49)	48	47	(46)	45	44	(43)	42	41
	(40)	39	38	(37)	36	35	(34)	33	32	(31)
	30	29	(28)	27	26	(25)	24	23	(22)	21
	20	(19)	18	17	(16)	15	14	(13)	12	11
	(10)	9	8	(7)	6	5	(4)	3	2	(1)
	틀린 개수 :				소요 시간 :					

4 타이머로 시간을 재면서 진행해보자. 약간의 긴장감을 주기도 하고, 이 놀이를 할 때마다 날짜와 기록을 남기면 아이의 실력 변화를 한눈에 확인할 수 있다.

주의집중 놀이 대화법

지금부터 제일 큰 숫자인 49부터 시작해서 계속 3씩 뺀 숫자에 동그라미를 치는 거야. 와! 빠짐없이 꼼꼼하게 잘 표시하는구나.

자, 이제 네가 표시한 숫자판을 보지 않고 암산해서 말로 하는 거야.

49 다음에 '48, 47'은 마음속으로만 생각하고 46이라 말하는 거지.

머릿속으로 숫자를 세면서 고개를 끄덕이면 신도 나고, 잊지 않고 잘 말할 수 있어.

자, 우리 같이 시작해볼까?

놀이 TIP

1 위 예시처럼 표를 만들어 놀아보자. 아이가 수행할 때 이 표를 체

크표로 사용하면 아이가 어느 지점에서 계산값에 오류를 범하는지, 어느 정도 틀리는지 등을 쉽게 알 수 있다.

2. 아이의 수준에 따라 수를 다양하게 활용하면 수학 감각과 수학 실력도 쑥쑥 향상된다.

작업기억 놀이 활동 ⑤ 낱말을 듣고 규칙에 따라 말하기

아이에게 몇 가지 단어를 불러주고, 그 낱말들을 잘 듣고 기억해서 특정한 기준을 제시하면 그 기준에 적합하게 재배열해 말하는 놀이다. 아이마다 개인적 특성에 따라 차이가 있겠지만, 보통 초등 저학년부터 함께할 수 있는 활동이다.

놀이 방법

1. 단어 3개(예를 들어 택시, 트럭, 자전거)를 천천히 불러주고, 특정한 기준에 따라서 그 세 단어를 순서대로 배열하라고 말한다.
2. 아이가 그 단어들을 잊어버리면 한 번 더 말해준다.
3. 아이가 막무가내로 외우려 하면 암기법(앞글자 기억법—택, 트, 자 등)을 알려주는 것이 좋다.
4. 아이가 어려워하면 시범을 보여준다.
5. 한 문제를 통과하면 다시 다른 문제를 제시한다.
6. 다음과 같이 재미있는 문제는 얼마든지 만들 수 있다.

차가운 것부터 뜨거운 것	무거운 것부터 가벼운 것
얼음, 주스, 핫초코 사막, 용암, 우박 가을, 겨울, 여름 빙수, 갈비탕, 김치	헬리콥터, 의자, 풍선 코끼리, 돼지, 토끼 수박, 참외, 산딸기 축구공, 테니스공, 탁구공
성공한 개수 :	성공한 개수 :

7 아이가 문제를 내는 역할을 하면 더 재미있고, 작업기억을 활성화하는 데 많은 도움이 된다.

주의집중 놀이 대화법

지금부터 3가지 단어를 불러줄 거야. 귀 기울여 잘 들어야 해.

그리고 네가 들은 단어들 중에서 제일 큰 것부터 차례대로 말하는 거야.

택시, 트럭, 자전거! 자, 큰 것부터 순서대로 말해볼까?

이번에는 새로운 단어 3개를 한 번만 말할 거야. 가벼운 것부터 말하기!

코끼리, 토끼, 돼지. 정답은?

기억하기도 어려운데 정확하게 순서까지 맞혔네.

(순서를 잘못 기억했을 때) 왜 그런 순서가 되는지 말해줄래?

아, 그렇게 생각했구나. 그럴 수도 있겠네.

놀이 TIP

1 작업기억력이 부족한 아이는 부모가 불러주는 단어들을 불러준 순서 그대로 기억하여 말하는 연습부터 충분히 한다.

② 그렇게 단어 암기에 익숙해지면 머릿속에서 작업기억력을 이용해 정해진 기준에 따라 새롭게 재배열할 수 있도록 차근차근 진행한다.

③ 어휘 지식이 부족해서 단어들의 뜻을 부정확하게 알고 있는 경우도 있다. 아이의 반응을 관찰하면서 모르는 어휘에 대해 친절하게 설명해주자.

작업기억 놀이 활동 ❻ 날 따라 해봐요, 이렇게!

누구나 잘 아는 '시장에 가면' 게임처럼 누적해서 기억하는 활동이다. 다만 단어를 따라 하는 것이 아니라 앞 사람의 행동을 따라 한다. 우스꽝스러운 행동을 한 앞 사람의 동작을 순서대로 잘 기억하면서 따라 하다 보면 유쾌하게 작업기억 훈련을 할 수 있다.

♥ 놀이 방법

① "날 따라 해봐요, 이렇게" 하고 노래를 부르기 시작한다. 자기 차례가 오면 어떤 특정한 동작을 천천히 보여준다.

② 그다음 사람은 앞 사람의 동작을 잘 관찰하며 기억했다가 자기 순서에 앞 사람과 똑같이 행동하고, 거기에 자신도 새로운 동작을 하나 더한다.

③ 다음 사람도 같은 방식으로 진행한다.

4 동작을 틀리거나 빼먹고 하는 사람은 이긴 사람의 소원 한 가지 들어주기 등 서로에게 도움이 되거나 모두 함께 웃을 수 있는 재미있는 벌칙을 받는다.

주의집중 놀이 대화법

몸동작도, 그 순서도 둘 다 유심히 봐야 해.

옆 사람이 어떤 동작을 할 때 그 동작을 작게 따라 하면 잘 기억할 수 있어.

날 따라 해봐요, 이렇게! (손을 머리 위로)

날 따라 해봐요, 이렇게! (손을 머리 위로, 엉덩이는 뒤뚱뒤뚱)

날 따라 해봐요, 이렇게! (손을 머리 위로, 엉덩이는 뒤뚱뒤뚱, 오른손으로 반짝반짝)

먼저 순서대로 말부터 해볼까? 이제 동작도 하면서!

(박자에 맞춰) 손, 머리. 엉덩이, 뒤뚱뒤뚱. 오른손, 반짝반짝.

한 번 더! 이제 기억할 수 있겠지? 노래와 동작 함께 시작!

놀이 TIP

1 처음에는 단순한 동작부터 시작하여 아이가 익숙해지면 복잡한 동작을 시도한다.

2 아이가 정확하게 관찰하지 못하면 동작 속도를 느리게 해서 성공할 수 있게 도와준다.

3 눈으로 보고 막상 따라 하려면 동작의 순서나 손발 등의 위치가 정확하게 기억나지 않을 수 있다는 점을 미리 알려주는 것도 좋다. 제대로 기억하기 위해서는 꼼꼼히 잘 보는 것이 필요하다는

걸 인식하도록 도와준다.

4 노래 장단에 맞춰 동작을 해야 하기 때문에 신체 활동에도 주의를 집중해야 한다. 운동 협응 능력과 작업기억력이 동시에 작동해야 하는 놀이다.

작업기억 놀이 활동 7 사라진 구슬을 찾아라

원래 있었던 구슬들의 색깔을 잘 기억했다가 어떤 색깔의 구슬이 없어졌는지 찾아내는 활동으로, 작업기억을 동원해야 한다. 예쁘고 화려한 구슬을 좋아하는 아이라면 더욱 적극적으로 놀이에 참여해서 즐겁게 작업기억 훈련을 할 수 있다.

놀이 방법

1. 예쁜 색구슬 5~10개를 아이가 볼 수 있도록 줄지어 놓는다.
2. 아이에게 10초를 셀 동안 색구슬들의 위치를 잘 기억하라고 말한다.
3. 시간이 되면 아이에게 눈을 감으라고 말하고 색구슬 1개를 감춘다.
4. 아이가 어떤 색깔의 구슬이 사라졌는지 찾아보도록 한다.
5. 색구슬들의 순서를 섞어두고 좀 전에 기억한 대로 차례대로 줄지어보게 해도 좋다.

주의집중 놀이 대화법

엄마는 구슬의 색깔 순서를 잊지 않기 위해 큰 소리로 세 번 말해야지!

빨파노초보, 빨파노초보, 빨파노초보…….

순서를 잘 기억할 수 있도록 재미있는 이야기로도 만들어볼까?

'빨강'이랑 '파랑'이는 No!('노') '초보'예요!

와, 참 재미있는 이야기를 만들어냈구나.

놀이 TIP

1. 아이는 건성으로 보고서 다 외웠다고 큰소리치다가 막상 기억하지 못하기도 한다. 그럴 때는 역할을 바꿔서 아이가 문제를 내고 부모가 효과적으로 기억하는 방법을 시범하는 것이 좋다.
2. 부모가 "구슬의 색깔 순서를 잊지 않기 위해 큰 소리로 말해야지!"라고 얘기하면 다음번에는 아이도 부모를 따라 하게 된다.
3. 꼭 색구슬이 아니어도 좋다. 색구슬이 없다면 색종이를 1센티미터 넓이로 돌돌 만 후에 스카치테이프로 붙여 사용해도 괜찮다. 이외에 연필, 블록, 인형 등 다양한 물건도 활용해보기를 바란다.
4. 원래 배열에서 더 추가된 구슬을 찾아내기, 색구슬의 배열 순서를 알아맞히기, 뚜껑 있는 그릇들에 색구슬을 하나씩 넣고 기억하도록 한 후 뚜껑을 닫고 각 그릇에 들어 있는 구슬 색깔을 알아맞히기 등등 순서 및 위치를 기억해야 하는 다양한 활동으로 변형하여 작업기억을 훈련할 수 있다.

02

아이의 주의력은 어떻게 발달하는가

●● 쉽고 친숙한 과제 vs. 어렵고 낯선 과제

주의력의 발달은 어떻게 이루어지는 것일까? 세상에 태어난 아기는 시각, 청각, 촉각, 후각, 미각의 감각기관을 통해 수많은 정보를 획득한다. 이를 잘 알기에 부모는 적극적으로 아이의 오감 발달을 위해 다양한 활동과 경험을 제공하려 애쓴다. 그런데 이렇게 감각 통로를 거쳐서 획득되는 정보들은 의식적으로 처리된 정보가 아니다. 밖에서 어떤 소리가 들리면 그 소리를 듣는 것, 눈앞에 어떤 물체가 나타나면 그 물체를 보는 것처럼 그야말로 보고, 듣고, 만지고, 냄새를 맡고, 맛을 보는 것은 '감각sensation'의 과정일 뿐이다.

'지각perception'은 바로 그다음 단계다. 지각은 말 그대로 감각기관으로 들어온 정보를 인식하고 알아차리는 것을 말한다(여기서 실제 감각과 지각은 연속적인 프로세스로 이루어지기 때문에 우리의 정보 처리 과정에서 어디까지가 감각이고, 또 어디부터가 지각인지 그 경계를 딱 잘라서 구분하는 것은 어렵다). 예를 들어 어떤 소리를 듣는 것이 감각이라면 지각은 그 소리를 듣고 사람 목소리인지, 음악 소리인지 아는 것이다. 더 나아가 이를 토대로 사물의 이치와 원리를 분별하는 것이다. 하나의 물체를 제대로 지각하게 되기까지는 감각을 통한 정보, 즉 자기 귀에 들려오는 소리를 듣고서 그 소리를 이미 알고 있던 엄마 목소리와 연결하는, 즉 아이가 이미 알고 있는 또 다른 정보와 연결할 뿐만 아니라 불필요한 정보와는 구분하는 능력도 발달해야 한다.

부모는 아이의 뇌가 발달하면서 복잡한 인지 과정이 원활하게 이루어지도록 서서히 도와줘야 한다. 아이가 다양한 감각을 인식하고, 그 정보들을 바탕으로 사물의 원리를 깨닫고 지각할 수 있도록 수많은 경험과 이야기를 제공하며 이끌어줘야 한다. 그런 부모의 노력으로 아이는 감각과 지각을 통해 경험하고 알아차린 것들을 차곡차곡 쌓으면서 발달해간다.

하지만 아이는 자랄수록 점점 더 복잡한 인지적 과제를 수행해야 하는 상황에 들어선다. 듣고 말하는 기본 능력 위에 사물을 보며 숫자도 세어야 하고, 기호와 글자를 인식하고 소리와 연결하여 읽을 줄도 알아야 한다. 더 나아가 인쇄된 종이 위의 글을 읽고서 그 내용을 머릿속으로 생각하고 이해하고 판단하여 정답을 찾아낼 줄 알아야 한다. 이제 아이는 무수한 정보 속에서 자신이 수행해야 하는 특정 과제에 정신에너지를 집중할 수 있어야 하는 것이다.

그런데 자신이 좋아하는 것에 집중하는 건 따로 가르치지 않아도 점점 잘하게 되어 있다. 중요한 점은 그것만으로는 부족하다는 사실이다. 관심 없고 어려운 과제도 잘 수행하기 위해서는 자신을 유혹하는 다른 정보와 자극들을 무시하고 차단할 줄 알아야 하며, 과제에 대한 주의를 지속하여 끝까지 집중해 완수해내는 주의집중력의 발달이 반드시 필요하다. 이런 능력이 어떤 과정을 거쳐서 발달하는지, 어떻게 촉진할 수 있는지 알아야겠다.

주의를 기울이기에 쉽고 친숙한 과제도 있고, 어렵고 낯선 과제도 있다. 어떤 과제인지에 따라 주의를 기울여야 하는 정도가 달라진다. 그런데 쉽고 친숙한 과제도 처음부터 그렇게 수월했던 것은 아니라는 점이 중요하다. 아이에게는 어떤 것도 처음부터 쉽게 잘되지 않는다. 무슨 과제든 알게 모르게 수없이 반복하다가 점점 익숙해지면서 자동화되는 과정을 거쳐서 과제의 처리가 수월해지는 것이다. 그리고 주의의 범위가 점차 넓어지고 주의를 조절하는 능력도 발전하면서 주의를 더욱 오래 기울일 수 있게 되고, 그런 과정에서 아이의 주의력과 함께 통합적 인지 발달이 이루어진 덕분이기도 하다.

●● 주의력은 저절로 발달하는 게 아닌가요?

미국 심리학자 퍼트리샤 브룩스Patricia Brooks와 동료들의 실험을 살펴보자. 아이들에게 목표 카드 2개를 제시했다. 하나는 강아지 그림의 카드, 또 하나는 비행기 그림의 카드였다. 그리고 강아지와 비행기가 그려진 카드를 각각 여러 장 주고, 처음에는 목표 카드와 같은 카드끼리 분류하게 했다. 즉 강아지 카드에는 강아지 카드들을, 비행기 카드에는 비행기 카드들을 모으게 한 것이다. 그다음에는 분류 방법을 바꾸어 목표 카드에 다른 카드들을 분류하게 했다. 즉 강아지 카드에는 비행기 카드들을, 비행기 카드에는 강아지 카드들을 모으게 한 것이다. 두 번째 과제도 그다지 어려운 과제가 아니어서 3세 아이들은 77퍼센트가, 4세 아이들은 97퍼센트가 정확하게 수행할 수 있었다.

그런데 여기에 색깔이라는 요소를 하나 더 추가하면 상황은 달라진다. 다음 실험은 초록색 양말, 노란색 양말, 초록색 컵, 노란색 컵이 그려진 카드를 각각 5장씩 주고, 앞 실험과 같이 '같은' 과제, '다른' 과제를 제시하는 실험을 했다. '모양'의 차원에 '색깔'의 차원을 보태어 좀 더 어려운 과제가 된 것이다.

이 실험에서는 '같은' 과제의 경우에는 목표 카드가 '컵'이면 컵이 그려진 카드를, 목표 카드가 '양말'이면 양말이 그려진 카드를 놓으면 된다. '다른' 과제에서는 반대로 목표 카드가 '컵'이면 양말이 그려진 카드를, 목표 카드가 '양말'이면 컵이 그려진 카드를 놓는 것이다. 아이에게 주어진 과제는 모양에 따라 분류하는 것이기 때문에 목표 카드에 칠해진 색깔은 무시해야 한다. 예를 들어 '초록색 양말'이 목표 카드라도 '같은' 과제에서는 색깔과 관계없이 모든 양말 카드를 두면 되고, '다른' 과제에서는 역시 색깔과 관계없이 모든 컵 카드를 두면 되는 것이다.

흥미롭게도 이 실험에서 3세 아이들은 색깔을 무시하지 못하고, '같은' 과제에서는 목표 카드와 같은 색깔을 놓거나, '다른' 과제에서는 목표 카드와 다른 색깔을 놓는 경우가 많았다. 반면에 4세 아이들은 대부분 '같은' 과제는 물론 '다른' 과제도 수행할 수 있었다. 결국 더 어린 3세 아이들에게는 과제 수행을 방해하는 자극인 색깔을 무시하는 능력이 아직 발달하지 못했음을 알 수 있다.

3세에는 제대로 수행하기 어렵고 4세가 되면서 충분히 수행하게 되는 이 같은 결과에서 우리는 주의력에도 중요한 발달적 변화가 일어난다는 것을 짐작할 수 있다. 여기서 한 가지 궁금증이 생겨나지 않을 수 없다. 그렇다면 주의집중력은 자연발생적으로 발전하는 게 아닐까? 따로 주의집중력을 키우는 훈련을 굳이 할 필요가 없는 건 아닐까?

사실 아이들은 일상의 다양한 경험 속에서 자연스럽게 주의집중력을 발전시키기도 한다. 하지만 위 실험에서 살펴봤듯이, 3세인데도 이미 색깔을 무시하는 주의력을 발달시키는 아이도 있고, 4세인데도 아직 주의력이 덜 발달해 색깔을 무시하지 못하는 아이도 있다. 아이들의 주의력 수준이 모두 같지는 않기 때문이다. 굳이 실험이 아니라도 주변 아이들을 살펴보면 쉽게 알 수 있는 일이다.

이미 유아기부터 퍼즐 맞추기나 미로 찾기처럼 주의력이 필요한 놀이를 시작했을 때 주의를 기울이고 집중하는 아이와 그러지 못하는 아이는 확연히 차이가 나기 시작한다. 그리고 학년이 올라갈수록, 특히 고학년이 되면서부터 주의집중력이 좋은 아이와 그렇지 않은 아이는 일상 행동과 공부에서 무척 다른 모습을 보인다.

주의집중력은 나이가 든다고 모든 아이에게 저절로 키워지는 것이 아님을 알 수 있다. 중고등학생이 되어도 주의집중력이 좋은 아이들의 발달력을 탐색해보면 대개는 주의력을 높여준 다양한 경험과 활동 및 인지적 노력들이 있었다.

그러니 연령에 적합한 놀이 활동을 통해 차근차근 아이의 주의집중력을 탄탄하게 키워줘야 한다. 더구나 초등 시기부터 학업 성취는 주의집중력에 좌우되는 경우가 대부분이다. 또한 아이의 모든 성장 과정에서 친구와 함께하는 즐거움, 더 잘하고자 하는 동기부여, 주변의 칭찬과 관심을 받고 싶은 인정 욕구 등을 바탕으로 스스로 자기 성취를 하기 위해서는 강력한 주의집중력이 점점 더 필요해진다.

이제 2장에서 설명한 5가지 주의력을 키우는 놀이 활동을 소개하려 한다. 각 주의력에 초점을 맞추어 다양한 놀이 활동을 추천하지만, 해당 주의력에만 효과가 있는 것은 아니고 다른 주의력과도 서로 유기적으로 연결되어 있으므로 전반적 주의력 향상에 도움이 된다는 사실을 기억하길 바란다.

5가지 주의력이 꼭 순서를 가지고 발달하는 것도 아니다. 이 또한 통합적으로 발달하게 되지만, 주의력에 대한 이해와 효율적 활용을 위해 유아기, 초등 저학년, 초등 고학년으로 구분하여 설명하려 한다. 각 주의력을 발달 시기별로 좀 더 중요하게 주목해서 살펴봐야 한다는 정도로 받아들여주길 바란다.

03

4~7세를 위한 초점주의력 키우기

●● 초등 생활을 위한 첫 번째 준비, 초점주의력 연습

초점주의력(65쪽 참고)은 집과 유치원, 학교에서 부모와 선생님이 꼭 수행해야 하는 행동을 지시했을 때 아이가 그 내용에 초점을 두고 주의를 기울여 실행할 수 있게 해준다. 이 능력이 제대로 발달하지 않으면 서랍에서 양말을 찾아야 하는데 작년 겨울에 선물로 받은 장갑을 꺼내놓을 수도 있고, 수학 문제를 풀어야 하는데 삽화에 낙서를 시작할 수도 있다. 이처럼 아이의 생활은 여러 난관에 부딪히게 되는데, 그뿐만 아니라 초등 공부를 준비하기 위해서도 초점주의력을 키우는 과정은 매우 중요하다.

이제 초점주의력을 키워주는 놀이 활동들을 살펴보자. 이런 놀이 활동을 자주 활용하면 아이는 중요한 순간에 자신이 초점을 두어야 할 것이 무엇인지 잘 판단하고 주의를 기울이는 능력을 키울 수 있다.

더 자세히 소개하겠지만, 부모가 어린 시절에 즐겁게 했던 '무궁화 꽃이 피었습니다' 같은 놀이가 아이의 주의집중력을 얼마나 발달시켜주는지 잘 모른다. 지시를 잘 듣고 그에 맞게 수행하는 활동들이 모두 아이의 주의집중력을 키우는 훈련 과정이 될 수 있음을 기억하자.

주의력 조절이 잘되지 않는 아이는 지시를 따라 하기도, 자기 행동을 멈추기도 어려운 경우가 무척 많다. 이 연습이 잘되지 않으면 밥 먹기, 이 닦기, 준비물 챙기기 등의 행동에 초점을 두고 실행하기가 어려워진다. 초점주의력 놀이들을 해보면 아이의 초점주의력이 어느 수준인지 쉽게 판단된다. 멈춰야 할 때 멈추고, 집중해야 할 때 집중하고, 행동해야 할 때 행동할 줄 아는 아이로 키워야 한다.

●● 일상생활을 개선해주는 3가지 초점주의력 놀이 활동

초점주의력 놀이 활동 ❶ 박수를 몇 번 쳤을까?

박수 치기는 서로의 호흡과 장단에 맞추기 위해 집중해야 할 뿐만 아니라 온몸의 감각을 키울 수 있는 놀이다. 추억의 박수 놀이를 다시 소환해서 아이와 함께 손뼉을 치며 즐겁게 놀아보자.

놀이 방법

1. 아이가 어리다면 부모가 박수를 치고, 몇 번 쳤는지 아이가 세어 보는 놀이로 시작한다.
2. 이때도 단순히 박수만 '짝, 짝, 짝' 치기보다 리듬을 넣어서 '짝짝, 짝짝짝' 치는 동안 입으로 노래하듯 말하며 퀴즈를 내는 것이 더 흥미를 끈다.
3. 아이가 잘 맞히지 못하면 같은 박수를 속도만 천천히 해서 아이를 도와준다.

주의집중 놀이 대화법

엄마가 박수를 몇 번 치는지 잘 보고 들어야 해. 자, 시작!

"짝짝, 짝짝짝" 몇 번일까요?

아, 아깝다. 네 번이 아니었어. 다시 한번 잘 세어보세요.

(조금 전보다 천천히 박수를 쳐서 아이가 맞힐 수 있게 한다)

"하나, 둘, 하나, 둘, 셋." 모두 몇 번일까요?

그래, 다섯 번! 집중을 잘하네. 조금 더 어려운 박수에 도전해볼까요?

"짝짝짝, 짝짝짝" 이건 몇 번일까요?

놀이 TIP

1. 박수 치는 횟수를 서로 헷갈릴 수 있다. 의외로 아이는 정확했는데 부모가 틀리는 경우도 많다. 그런 경우를 대비해 스마트폰으로 촬영하면서 놀이를 진행해도 좋다. 서로 의견이 갈릴 때 영상으로

확인해보는 과정 역시 즐겁다.

2 '337 박수(짝짝짝, 짝짝짝, 짝짝짝짝짝짝짝)'나 '찌개 박수(지글지글 짝짝, 보글보글 짝짝)' 등 다양한 박수 놀이로 응용하면 더 재미있게 주의력을 키울 수 있다.

초점주의력 놀이 활동 ❷ 숨쉬기 놀이와 침묵 놀이

호흡은 산만한 행동을 중단하고 다시 주의를 집중할 수 있게 해주는 매우 강력한 방법이다. 호흡수를 세거나 짧은 시간 동안 침묵하는 활동으로, 아이가 자기 숨쉬기에 주의를 집중하는 동안 초점주의력뿐만 아니라 몸과 마음을 조절하는 힘도 키울 수 있다.

놀이 방법

1. 아이에게 자신의 '들숨과 날숨'을 한 번으로 해서 1분 동안 몇 번이나 숨을 쉬는지 세는 놀이라고 설명한다.
2. 마주 보고서 두 손을 잡고 함께하면 아이가 집중을 더 잘한다.
3. 타이머로 1분을 설정한다.
4. 아이의 들숨과 날숨이 한 번씩 끝날 때마다 "하나, 둘, 셋……"으로 소리 내어 센다.
5. 1분이 끝나면 모두 몇 번 호흡했는지 기록한다.
6. 1분 동안 잘 집중하면 2분, 3분으로 조금씩 시간을 늘려도 좋다.

7. 호흡 세기 놀이를 할 때마다 날짜와 호흡 횟수를 기록하면 자기 몸과 마음의 상태에 따라 호흡수가 달라지는 것을 살펴볼 수 있어서 아이가 마음을 가다듬고 주의를 조절하는 데 도움이 된다.

♥ 주의집중 놀이 대화법

지금부터 아주 특별한 놀이를 할 거야. 바로 숨쉬기 놀이!

1분 동안 네가 숨을 몇 번 쉬는지 알아?

이 놀이는 아무나 잘 못해. 집중을 잘하는 아이들만 할 수 있어.

너도 한번 해볼래?

엄마랑 같이 손을 잡고 타이머가 울릴 때까지 숨을 쉬는 거야.

숨을 들이쉬고 내쉬고, 이게 한 번의 호흡이야.

이제 숨을 몇 번 쉬는지 숫자를 같이 세어보자.

숨을 천천히 들이쉬면서 공기가 코로 들어가서 가슴까지 내려가는 과정을 상상해봐.

숨을 천천히 내쉬면서 마음속에 있던 걱정과 고민까지 모두 내보내는 상상을 해봐.

숨을 들이쉬고 내쉬고, 하나. 숨을 들이쉬고 내쉬고, 둘.

♥ 놀이 TIP

1. 가만히 앉아서 숨을 쉬는 것도 놀이라고 느낄 수 있도록 '조용하고 특별한 놀이'임을 강조한다.
2. 아이가 숫자를 틀리게 세어도 지적하지 말고, 함께 소리를 내어

세어주는 것이 좋다. 수 감각은 지적당하면서 나아지는 게 아니라 무수히 반복하면서 발달하므로 아이가 틀려도 걱정하지 말기를 바란다.

3. 아이가 너무 흥분하거나 산만할 때는 타이머를 설정해두고 '1분 침묵 놀이'로 응용하자. 1분이 얼마나 긴 시간인지도 깨닫게 되고, 침묵과 호흡을 통해 차분히 마음을 진정시켜 주의집중력의 향상에 큰 도움이 된다.
4. 무엇보다 아이가 의외로 즐겁게 참여한다.

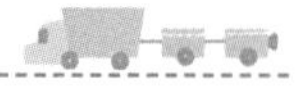

초점주의력 놀이 활동 ❸ 무궁화 꽃이 피었습니다

누구나 잘 아는 이 놀이를 하려면 술래의 말소리에 주의의 초점을 기울여 집중하면서 자기 몸의 움직임까지 조절해야 하므로 더없이 훌륭한 주의집중 놀이가 되어준다. 가족이나 친구와 함께 바깥에서 이 놀이를 하면 너무 재미가 있다. 바깥 놀이가 어려울 때는 다음과 같이 실내 놀이로 응용해보자.

♥ 놀이 방법

1. 술래가 기댈 나무를 대신할 물체(의자 다리, 커다란 곰 인형 등)를 정한다.
2. 각자 자신의 아바타 인형을 하나씩 정해서 손에 쥔다.

③ 가위바위보로 술래를 정한다.

④ 술래는 자기 인형을 손에 쥐고 뒤돌아서 눈을 감고 "무궁화 꽃이 피었습니다"를 외친다.

⑤ 그동안 다른 인형들이 한 걸음씩 다가가면 된다.

⑥ 인형을 옮길 때 아이가 한 번에 크게 움직일 수 있으므로 5~10센티미터마다 색테이프로 인형 걸음을 표시해놓고, 인형 걸음으로 한 걸음씩 걷게 하는 것이 좋다.

⑦ 도망갈 때도 꼭 한 번에 한 칸씩 인형 걸음을 지키도록 설명해준다.

♥ 주의집중 놀이 대화법

"무궁화 꽃이 피었습니다"를 외치는 동안만 움직일 수 있어.

술래는 그 구호 속도를 느리게 할 수도 있고, 아주 빠르게 할 수도 있어.

집중해서 듣고 움직여야 해.

한 번에 한 칸씩, 들키지 않게 움직여주세요.

너는 조심조심 잘하는구나.

아, 엄마가 들켰어. 아웃이야. 나 좀 구해주세요.

♥ 놀이 TIP

① 잡힌 사람이 여러 명일 경우 모두를 풀어주지 않고 뒤에서 한두 명만 풀어줄 수도 있다. 이때 풀려나지 못한 아이가 자신을 풀어주지 않은 친구를 원망하기도 한다.

② 그럴 때는 "친구가 너까지 풀어주지 않아서 서운했나 보다", "네가 모두를 풀어주지 않은 건 술래한테 잡힐까 봐 겁이 나서야? 다음에는 어떻게 하고 싶어?"라고 서로의 마음을 얘기할 기회를 만들어주는 것이 바람직하다.

●● 공부력을 쌓아주는 4가지 초점주의력 놀이 활동

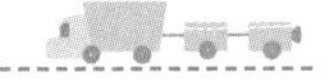

초점주의력 놀이 활동 ❹ 숫자 혹은 글자 카드 따라 움직이기

초등 공부를 준비하기 위한 주의력 활동에서는 인지 교육의 내용을 놀이 속에 자연스럽게 녹여내는 것이 중요하다. 절대 공부라는 느낌 없이 그저 재미있게 놀았다고 느껴야 언어 감각과 수 감각이 발달하고, 이와 동시에 성공적인 주의집중 놀이가 된다는 사실을 기억하자.

♥ 놀이 방법

① 각 색종이에 0~10 사이의 숫자를 크게 써서 카드를 만든다.
② 시리얼 포장 상자에 색종이를 붙여 자르면 단단한 종이 카드가 완성된다.
③ 그렇게 만든 종이 카드를 바닥에 적당히 흩어놓는다.
④ 부모가 숫자를 불러주면 아이는 한 걸음만 움직여 그 숫자 카드

로 옮겨 간다.

5. "3·4·6(산토끼) 7·2·9(토끼야)……" 하고 〈산토끼〉 노래에 맞추어 숫자를 불러주는 등 적당한 운율을 붙이면 훨씬 재미있게 놀 수 있다.

주의집중 놀이 대화법

천천히 한 번만 불러줄 거야.

숫자를 잘 듣고 기억해서 움직여야 해.

한 번에 한 걸음씩만 움직일 수 있어. 두세 걸음 걷기 없기!

숫자에서 숫자로만 옮겨 가는 거야. 바닥에 내려서지 않아야 해.

지금 말한 규칙들, 다 기억할 수 있어?

네가 기억하는 규칙들을 말로 표현해볼래?

놀이 TIP

1. 이런 놀이는 지시어에 주의를 집중하여 기억하고 몸동작도 조절하는 힘을 기르게 해준다.
2. 11~20 사이의 숫자 카드도 만들어서 활용해보자. 1+3=□, 4+5=□, 5-3=□, 10+1=□ 등 셈하기를 활용한 놀이도 가능하다. 수학이 즐거운 놀이임을 깨달을 수 있다.
3. 엄마와 아빠 이름, 아이 이름 등을 이루는 낱글자 카드 혹은 단어 카드를 활용하면 글자도 재미있게 익힐 수 있다.

초점주의력 놀이 활동 ❺

숨은 그림, 다른 그림 찾기

숨은 그림, 다른 그림 찾기는 초점주의력을 키우는 데 매우 효과적이다. 숨은그림찾기에서는 자신이 목표하는 그림을 기억하면서 복잡한 그림 속에서 주의를 기울여 찾아야 하고, 무엇보다 다른 그림들로 주의가 분산되는 것을 계속 억제해야 하기 때문이다. 다른 그림 찾기는 두 그림을 비교하며 서로 다른 점을 찾아내는 놀이다. 결국 두 활동 모두 아이가 찾아야 하는 대상에 주의의 초점을 두고, 다른 불필요한 배경 그림은 무시해야만 성공적으로 수행할 수 있다.

그런 점에서 어릴 적 풀밭만 있으면 어김없이 빠져들었던 네잎클로버 찾기야말로 숨은그림찾기와 다른 그림 찾기의 두 요소를 모두 포함한, 초점주의력을 높이는 아주 훌륭한 놀이였던 것이다. 이런 놀이들은 몸으로 노는 동적 활동에서 워크시트로 노는 정적 활동으로의 변화 과정을 촉진하는 효과도 있어서 매우 중요하다. 이제 그림책 『월리를 찾아라』로 숨은그림찾기를 시작해보자.

♥ 놀이 방법

1. 각 페이지마다 주인공 월리가 여행을 가는 장소가 그려져 있다. 그림이 굉장히 복잡해 보이기 때문에 처음에는 아이가 집중하기 어려워한다. 처음에는 월리 딱 한 명만 찾자고 안내한다.
2. 월리를 찾기가 어려우면 흰 종이 2장을 준비한다. 펼쳐진 두 페이지의 4분의 1인 왼쪽 윗부분만 보이도록 그 종이들로 나머지 부

분들을 가려준다.

3. 왼쪽 윗부분부터 월리를 찾기 시작해서 월리가 없으면 왼쪽 아랫부분, 오른쪽 윗부분, 그리고 마지막으로 오른쪽 아랫부분으로 순서를 지키며 찾아간다.
4. 그래도 아이가 잘 찾지 못하면 손가락으로 주인공인 월리 주변을 맴돌면서 주의의 초점을 기울이도록 도와준다.
5. 아이가 꼭 성공할 수 있게 도와주는 것이 중요하다. 성공 경험이 다음 도전을 가능하게 하기 때문이다.

♥ 주의집중 놀이 대화법

언뜻 보면 찾기 어렵다고 느껴질 거야.

여기 4분의 1 부분에서만 찾아보는 건 어때?

이 정도는 쉽게 느껴지는구나. 아주 잘하고 있어.

꼼꼼히 빠뜨리지 않고 천천히 살펴보면 뭔가 나타날 거야.

드디어 찾았구나. 훌륭해.

♥ 놀이 TIP

1. 유아기 아이들은 주의집중 강도에 따라 찾는 정도가 매우 다르다. 월리를 찾다 보면 다른 인물을 먼저 찾기도 한다. "와, 월리만 찾으려고 했는데 마법사도 찾았네"라고 감탄해주면서 아이가 계속 찾도록 격려한다.
2. 아이의 발달 정도에 따라 『똑똑해지는 숨은그림찾기』(아라미kids),

『찾아봐 찾아봐』(상수리), 『동물원에서 너도 찾았니』(어스본코리아), 『창의력 쑥쑥 숨은그림찾기』(소란아이) 등 다양한 숨은그림찾기 그림책을 활용하면 더 좋다.

3. 다른 그림 찾기도 숨은그림찾기와 같은 방식으로 진행해보자.
4. 인터넷에서 '숨은그림찾기', '다른 그림 찾기'를 검색하면 다양한 난이도의 그림 과제들을 구할 수 있다. 아이에게 적절한 그림을 선택해서 출력하여 놀아보자. 하루 5~10분 정도면 충분하다. 숨은그림찾기에서 찾아야 할 물건이 10개라도 꼭 그 10개를 다 찾지 않아도 괜찮다. 오늘은 5개를 찾았으면 내일은 6개를 찾게 될 것이다. 아이가 찾기 어려워할 때는 그림 방향을 돌려줘도 좋다.

초점주의력 놀이 활동 ❻ 숫자 5 만들기

'숫자 5 만들기'는 규칙이 매우 간단하지만, 이 놀이를 하는 내내 주의를 집중해야 한다. 또한 카드의 숫자를 직관적으로 민첩하게 지각할 수 있어야 하는데, 아직 자동적 수 세기가 잘 안되는 아이라면 다양한 숫자 카드로 먼저 숫자 5 만들기 놀이를 하면서 충분히 연습해볼 수 있도록 도와줘야 한다.

놀이 방법

1. 아이의 수준에 맞게 숫자 카드들을 만든다.

② 차례로 1장씩 카드를 바닥에 내려놓다가 합해서 5가 되는 카드의 짝을 찾으면 따먹는다.

③ 예를 들어 차례로 카드를 내려놓아서 이렇게 숫자가 펼쳐져 있다.

④ 2+3, 1+4처럼 카드의 짝을 찾는다. 1+1+3처럼 3장으로 모아도 좋다.

⑤ '빼기' 개념도 이미 아는 아이라면 6, 7, 8, 9, 10의 숫자 카드를 더 만들어서 빼면 5가 되는 조합을 모아도 된다.

⑥ 아이가 아직 '3개가 숫자 3'이라는 개념에 미숙하다면 다음과 같이 수를 셀 수 있는 '점' 카드가 더 효과적이다.

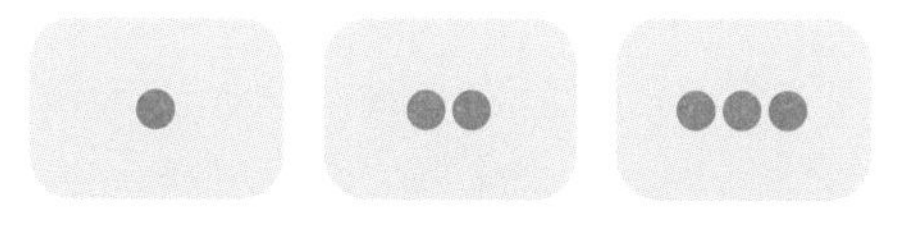

⑦ 수를 처음 만나는 아이라면 당연히 후자 방식의 카드가 훨씬 효과적이다. 일일이 카드의 점을 세면서 짝을 맞춰보는 과정이 중요하다. 어른은 지루해도 아이는 지루하지 않으니 걱정하지 말자.

♥ 주의집중 놀이 대화법

천천히 생각해보자. 어느 숫자를 더하면 5가 될까?

1의 짝은 무엇이지? 2의 짝은 무엇일까?

손가락으로 세는 것도 좋은 방법이야.

집중해서 수를 세는 모습이 정말 멋있어.

3과 2를 찾았구나. 잘했어.

엄마는 1과 1과 3을 찾았어. 숫자 3개를 모아도 5를 만들 수 있네.

4개를 모아서 5를 만들어볼까? 숫자 만들기 놀이를 아주 잘하네.

♥ 놀이 TIP

1. 1과 3의 숫자 카드를 차례로 세면서 4가 되었다면 "1개만 더 있으면 돼"라고 아이가 1의 숫자 카드를 찾게 도와주면 된다.
2. '점' 카드일 경우 부모가 먼저 "한 개, 두 개, 세 개, 네 개, 다섯 개"를 세며 짝을 찾고, 그 조합을 아이가 잘 보도록 놓아둔다면 눈치 빠른 아이는 점들의 모양으로 수 감각을 익혀서 점차 세지 않고도 점들을 숫자와 연결할 수 있게 된다.
3. 날마다 한두 번 10분씩 놀이하는 것만으로도 아이의 수 감각은 매우 향상된다. 10분쯤 논다면 아이가 공부하는 덧셈의 양이 어느 정도일지도 가늠해보기를 바란다.
4. 할리갈리 보드게임(123쪽 참고)도 이 놀이와 비슷하다. 놀이법이 간단해서 숫자를 셀 수 있는 아이라면 연령에 관계없이 쉽게 즐길 수 있다. 아직 수 세기에 미숙하면 천천히 과일을 셀 시간을 주면

서 여유롭게 진행하면 된다.

5. 할리갈리 카드 그림들에서 같은 과일의 개수를 빨리 세어야 하고, 동시에 그 합계가 5개가 되면 종을 치는 신체 동작으로도 연결해야 하므로 주의집중력과 시각·운동 협응력을 함께 기를 수 있다.

초점주의력 놀이 활동 ⑦ 기호 따라 쓰기

'기호 따라 쓰기'는 간단한 시각 정보를 빠르고 정확하게 보고 구별해 배열하는 능력이 필요한 놀이다. 시각적 단기기억력, 주의력, 시각·운동 협응력을 키우는 데 많은 도움이 된다. 정신 운동 속도를 높여주고, 궁극적으로 학습 능력의 배양으로 이어진다.

♥ 놀이 방법

1. 먼저 간단한 동그라미, 세모, 네모에서 시작하자.
2. 부모가 어떤 도형을 하나 그리면 아이가 똑같이 따라 그린다.
3. 도형을 차례로 하나씩 그리되 '작게·크게', '위에·아래에', '안에·밖에' 등으로 그린다.
4. 아이의 따라 그리기 수준에 따라 모양, 크기, 위치, 방향, 좌표의 개념을 확장해 응용하는 것이 바람직하다.
5. 종이의 위, 중간, 아래, 왼쪽, 오른쪽 개념이 발달할 수 있다.
6. 여기에 아이가 익숙해지면 가로세로 4등분부터 시작해 8등분,

16등분으로 종이에 선을 그어서 표를 만들고, 칸을 세어가며 정확히 따라 그리도록 이끌어준다.

7. 아이의 수준이 더 높아지면 "가로로 두 번째, 세로로 세 번째 칸에 별 그리기"라고 지시하여 표에 대한 감각도 키워주자.

♥ 주의집중 놀이 대화법

엄마랑 똑같이 그리는 거야.

종이 가운데 큰 동그라미 하나,

그 안에 조금 작은 동그라미 1개 더,

그 안에 제일 작은 동그라미 1개 더.

와, 과녁판처럼 그려졌네. 1칸마다 예쁘게 색칠해볼까?

이번에는 위쪽 왼쪽에는 네모, 위쪽 오른쪽에는 세모,

아래 왼쪽에는 별표, 아래 오른쪽에는 마름모.

와! 정확하게 잘 따라 하네. 집중을 정말 잘했어!

♥ 놀이 TIP

1. 기호 따라 쓰기를 통해 인지적 유연성과 함께 시각적 주의력, 시지각적 변별 능력, 시각·운동 협응력을 키울 수 있다. 익숙해지면 아이의 시각 정보 처리 속도, 과제 수행 속도, 정신 운동 속도도 크게 빨라진다.
2. 이렇게 어떤 모양을 보고 듣고 따라 그리는 것만으로도 아이의 주의집중력에 매우 도움이 된다는 사실을 기억하자. 종이와 색연필

만으로도 얼마든지 아이의 주의집중력을 키워갈 수 있다.

3. 아이가 점점 잘하게 되면 기호 쓰기 워크시트를 만들어도 좋다. 물론 아이가 직접 기호를 주도적으로 만드는 역할을 할 때 최고의 효과를 얻을 수 있다.

04

초등 1~3학년을 위한 선택주의력 키우기

●● 선생님 말씀에 집중하게 해주는 선택주의력 연습

선택적 주의란 여러 자극 속에서도 현재 중요한 한 가지 정보에만 선택적으로 초점을 맞추는 것으로, 선택주의력(73쪽 참고)에는 불필요한 자극을 걸러내는 '억제 능력'이 요구된다. 아이를 둘러싼 환경으로부터 아이에게 너무 많은 자극과 정보가 주어지고 있다. 그중에서 아이는 자신에게 필요한 것을 선택하고, 그것에 주의를 기울일 줄 알아야 한다. 그런데 선택주의력이 부족하면 이것저것 관심을 보이지만 정작 중요한 것에 제대로 집중하지 못한다.

누군가 옆에서 전화를 하거나 큰 소리로 얘기하고 있어도 내가 보던 책을 계속 읽을 수 있으려면, 혹은 수업 시간에 짝꿍이 내가 좋아하는 캐릭터를 그리거나 옆자리에서 쪽지를 건네거나 다른 친구들이 웅성거리는 소리, 창밖의 사이렌 소리, 공 차는 소리가 들려도 그런 방해 자극들을 전부 억제하고 선생님의 말씀을 들으면서 판서 내용에 주의를 집중할 수 있으려면 선택주의력이 필요한 것이다.

아이가 좋아하는 것에 주의를 기울이는 데에서 시작해 관심 없는 것에도 집중할 수 있게 해주는 놀이 활동들을 알아보자. 감사하게도 선택주의력을 키우는 놀이들은 여러 다른 기능도 함께 향상해준다. 다음 놀이들을 활용해 하루에 한 번, 10분 정도씩 꾸준히 놀아주기만 해도 아이의 선택주의력은 쑥쑥 자라게 된다.

●● 일상생활을 개선해주는 3가지 선택주의력 놀이 활동

선택주의력 놀이 활동 ❶ 타이머 놀이

아이가 좋아하는 활동에는 긴 시간도 집중하지만, 그 주의력이 다른 상황에서는 쉽게 발휘되지 않는다. 따라서 관심 없는 활동이나 공부에서도 아이가 수행할 목표를 세우고 일정 시간 안에 그 목표를 완성하는 경험은 또 다른 자신감을 심어주면서 선택주의력의 발전도 가져온다. 타이머를 활용해 그림이나 블록 완성하기 등에서 방 정리하기, 문제집 풀기, 숙제 등으로 응용하면 더 좋다.

♥ 놀이 방법

1. 아이가 썩 즐기지 않는 활동과 그 활동의 수행 목표 시간을 정한다.
2. 처음에는 수행 목표 시간을 1분으로 시작하되, 유아는 3~5분, 초등학생은 5~20분까지가 적당하다.
3. 너무 짧은 시간이면 조금 늘리도록, 너무 긴 시간이면 조금 줄이도록 아이와 의논한다.
4. 타이머를 설정해놓고 아이가 활동을 시작한다.
5. 중간에 아이의 주의가 흐트러지면 어떻게 할지 미리 의논한다.
6. 아이가 집중하는 모습, 생각하는 모습, 어려울 때 고민하는 모습을 지지해준다.
7. 수행 목표 시간까지 활동을 완수하면 아이의 의지와 노력에 대해 충분히 칭찬한다.

♥ 주의집중 놀이 대화법

숙제를 시작하면 몇 분 동안 집중할 수 있겠어?

네가 진짜로 집중할 수 있는 시간은 어느 정도일까?

5분이라면 끝까지 숙제에 집중할 수 있겠니?

다음에는 몇 분이나 집중할 수 있을까?

와, 진짜 해내는구나. 너 자신을 잘 알고 있구나.

중간에 조금 쉬고 싶을 때는 어떻게 할까?

힘들면 잠시 타이머를 멈추고 쉬어도 돼.

만일 쉰다면 몇 분쯤 쉬고 싶니?

이번에 두 번 쉬는 걸 보니, 다음에는 목표 시간을 조금 줄여서 한 번에 성공하는 게 어때? 목표 시간은 그러고 나서 다시 늘려도 되니까.

♥ 놀이 TIP

1. 수행 목표 시간을 다 채우지 못해도 잔소리는 절대 금물이다.
2. 아이에게 남은 시간을 어떻게 할지에 대해 질문하고, 잠시 쉬었다가 수행 목표 시간을 마저 채울 수 있도록 도와준다.
3. 처음에 두세 번 이상 쉬어야 한다면 다음 활동에서 아이 스스로 수행 목표 시간을 처음보다 줄여서 설정하도록 도와준다.
4. 밥을 너무 오래 먹거나 너무 빨리 먹는 아이에게 활용해도 재미있게 좋은 습관을 기를 수 있는 활동이다.

선택주의력 놀이 활동 ❷ 사다리 타기 놀이

사다리 타기는 어떤 순서나 술래를 정할 때, 혹은 짝 찾기 놀이를 할 때 자주 사용하는 방법이다. 선택주의력을 발휘해야 다른 길로 새지 않고 자기 길을 끝까지 잘 찾아갈 수 있다. 처음 사다리 타기를 하면 아이들은 서로 같은 지점에 도착하게 될 거라고 생각하기도 한다. 그런 일은 생기지 않는다. 이 활동은 '일대일대응'으로, 수학적 감각을 키우는 데도 도움이 된다.

놀이 방법

1. 세로선을 3센티미터 간격으로 5~6개 그린다.
2. 세로로 그려진 칸마다, 즉 세로선과 세로선 사이에 가로선을 긋는다.
3. 이때 각 칸의 가로선이 옆 칸의 가로선과 연결되지 않도록 한다.
4. 가로선은 비스듬하게 그어도 되고, 둥근 곡선으로 표현해도 좋다.
5. 세로선 위에는 각자 원하는 자리에 자기 이름을, 아래에는 '1, 2, 3……' 숫자를 쓴다.
6. 가위바위보로 순서를 정해서 한 사람씩 서로 다른 색연필로 자기 사다리를 타고 내려간다.
7. 간식 정하기로 활용해도 좋고, 심부름할 사람을 정하기에도 좋다.
8. 3~5초 정도의 시간을 주어서 눈으로 대강 보고 번호를 정하게 하면 아이가 더 집중해서 살펴본다.

주의집중 놀이 대화법

색연필로 천천히 사다리를 타고 정확히 내려가는 거야.

세로선을 따라 내려가다가 가로선과 만나면 가로선으로 옮겨 타면 돼.

자기 선을 놓치지 않도록 꼼꼼하게 봐야 해. 과연 어디에 도착할까?

놀이 TIP

1. 동물—코끼리, 꽃—장미, 음식—떡볶이 등 짝으로 연결되는 사다리 게임을 만들어보자.

2. 이때 한 가지만 짝이 맞고 다른 것들은 짝이 되지 않는 조합(꽃—튤립, 꽃—코끼리, 음식—장미 등)으로 만들어서 "자, 10초 동안 사다리를 잘 살펴보고 짝으로 이어지는 사다리를 맞힌 사람이 이기는 거야. 관찰 시작. 10, 9, 8~2, 1! 멈춤" 하고 맞는 짝을 찾는 게임으로 진행해도 재미있다.
3. 이 응용 사다리 게임은 정답을 찾는 놀이이므로 같은 시작점을 여럿이 선택해도 괜찮다.

선택주의력 놀이 활동 ❸ 지시어 카드놀이

카드에 구체적인 행동들을 지시하고, 카드를 뽑은 사람이 그 카드의 지시대로 행동하는 놀이다. 지시대로 행동하려면 마음속에서 다른 충동이 올라와도 억제하고 놀이 규칙을 따라야 하므로 선택주의력의 향상에 크게 도움이 된다. 아이의 일상은 대부분 지시를 수행하는 것으로 이루어지므로, 이 놀이에 익숙해지면 일상 행동과 공부 태도에도 좋은 변화가 일어난다. 지시대로 수행하는 놀이 경험을 통해 주의 깊게 보고 듣고서 판단하고 행동할 수 있게 되는 것이다.

놀이 방법

1. A4 용지를 8장으로 잘라서 카드를 여러 장 만든다.
2. 각 카드에는 지시 내용을 하나씩 써둔다.

3. 아이의 수행 능력에 따라 한 가지 지시어, 두세 가지 복합지시어로 변화를 준다.
4. 지시어를 읽거나 듣고 이해하여 행동하는 과정에 시간 제한을 두면 이 놀이에 더 집중하게 된다.
5. 아이의 수행 정도에 따라 3초, 5초 등 시간을 재며 진행한다.

다양한 지시어

- 오른손으로 왼쪽 귀를 잡고 왼손은 머리 위에 올리기
- 왼손으로 오른쪽 어깨를 세 번 두드리고 왼쪽 귀를 잡기
- 손뼉 세 번 치고 두 팔 벌려 위아래로 다섯 번 흔들기
- 지우개를 머리에 이고서 떨어뜨리지 않고 현관문까지 가서 터치한 후 제자리로 돌아오기
- 놀이방으로 가서 방바닥에 있는 장난감 3개를 제자리에 놓고 돌아오기
- 냉장고에 가서 우유를 꺼내어 컵에 절반만 따라서 가져오기

♥ 주의집중 놀이 대화법

자리에 앉아서 수행하는 지시어 카드의 경우에는 “카드 1장을 골라서 거기에 쓰인 내용을 소리 내어 읽고 5초 안에 수행하는 거야. 1장 골라. 어서 소리 내어 읽고, 행동 시작! 5초, 4초, 3초, 2초, 1초. 성공(혹은 실패)!”

자리에서 일어나서 움직여야 하는 지시어 카드의 경우에는 “카드에 적힌 지시어를 읽어줄게. 잘 듣고 따라 말해봐. 그럼 잘 기억할 수 있을 거야. 이 행동을 하는 데 몇 초가 걸릴까? 10초, 20초? 좋아, 이제 엄마가 20초를 셀게. 준비, 시작! 20초, 19초, 18초…….”

놀이 TIP

① 행동 지시어를 아이가 만들게 하면 더 재미있다. 엉뚱하고 불가능한 행동을 말할 수 있지만, 카드로 만들어 그 행동을 수행하며 같이 웃는 시간을 만드는 것이 좋은 정서 경험을 쌓게 해준다.

② 행동 지시어가 잘 생각나지 않는다면 아이의 앨범을 함께 찾아보자. 추억의 동작들을 지시어 카드로 만들어도 좋다.

●● 공부력을 쌓아주는 4가지 선택주의력 놀이 활동

선택주의력 놀이 활동 ④ 5각·7각 별 그림 점 잇기

별을 그리는 방법을 차근차근 가르쳐보자. 점 잇기 놀이로 접근하면 아이가 쉽게 배운다. 별을 그리는 원리만 이해하면 7각, 9각, 11각 별 그림도 가능하다. 이 활동을 하다 보면 자신이 몰랐던 새로운 별 그림이 신기해서 저절로 주의력의 동기가 생겨날 뿐만 아니라 자신이 예측하지 못한 방향으로 숫자를 따라 점을 이으면서 선택주의력을 키울 수 있다.

놀이 방법

① 5각 별을 그리는 순서대로 점을 찍고 숫자를 쓴다. 이때 시작점과 끝점이 같으므로 1과 6을 둘 다 써야 한다.

② 아이가 그 숫자의 순서대로 이어가면 저절로 5각 별이 완성된다.

③ 점을 다 이어서 별이 완성되면 그 위에다가 따라 그리기 5~10번을 해보자.

④ 그다음에는 종이에 아이 혼자 별을 그려본다. 아직 미숙하면 별 그림 위에 몇 번 더 따라 그리기를 해본다.

⑤ 이 과정을 거치면 아이가 별을 혼자서 그릴 수 있게 된다.

⑥ 5각 별을 잘 그리면 7각, 9각 별로 난이도를 점차 높여주자. 자신이 완성한 별 그림을 보면서 매우 큰 성취감을 느낄 수 있다.

주의집중 놀이 대화법

순서대로 점들을 이으면 멋진 그림이 완성될 거야.

과연 어떤 그림이 숨어 있을까?

숫자를 따라 점과 점 사이를 천천히, 꼼꼼하게 연결하는 거야.

그래, 집중을 잘하고 있어.

3 다음에는 4, 4 다음에는 5가 어디 있지? 그렇지, 잘하네.

선이 똑바로 그어지지 않을 때는 자를 대고 그어도 좋아.

자를 사용하는 방법도 차근차근 가르쳐줄게.

놀이 TIP

① 아이의 주의집중력은 연습하고 훈련한 만큼 발달한다. 그러니 성공할 수 있는 난이도를 제공하는 것이 중요하다.

② 점을 잇는 손 조작 능력이 부족해서 점을 정확히 잇지 못할 수

있다. 이럴 때는 "천천히 꼼꼼히"를 운율 섞인 노랫말로 들려주면 아이가 그 노랫말을 따라 하며 조절할 수 있게 된다.

3. 숫자뿐만 아니라 한글 점 잇기로도 응용해보자. 한글을 배우는 과정이라면 가나다라 순서로 써도 좋다.
4. 점 잇기의 난이도를 좀 더 높이고 싶다면 '1→가→2→나→3→다'의 순서를 활용해도 좋다. 그 순서를 2의 배수, 3의 배수로 설정하면 아이의 수 감각을 키우는 데 큰 도움이 된다. 이외에 아이가 좋아하는 노래 가사를 활용하는 방법도 있다.

선택주의력 놀이 활동 ⑤ 주제 단어 5개 빨리 말하기

한 가지 주제와 관련된 단어 말하기는 장기기억으로 저장되어 있는 정보를 선택적으로 가져와야 하는 놀이다. 주어진 시간 안에 주의를 집중해야 하는데, 다른 잡다한 정보들을 억제하고 주제에 맞는 정보에만 선택주의력을 기울여야 한다. 사고의 유창성을 키우는 데도 도움이 된다.

♥ 놀이 방법

1. 한 사람이 특정 주제를 말하면 그와 관련된 단어 5가지를 빨리 말한다.
2. 과일이라 외치면 '사과, 배, 포도, 딸기, 바나나'를 외치면 된다.

3 이때 5초 모래시계나 타이머를 사용하면 더 흥미진진해진다.

4 동물, 음식, 자동차, 나무, 꽃, 나라 이름 등 단순한 주제가 효과적이다.

5 점수판을 만들어서 주제를 쓰고 승패 여부를 기록해도 좋다.

♥ 주의집중 놀이 대화법

지금부터 한 사람이 주제를 말하면 다른 사람이 그 종류를 말하는 거야.

엄마가 '과자'라고 외치면 너는 '초콜릿, 사탕, 젤리, 꼬깔콘, 치토스' 이렇게 외치는 거지.

와, 단어를 많이 기억하네. 종류도 너무 잘 알고.

집중을 잘하는구나.

흥미로운 주제까지 잘 만들다니 굉장해!

♥ 놀이 TIP

1 아이가 놀이에 익숙해지면 동생이 좋아하는 과자, 엄마의 옷에 있는 색깔, 아빠가 좋아하는 TV 프로그램, 학교 준비물, 안경 쓴 친구, 바이러스 종류, 동물원에 있는 동물, 재래시장에서 파는 물건(음식), 편의점에 있는 것(혹은 없는 것) 등 조금 복잡한 주제를 제시한다.

2 이 놀이가 끝난 후 각 주제에서 외친 단어들을 다시 기억하여 기록하면 주의력뿐만 아니라 작업기억력도 발달한다.

선택주의력 놀이 활동 ❻

문자를 숫자로 바꾸어 계산하기

한글 혹은 알파벳 문자를 숫자로 바꾸는 것은 암호 놀이에서 자주 사용하는 방법이다. 규칙에 맞게 문자를 숫자로 변환하고 그것을 점차 기억하는 과정에서 아이의 주의집중력이 크게 자극받는다. 게다가 아이들이 좋아하는 암호 놀이 방식이라 주의집중력의 동기 발달에도 도움이 되며 사고의 유연성도 향상된다.

놀이 방법

1. '가'부터 '하'까지 14글자에 1~14의 숫자를 대입해 암호로 바꾼 표를 먼저 만든다.

가	나	다	라	마	바	사
1	2	3	4	5	6	7
아	자	차	카	타	파	하
8	9	10	11	12	13	14

2. 먼저 "'다'의 숫자는?", "'사'의 숫자는?"처럼 단순한 문제를 낸다.
3. 이에 익숙해지면 가+라=□, 아+가=□, 사+자=□, 하+자=□ 등 수식으로 문제를 낸다.
4. 글자를 숫자로 변환하여 계산하게 한다.

5. 미리 정답지를 만들어서 아이가 스스로 정답지를 보며 채점하게 하는 것도 좋다.

주의집중 놀이 대화법

먼저 글자와 숫자 암호표를 만들 거야.

'가'부터 '하'까지 14칸, 아래에 한 줄 더 그려서 '1'부터 '14'까지 써보자.

좋아, 멋지게 암호표를 완성했네.

이제 엄마가 낸 퀴즈를 맞혀봐. '가+마'는 뭘까요?

천천히 정확하게 '가'는 1, '마'는 5, 그러니까?

가능하면 암산으로 맞히는 게 더 재미있어. 천천히 집중해서 잘 생각해봐.

와~ 골똘히 생각하는 너의 모습이 진짜 멋있다.

놀이 TIP

1. 덧셈을 익숙하게 잘하면 뺄셈도 활용해보자.
2. 가+라+마=□, 나+다+차+하=□처럼 3개나 4개짜리 계산이나, 덧셈과 뺄셈의 혼합 계산으로 점차 확장하면 인지적 재미를 더욱 느끼게 된다.
3. 반대로 아이가 문제를 만들고 부모가 푸는 방식으로 진행하면 더 흥미를 느낀다.
4. 아이가 내는 문제들의 경우에는 아이가 정답지도 만들고 부모의 답안지도 채점하며 선생님 역할 놀이로 진행한다.

픽토그램 놀이

실제로 사용하는 다양한 기호를 인식하면 일상생활과 공부 과정에서 더 효과적인 주의력을 발휘할 수 있다. 픽토그램pictogram은 그림을 뜻하는 '픽토picto'와 전보를 뜻하는 '텔레그램telegram'의 합성어로, 사물·시설·행위 등의 의미를 누가 보더라도 쉽게 알 수 있도록 만든 그림문자다. 남녀 화장실, 비상구, 교통 표지판, 컴퓨터 아이콘 등 우리는 픽토그램을 실생활에서 매우 많이 사용하고 있다.

픽토그램은 강렬한 색깔의 테두리 때문에 눈에 잘 띄는 효과가 있다. 그러나 그 테두리가 너무 선명하다 보니 여러 픽토그램이 같이 있을 때는 그 안쪽의 표지를 신속하고 정확하게 구분하는 데 방해가 된다. 그래서 이 활동은 픽토그램에 대한 인지를 높여줄 뿐만 아니라, 시야를 어지럽게 사로잡는 방해 자극을 무시하고 자신에게 필요한 정보에 선택적으로 주의를 기울이는 훈련을 하도록 도와준다.

놀이 방법

1. 국가 표준으로 제정된 교통안전표지 중 일부를 잘라서 픽토그램 카드로 만든다.
2. 각 픽토그램의 이름을 가리고서 알아맞히기 놀이로 기억하도록 도와준다.
3. 플래시 카드 방식으로 1~2초 안에 이름 맞히기 게임으로 활용해도 좋다.

④ 아이가 위의 10가지 기호를 잘 인지하고 나면 길을 가다가 같은 표지판을 찾는 놀이로 확장한다.

♥ 주의집중 놀이 대화법

교통안전표지 픽토그램이야. 이름 맞히기 놀이를 할 거야.

잘 기억해서 정확한 명칭을 말해줘야 해.

자, 시작한다. 이건 뭐지?

'우측차로 없어짐'과 '좌측차로 없어짐' 표지가 많이 헷갈릴 텐데 아주 잘 기억하는구나.

인터넷에서 다른 픽토그램들도 찾아볼까?

♥ 놀이 TIP

① 재활용을 위한 분리배출표시, 올림픽이나 운동 관련 픽토그램 등

우리 주변에서 다양한 픽토그램을 찾아볼 수 있다. 그림을 먼저 보고 그 의미를 알아맞히는 놀이로 진행하면 더 흥미롭다.

2. 그림책 『따로를 찾아라』에는 지구로 여행을 온 외계인의 입장에서 바라본 픽토그램 이야기가 담겨 있다. '외계인이 되어 픽토그램 알아맞히기' 놀이도 진행해보자.

3. 주의집중력이 약한 아이들이 기본적 생활 규칙을 어기는 경우가 잦다. 미리 픽토그램을 잘 익히고 생활한다면 일상에서 무심히 흘리게 되는 많은 기호와 신호도 놓치지 않고 좀 더 주의를 기울여 그 의미를 생각하고 행동하는 주의집중력을 발휘할 수 있다.

4. 우리 집만의 픽토그램을 만들어보자. '공부 중, 휴식 중, 식사하세요, TV 끄세요' 등 아이와 함께 만들어서 일상적으로 활용하면 아이의 생활 태도를 개선하는 데도 큰 도움이 된다.

05

초등 1~3학년을 위한 전환주의력 키우기

●● 상황 대처 유연성을 키워주는 전환주의력 연습

전환주의력(83쪽 참고)은 어떤 과제에 주의를 기울이고 있다가 또 다른 과제로 자기 주의를 능동적으로 이동시키는 능력이다. 아이가 신호등 불빛이 바뀌었는데도 멍하니 서 있거나, 엄마가 불러도 뭔가에 빠져서 대답하지도 쳐다보지도 않는다면 전환주의력이 낮기 때문일지 모른다. 전환주의력이 부족하면 그만큼 상황에 대처하는 유연성이 떨어진다.

자연히 새로운 지식을 받아들여 과제를 해결하는 데에도 어려움을 겪게 된다. 가로셈을 배우다가 세로셈이 나오면 그 원리는 똑같고 모양만 달라졌음에도 불구하고, 어쩌면 자릿수가 확실히 보여서 더 쉬워졌음에도 불구하고 자신이 알던 것과 달라서 새로운 방식으로 유연하게 전환하지 못하고 어렵게 느끼기도 한다.

그뿐만 아니라 전환주의력이 부족한 아이는 가족이나 또래 등과 사회적 관계를 맺을 때도 어려움을 겪는다. 예를 들어 친구들의 의견이 서로 달라서 가위바위보로 놀이를 결정했는데 자신이 원하는 놀이가 아닐 경우, 아쉬운 마음을 빨리 전환하여 이미 결정된 놀이를 받아들이고 즐겁게 놀아야 하는데 그러지 못하는 것이다.

그러므로 전환주의력을 키우는 것은 단지 아이의 사고와 행동을 유연하게 만드는 데 그치지 않는다. 아이가 바람직한 사회적 관계를 형성하면서 원만한 인격체로 성장하도록 도와주는 일이다.

다음은 전환주의력이 부족한 아이가 주의를 유연하게 전환하는 능력을 키우는 데 도움이 될 수 있는 7가지 놀이 활동이다. 이 활동들은 어떤 자극이나 정보에 주의를 기울이다가 필요할 때마다 다른 자극이나 정보로 주의의 방향을 바꾸는 능력, 그리고 익숙한 자극에서 벗어나 새로운 자극에 민감하게 반응하고 대처하는 능력을 키우도록 도와준다.

●● 일상생활을 개선해주는 3가지 전환주의력 놀이 활동

전환주의력 놀이 활동 ❶ 쌀보리 놀이

주의 전환 능력이 떨어지는 아이들은 어떤 활동에 주의를 기울이고 있으면 그것을 관성적으로 지속하려는 경향을 보인다. 그러니 그 관성의 힘을 깨고 신속하게 주의를 전환하는 연습이 필요하다. 쌀보리 놀이는 청각 자극에 주의를 집중하다가 바뀐 명령에 따라 재빠른 손동작으로 반응해야 하므로 전환주의력을 훈련하기에 아주 좋은 활동이다. 수비할 때는 상대 공격자의 말을 잘 들으며 그의 손을 순간적으로 잡아야 하므로 청각 주의력과 시각·운동 협응력의 향상에도 도움이 된다.

놀이 방법

1. 두 사람이 마주 보고 앉아서 가위바위보로 누가 공격하고 수비할지 정한다.
2. 수비자는 두 손을 모아서 손 올가미를 만든다.
3. 공격자는 '쌀' 혹은 '보리'를 외치면서 수비자의 손 올가미에 주먹을 넣었다가 뺐다가 한다.
4. 공격자가 '쌀'을 외치면 잡고, '보리'를 외치면 잡지 않아야 한다.
5. 수비자가 공격자의 주먹을 잡으면 놀이가 끝난다.
6. 이 놀이의 핵심은 공격자가 수비자의 주의집중을 약화하는 데 있다. 공격자가 '보리'를 반복해서 외치다 보면 수비자의 경계가 느슨해지는데, 바로 그 틈을 타서 공격자는 '쌀'을 외친다.
7. 공격자와 수비자의 역할을 바꾸어 다시 진행한다.

주의집중 놀이 대화법

자, 엄마가 '쌀'이라고 하면 꽉 잡고, '보리'라고 하면 잡지 않는 거야.

이제 시작! 보리, 보리, 보리, 쌀, 보리, 보리……쌀!

잘 듣고 빨리 움직여야 엄마 손을 잡을 수 있어.

놀이 TIP

1. 계속 '보리'만 외치지 않는다.
2. 일부러 주먹을 세게 쳐서 상대를 아프게 하지 않아야 한다.
3. 운동 협응 능력이 아직 부족한 아이라면 주먹의 속도를 적절하게 조절해줘야 한다.
4. '쌀'과 '보리' 대신에 '밥'과 '똥', '낮'과 '밤', '금'과 '은' 등 다른 한 글자 단어로 바꿔도 재미있다.
5. 전환주의력이 약하거나 아직 어린 아이에게는 언제 놀이 구호가 바뀔지 모르니 긴장을 늦추지 말고 주의를 계속 기울여야 한다는 점을 강조해 알려주는 것이 좋다.

전환주의력 놀이 활동 ❷ 지는 가위바위보 놀이

이 놀이는 관습적인 가위바위보 규칙을 뒤집어놓아서 아이가 좀 더 흥미를 가지고 도전하게 해준다. 이겨야 이기는 게 아니라 져야 이기는 상황이므로 신속하게 주의를 전환해야 한다. 전환주의력이 부족한 아이들은 대개 상대가 내민 손 모양에 주의를 빼앗겨 자신이 취할 동작으로의 주의 전환이 느려지거나 아예 멈춰버린다. 따라서 의식적으로 그런 상태를 깨줄 필요가 있다. 사고의 유연성을 키워주는 이점도 있다.

♥ 놀이 방법

1. 먼저 문제 출제자를 정한다.
2. 출제자가 먼저 가위, 바위, 보 중 하나를 외치며 낸다.
3. 상대는 바로 1초 안에 지는 답을 외치며 낸다. 예를 들어 출제자가 '가위'를 외치며 내면, 상대는 1초 안에 '보'를 외치며 내야 한다. 동시에 내서 승부를 가리는 일반적 가위바위보와 달리, 출제자가 먼저 '가위'를 내면 이기는 '바위'가 아니라 지는 '보'를 즉시 신속하게 낼 때 성공하는 것이다.
4. 지는 답을 생각하다가 그만 너무 늦게 내거나 습관대로 이기는 답을 내면 지게 된다.

♥ 주의집중 놀이 대화법

자꾸만 헷갈려서 이기는 가위바위보를 하게 되는구나.

그럼 우리 천천히 가위바위보에서 지는 것부터 연습해볼까?

이제 지는 답을 척척 잘 내는구나. 그 속도도 점점 빨라지네.

그렇다면 이제부터 속도전으로 한번 붙어볼까?

처음에는 가위바위보 중에서 지는 답도 내기가 어려웠는데 금방 배우고, 또 엄청 빨라졌네. 진짜 열심히 집중했나 보다!

♥ 놀이 TIP

1. 새로운 규칙을 이해하고 이를 적용하는 데 어려움을 겪는 아이의 경우에는 놀이 속도를 조절하며 진행하는 게 바람직하다.

2. 아이가 이 놀이에 거듭 실패한다면 '이기는 가위바위보'를 하다가 다시 '지는 가위바위보'로 돌아오는 식으로 흥미를 유지하자.
3. '손으로 하는 가위바위보'에서 '발로 하는 가위바위보'로 바꾸면 아이의 신체 움직임이 늘어나고, 또 새로운 방식에 더 흥미진진해 할 수 있다.

전환주의력 놀이 활동 ③ 숫자 혹은 낱말 바꿔 말하기

전환주의력이 떨어지면 외부 자극에 수동적으로 끌려간다. 자신도 모르게 TV에 빠져서 꼼짝하지 않고 보게 되는 것이다. 따라서 외부 자극에 저항하여 적극적으로 주의를 전환하는 연습이 필요하다. '바꿔 말하기'는 외부 자극에 저항하여 다르게 반응함으로써 주의를 전환하는 능력을 키우는 활동이다.

놀이 방법

1. 아이는 부모가 제시하는 특정한 숫자나 낱말을 변환하여 말해야 한다. 예를 들어 지시어로 '1'을 말하면 '2'로 바꿔 말하고, '2'를 말하면 '1'로 바꿔 말한다. 혹은 '낮'은 '밤'으로, '밤'은 '낮'으로 바꿔 말한다.
2. 처음에는 이 규칙을 설명해준 후 종이에 써서 보여주면서 바꿔 말하기를 연습한다.

1	1	2	2	2	2	1	2	1	2	2	2	1
▼	▼	▼	▼	▼	▼	▼	▼	▼	▼	▼	▼	▼
이	이	일	일	일	일	이	일	이	일	일	일	이

밤	밤	낮	밤	낮	낮	낮	낮	밤	낮	밤	낮	낮
▼	▼	▼	▼	▼	▼	▼	▼	▼	▼	▼	▼	▼
낮	낮	밤	낮	밤	밤	밤	밤	낮	밤	낮	밤	밤

3. 아이가 어느 정도 익숙해지면 이제 지시어를 말로 전달한다.
4. 처음에는 숫자나 낱말을 1개씩 말하다가 '1, 2→이, 일' 혹은 '2, 2, 1→일, 일, 이', '밤, 낮→낮, 밤' 혹은 '낮, 밤, 밤→밤, 낮, 낮' 등 그 수를 늘려간다
5. 이제 지시어를 제시하는 역할을 아이로 바꾼다.

♥ 주의집중 놀이 대화법

너도 모르게 계속 똑같은 숫자를 말하게 되는구나.

지금부터 조금 천천히 말해볼까?

자꾸 연습하니까 점점 정확하게 잘하네.

그런데 처음에는 잘하다가 나중에는 집중력이 점점 흩어지는 것 같아.

이번에는 연속해서 두 번 실수하면 '파이팅'을 외쳐줄게.

와~ 성공이야! 드디어 끝까지 성공했구나.

진짜 열심히 했나 보다.

이제 어떻게 바꿔 말해야 할지 계속 집중해서 생각할 수 있구나.

문제가 어디서 생기는지 찾아보니까 확실히 성공할 수 있었네.

놀이 TIP

① 부모가 지시어를 제시하면 아이가 최대한 신속하게 반응하도록 해야 한다.

② 지시어 수를 늘리는 일은 아이의 연령과 수준을 고려한다.

③ 바꿔 말하기를 성공적으로 수행하면 칭찬해주고, '말과 다르게 행동하기'로 응용하자. 예를 들어 '오른손 들어' 하면 왼손을 들고, '우향우' 하면 좌향좌를 하는 것이다.

●● 공부력을 쌓아주는 4가지 전환주의력 놀이 활동

전환주의력 놀이 활동 ④ 인형과 같이하는 출석부 게임

시각 자극과 청각 자극이 동시에 주어지는 출석부 게임에서는 주의의 재빠른 전환이 요구된다. 두 자극이 동일한 대상, 혹은 서로 다른 대상을 지시하기도 하기 때문에 주의를 집중하는 동시에 그 주의를 신속하게 전환할 줄도 알아야 한다.

이 놀이를 진행하는 사람은 항상 아이를 손으로 지목하며 호명을 한다. 이때 호명의 대상은 불규칙적으로 바뀌어서 아이가 될 수도 있고, 인형이 될 수도 있다.

놀이 방법

1. 호랑이, 곰, 강아지, 고릴라 등 인형 4개를 준비한다.
2. 인형을 나란히 놓고 아이가 그 중앙에 앉는다.
3. 부모가 앞에 앉아서 아이를 가리키면서 아이의 이름을 부른다.
4. 부모가 자신을 호명하면 아이는 "네"라고만 대답한다.
5. 부모가 아이를 가리키며 호랑이 인형을 호명하면 아이는 대답하지 않고 재빨리 손으로 호랑이 인형을 가리킨다.
6. 부모가 계속해서 아이를 가리키며 불규칙적으로 아이와 인형들을 호명하는 것으로 놀이를 이어간다.
7. 이번에는 아이가 놀이 진행자의 역할을 맡아서 다시 놀이한다.

주의집중 놀이 대화법

규칙을 설명할게. '이름 부르기'와 '손으로 가리키기' 2가지를 구분해야 해.
엄마가 네 이름을 부를 때는 "네"라고 대답해.
엄마가 손으로 너를 가리키지만 호랑이를 부르면 너는 대답하지 않고 손으로 호랑이를 가리키는 거야.
쉽게 말하면, 누군가 너를 가리키며 다른 사람의 이름을 부르면 대답하지 않고 손으로 그 사람을 가리키면 되는 거야.
한번 연습해보자. 시작!

놀이 TIP

1. 아이는 좌우의 인형 배치를 기억하여 이 놀이 규칙에 맞는 행위

를 해야 한다.

2. 시각 자극과 청각 자극에 동시에 반응하는 것이 쉽지 않으므로 미리 연습하고 놀이를 진행한다.
3. 부모의 손짓과 호명 소리에 사로잡히면 아이는 주의 전환이 적절하게 이루어지지 않아서 엉뚱한 반응을 하게 된다. 그럴 때는 아이의 연령과 이 놀이에 익숙한 정도를 고려해서 놀이 속도를 조절한다.
4. 아이가 이 놀이에 익숙해지면 '짝을 지어서 바꾸어 지시하기'로 규칙의 난이도를 올린다. 예를 들어 강아지와 고릴라가 짝일 경우, 강아지를 호명하면 고릴라를 가리켜야 한다.
5. 부모와 아이가 번갈아 진행자 역할을 맡으면 아이가 더 즐겁게 놀이할 수 있다.
6. 필요하면 상벌에 대한 규칙도 정해서 긴장감을 높인다.

전환주의력 놀이 활동 ⑤ 숫자 종치기

특정 배열의 숫자가 나올 때 종을 치는 놀이다. 수학을 싫어하는 아이라도 종 치는 활동 때문에 즐겁게 놀이에 임할 수 있다. 친구와 함께 하면 경쟁심이 유발되어 주의를 집중할 훨씬 강력한 동기를 부여한다. 청각 자극에 주의를 기울이다가 그 주의를 종 치는 행위로 재빨리 전환해야 하므로 전환주의력 훈련을 할 수 있다.

♥ 놀이 방법

1. '2 바로 뒤에 1이 나오면 종치기'처럼 놀이 규칙을 먼저 정한다.
2. 연속해서 불러주는 숫자들에 주의를 기울이다가 규칙으로 정한 배열이 나오면 종을 친다.
3. 규칙에 맞게 종을 치면 1점을 획득한다.
4. 종을 치지 말아야 할 때 종을 치는 실수를 하면 '-1점' 규칙을 추가할 수도 있다.
5. 다음과 같이 아이에게 불러줄 숫자들이 적힌 문제지를 미리 만들어둔다.
6. 놀이 규칙은 '2 다음에 1', '1 다음에 2', '1 두 번 다음에 2' 등 아이와 의논하여 다양하게 만들 수 있다.

2-1 (2 다음 1)	1	1	1	1	2	2	2	2	①	2	2	①	1	1	2	2	2	①
1-2 (1 다음 2)	1	1	1	1	②	2	2	2	1	②	1	②	2	1	1	②	2	2
1-1-2 (1 두 번 다음 2)	1	1	1	1	②	2	2	1	2	2	1	1	②	2	1	2	2	1

7. 종은 가운데에 놓고서 놀이를 시작한다.
8. 아이가 제때 종을 치면 위 문제지에 체크한 후 총점을 낸다.
9. 만약 2명 이상의 아이가 참여하는 경우에는 위 문제지의 칸을 그만큼 추가해주면 된다.

♥ 주의집중 놀이 대화법

지금부터 숫자들을 불러줄 거야.

집중해서 잘 듣다가 2 바로 뒤에 1이 나오면 종을 치는 거야.

천천히 부를 테니까 잘 들어봐. 시작! 1, 1, 1, 2, 2, 1.

(아이가 종을 친다) 맞았어, 1점!

다시 부를게. 2, 2, 1, 1, 2, 2, 2, 2, 1, 1, 1…….

어? 그냥 지나간 것 같은데? 다시 불러볼게. 시작!

♥ 놀이 TIP

1. 숫자만 연속해서 불러주는 활동이라 아이의 흥미가 떨어지면 크고 작게, 빠르고 느리게, 재미있고 우스꽝스럽게 등 목소리 톤을 달리하여 아이의 흥을 돋우며 웃게 만드는 재치가 필요하다.
2. 주의를 전환하는 연습을 하는 것이 목적이다. 필요 이상으로 숫자 배열의 난이도를 올리지 않도록 한다.
3. 종이 없을 때는 손뼉치기나 책상 치기, 혹은 실로폰이나 작은북 등을 사용해도 좋다.

전환주의력 놀이 활동 ⑥ 숫자와 글자 연결하기

전환주의력이 부족한 아이들은 하나의 활동에 오래 집중할수록 주의 전환의 어려움이 더욱 가중된다. 이런 경우에는 지속하던 주의를 일단 멈추는 데 좀 더 초점을 둔 다음에 다른 활동에 주의를 기울이는 연습이 필요하다. 숫자 한 번, 글자 한 번을 번갈아 연결하는 이 놀이가 거기에 딱 부합한다.

놀이 방법

1. 먼저 종이에 1~10의 숫자를 자유롭게 여기저기에 써넣는다.
2. '가'부터 '차'까지 한글도 역시 같은 방식으로 추가한다.
3. '1→가→2→나→3→다→4→라→5→마→6→바→7→사→8→아→9→자→10→차'와 같이 숫자 한 번, 한글 한 번을 순서대로 연결하도록 지시한다.
4. 아이가 연결하는 도중에 엄마가 곁에서 작은 소리로 "그만!"이라고 말한다. 이때 아이가 연필을 떼고 부모의 얼굴을 보도록 한다.
5. 부모가 "다시 시작"이라고 말하면 아이는 다시 연결 순서를 찾아서 이어나간다.

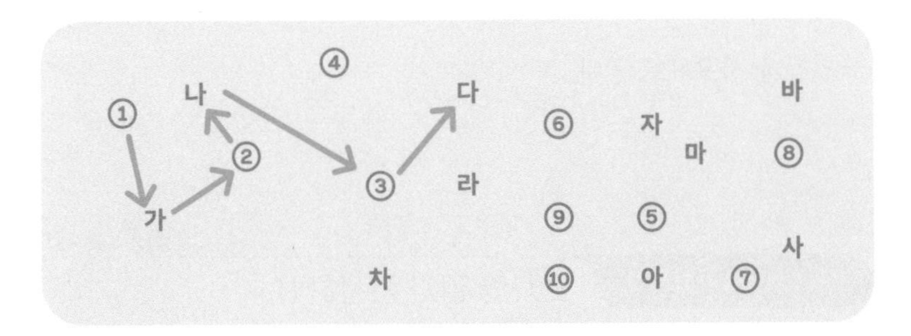

6. 아이가 연결에 몰입하기 시작하면 부모는 다시 "그만!"이라고 말한다.

7. 숫자와 한글 연결이 다 끝날 때까지 이 같은 과정을 반복해서 수행한다.

♥ 주의집중 놀이 대화법

엄마는 1부터 10까지 숫자를 종이에 쓸게. 너는 가나다라를 10개까지 써줘.

가나다라…… 하고 10개까지 쓰려면 어떤 글자까지 써야 하지?

그래, '차'까지 쓰는 거야. 엄마처럼 적당히 떨어뜨려서 쓰면 돼.

이제 준비됐으니 놀이를 한번 해볼까?

숫자와 글자를 한 번씩 번갈아서 순서대로 이어가는 거야.

그러다가 중간에 엄마가 "그만!"이라고 외치면 잠시 멈추고 엄마 얼굴을 보는 거지.

그런 다음에는 셋을 세고 나서 다시 이어가면 돼.

헷갈리지 않게 집중해서 시작!

♥ 놀이 TIP

1. 아이의 동기를 유발하기 위해서는 놀이판을 아이와 함께 만드는 것이 좋다.
2. 아이의 수준을 고려해 숫자와 한글 범위, 놀이 시간을 조정한다.
3. 놀이 규칙도 '1→2→가→나→3→4→다→라……' 등 다양하게 응용할 수 있다.
4. 아이의 수준에 맞게 100부터 거꾸로 연결하기, 노래나 시 혹은 알파벳을 활용해도 좋다.

⑤ 부모의 목소리 크기와 중단 횟수도 아이의 수준에 맞게 조절하며 진행한다.

전환주의력 놀이 활동 ⑦ 8282(빨리빨리) 게임

초록색, 빨간색, 파란색으로 이루어진 총 73장의 숫자 카드를 사용하는 보드게임으로, 상황과 조건의 변화에 신속하게 반응하도록 연습시키고 문제 처리 속도도 높여준다. 이 놀이에서 이기려면 주의를 집중해서 카드에 적힌 문제를 빨리 계산해야 하고, 문제가 바뀔 때마다 바뀐 문제로 주의를 바로 전환해 다시 또 계산해야 한다. 여럿이 경쟁하는 상황에서는 최대한 빠르게 답을 내야 하므로 주의를 신속하게 전환하면서도 그때마다 집중을 유지하는 연습이 강도 높게 이루어진다.

♥ 놀이 방법

① 각 색깔 카드마다 중앙에 1~10의 숫자가 크게 적혀 있고, 그 숫자의 오른쪽 위 모서리에 ±1(초록색 카드), ±2(파란색 카드), ±3(빨간색 카드) 중 하나가 작게 적혀 있다.

② 카드 중앙에 적힌 큰 숫자에 1, 2, 3을 더하거나 빼라는 표시다.

③ 그 답을 빨리 계산해서 다른 사람보다 일찍 답이 되는 카드를 낸다.

④ 그런 다음에 내놓은 그 카드의 조건에 맞는 답을 찾아서 다시 내

는 방식이다.

5. 카드 73장을 잘 섞은 후 맨 위의 카드 1장은 테이블에 놓고, 나머지 카드는 똑같이 나눠 가지는 것을 시작으로, 더 이상 계산이 안 될 때까지 카드를 제일 적게 남긴 사람이 이긴다.

$5^{\pm 2}$ ▸ $3^{\pm 1}$ ▸ $4^{\pm 2}$ ▸ $2^{\pm 1}$ ▸ $1^{\pm 2}$ ▸ $3^{\pm 2}$

♥ 주의집중 놀이 대화법

숫자 3이 적힌 카드 위에 있는 ±1은 3+1을 하거나 3−1을 하라는 의미야.

계산하면 4와 2, 2개의 답이 나오지? 그중 하나를 내는 거야.

'4'와 '2' 카드 중 하나를 골라 '3' 카드 위에 상대보다 빨리 내면 성공이야!

너는 '4' 카드를 냈구나. 이제 숫자 4 위에 있는 ±2도 같은 방식으로 계산하면 돼.

먼저 조금 천천히 연습부터 해볼까?

덧셈과 뺄셈을 같이 생각하려니 어렵구나.

그럼 이번에는 덧셈만 해볼까?

천천히 계산하니까 잘하네.

♥ 놀이 TIP

1. 계산에 서툰 아이가 지레 포기하지 않도록 처음에는 소리 내어 천천히 계산하고, 또 웃고 떠들면서 즐거운 분위기로 만들어줘야

한다.

② 10±2처럼 덧셈 값이 10을 넘어갈 경우에는 10을 빼고 남는 수를 답으로 친다고 설명하면 10을 넘어가는 덧셈을 어려워하는 아이라도 쉽게 이해한다.

③ 수셈을 유난히 어려워한다면 처음에는 천천히 손가락셈을 사용해도 좋고, 10단위 이상의 경우에는 부모가 도와줘도 좋다.

④ 아이가 손으로 카드를 잘 잡지 못한다면 처음에는 바닥에 늘어놓은 상태에서 놀이할 수 있도록 한다.

06

초등 4~6학년을 위한 지속주의력 키우기

●● 어렵고 재미없는 과제도 견디게 해주는 지속주의력 연습

지속주의력(90쪽 참고)은 자신에게 필요한 자극이나 정보, 과제에 주의를 지속적으로 기울이는 힘이다. 지속주의력이 부족하면 주의가 쉽게 분산되기 때문에 아이가 가만있지 못하고 자꾸 딴짓을 하거나 과제를 끝내지 못하기 일쑤다. 그런데 아무리 책망해도, 반대로 격려해도 아이의 행동이 좀처럼 나아질 기미가 보이지 않는다면 어떻게 해야 할까?

이런 경우에 단순히 아이를 야단치거나 응원하는 것만으로는 그 문제가 쉽게 해결되지 않는다. 아이가 자신에게 필요한 만큼 주의를 지속하지 못하는 원인으로는 여러 가지가 있겠지만, 기본적으로 그 활동에 대한 관심과 흥미가 결여되어 있는 경우가 많다. 따라서 지속주의력을 키워주기 위해서는 우선 아이의 능동적 태도와 자발성을 끌어내는 것이 무엇보다 중요하다. 아이가 어떤 활동에 관심과 흥미를 보이며 도전하고 싶은 마음이 생길 때 지속주의력도 발휘되기 때문이다.

글자가 싫고 읽기도 힘들어하는 아이에게 읽을거리가 많은 보드게임을 하자고 하면 어떨까? 당연히 시작부터 순조롭지 않다. 어찌어찌 달래서 게임을 시작하더라도 아이는 연신 "언제 끝나?", "이거 하고 나서 저거 해?", "그냥 엄마가 이겼다고 해"라면서 건성건성 빨리 끝내고 싶은 마음뿐이다.

여러 번 얘기했지만, 우리 뇌는 감정적 문제에 우선적으로 에너지를 쏟는다. 아이의 뇌는 이미 읽기에 대한 불편한 감정에 잠식되어 지속주의력까지 발휘할 에너지가 부족하다. 주의를 지속하기 어려워하는 아이들이 이 같은 문제를 많이 호소한다는 점에서 지속주의력은 즐거운 놀이 경험을 통해 길러주는 게 바람직하다.

지금부터 아이와 부모가 일상에서 부담 없이 지속주의력을 훈련할 수 있는 7가지 놀이 활동을 소개하고자 한다. 대부분 부모나 가족, 친구들과 같이하는 놀이 방식이어서 아이가 흥미와 관심을 가지고 자발적으로 참여할 것이다. 여기에서 추천하는 활동들의 목표는 시각 자극이나 청각 자극에 주의를 집중하여 과제를 해결해나가는 것, 외부의 방해 자극이나 다른 사람의 영향을 받지 않고 자신이 수행해야 할 과제에 집중하여 완수하는 것, 긴 시간 동안 주의를 유지해보는 것, 그리고 전략적 사고를 토대로 문제를 해결할 수 있는 다양한 가능성을 탐색해보는 것 등이다.

이런 꾸준한 활동들을 통해 길러진 지속주의력은 아이가 좀 더 어려운 활동과 과제도 견뎌나가도록 도와준다. 고학년으로 올라갈수록 아이가 수업 시간에 수행해야 하는 과제나 활동이 점점 늘어나고, 숙제의 양도 무척 버거워진다. 지속주의력이 아직 충분하지 않은 아이들에게는 과제나 활동을 끝낼 때까지 주의를 계속 기울일 수 있는 연습이 꼭 필요하다.

●● 일상생활을 개선해주는 3가지 지속주의력 놀이 활동

지속주의력 놀이 활동 ❶ 좌회전 금지 미로 찾기

아이가 미로 찾기에 익숙하다면 '좌회전 금지 미로 찾기'에 도전하자. 좌회전 금지 미로에서는 직진과 우회전만 가능하고 좌회전을 할 수 없다. 좌회전이 필요한 구간에서는 P턴을 활용하는 등 목표 방향으로 나아갈 수 있는 새로운 방법을 아이와 같이 연구해봐야 한다. 기존에 알던 방식으로 길을 따라가다가 막히면 아이는 쉽게 주의가 산만해져 이탈하게 된다. 이 놀이에는 도중에 포기하지 않고 주의를 지속할 수 있는 능력, 신중하게 생각해서 행동할 수 있는 능력, 작업기억력 등 많은 인지능력이 요구된다. 좌회전 금지라는 까다로운 조건이 주의의 지속을 방해하지만, 한편으로 끝까지 완수한 후 느끼게 되는 성취감과 P턴에 대한 신기함이 지속주의력을 키워준다.

♥ 놀이 방법

1. (좌회전을 하지 않고도 길을 찾을 수 있는) 미로를 제시하고 풀게 한다.
2. 아이가 너무 쉽게 풀면 좌회전 금지 규칙을 설명한다.
3. 좌회전을 하지 않고 어떻게 갈 수 있느냐고 아이가 질문하면 P턴 시범을 보여준다.
4. P턴은 여러 번 사용할 수 있다.
5. 유튜브에서 '택배 회사는 좌회전을 하지 않는다(미국 배송 회사 UPS의 사례)'와 관련한 동영상을 찾아보면서 새로 알게 된 사실이 얼마나 신기한지 함께 느껴보자.
6. P턴이 실제로 교통사고율을 낮추고 연료를 절감해준다는 사실도 알려주자.
7. '좌회전 금지 미로'는 다양하게 검색되지만, 아이와 함께 직접 만들어보는 것도 재미있다.

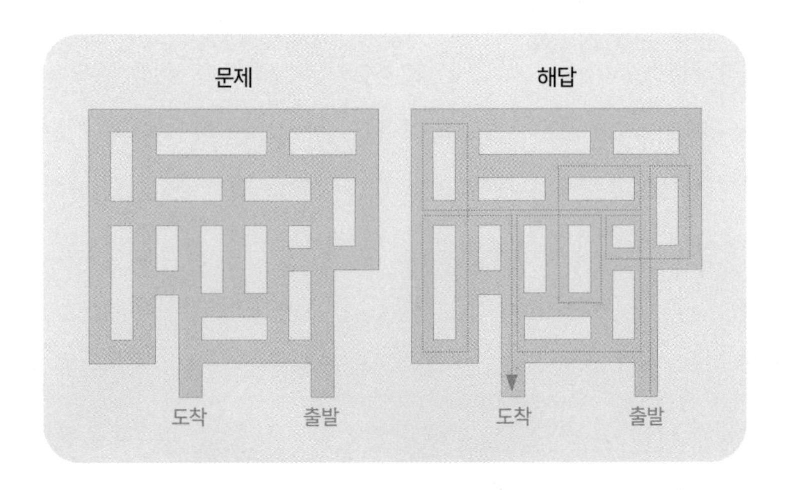

주의집중 놀이 대화법

이 미로를 빠져나와봐. 너무 쉽지. 이렇게 쉬우면 재미가 없잖아.

중요한 규칙이 있어. 좌회전을 하지 않고 이 미로를 탈출할 수 있을까?

어느 길로 가야 우회전만으로 잘 갈 수 있을지 눈으로 먼저 따라가볼까?

앗! 막혔네? 이쪽으로 가야 하는데 어떻게 좌회전을 안 하고 돌아갈 수 있을까? 자꾸만 좌회전을 하게 되는구나. 좀 더 천천히 생각해볼까?

이렇게 막혔을 때는 서두르지 말고 잠시 멈추어 골똘히 생각해보자.

그래, 좋은 생각이야. 이렇게 돌아가면 이쪽으로 갈 수 있겠다.

여러 번 실패해도 포기하지 않고 끝까지 잘하는구나.

놀이 TIP

1. 미로 찾기는 출발점에서 출발하여 복잡한 갈림길들 속에서 도착점을 찾아가는 놀이로, 미로를 빠져나오는 데 긴 시간이 걸리므로 길게 주의를 지속하는 연습을 하는 데 유용하다.
2. 여러 인지능력이 필요한 미로 찾기 활동은 조금만 난이도를 올려도 아이가 어려워할 수 있다. 아이가 막다른 벽에 부딪혔을 때 좌절을 견딜 수 있도록 격려하고 견인하는 것이 중요하다.
3. 일반적인 미로 찾기에 익숙하기 때문에 이 놀이를 처음 하게 되면 자꾸만 좌회전을 하게 된다. 좌회전은 금지한다는 규칙을 알려주면서 그동안의 습관대로 움직이지 말고 신중하게 천천히 길을 찾아야 한다고 응원한다. 아이가 새로운 미로 찾기에 익숙해질 때까지 시범을 보이면서 연습한다.

입체 사목 놀이

입체 사목 놀이는 서로 마주 보고 자기 순서에 벽처럼 세워진 판에다가 동그란 칩을 하나씩 넣어서 가로, 세로, 대각선으로 4개를 먼저 이으면 이기는 빙고 게임이다. 자기 칩을 잇기 위해 가로, 세로, 대각선을 잘 살펴야 할 뿐만 아니라 상대의 칩도 확인하고 방어하면서 전체 진행 상황을 놓치지 않아야 하므로 지속적인 주의집중을 요구한다.

♥ 놀이 방법

① 가위바위보로 순서를 정한다. 더 어린 사람이 먼저 시작해도 좋다.

② 이긴 사람이 칩의 색깔을 정하고, 자기 칩을 하나 벽판에 집어넣

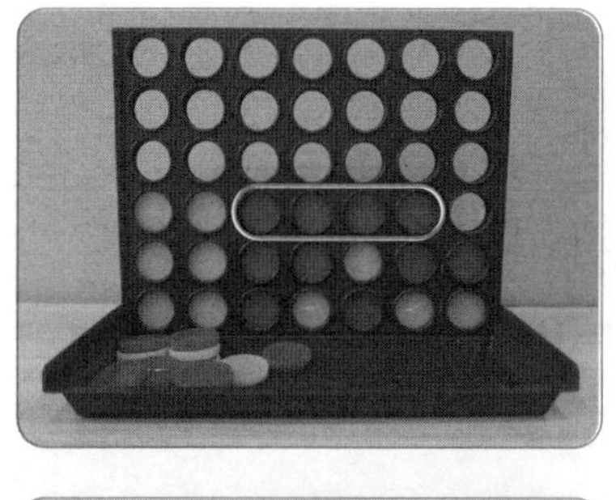

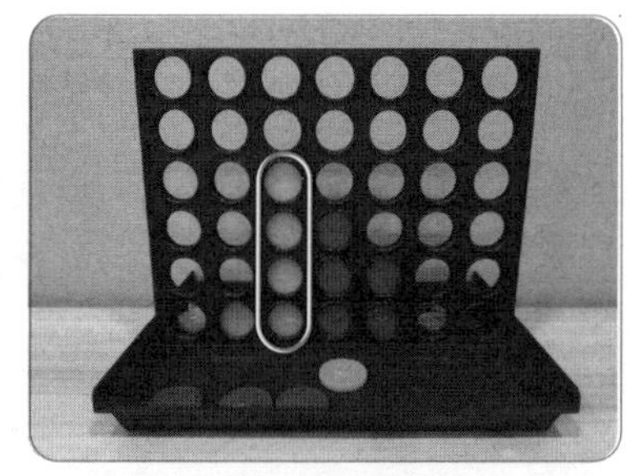

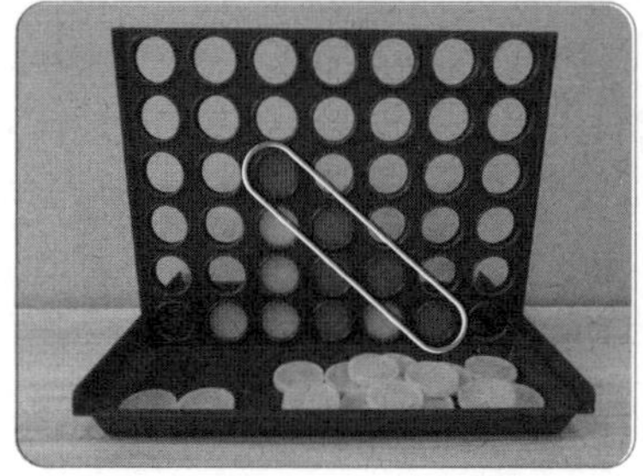

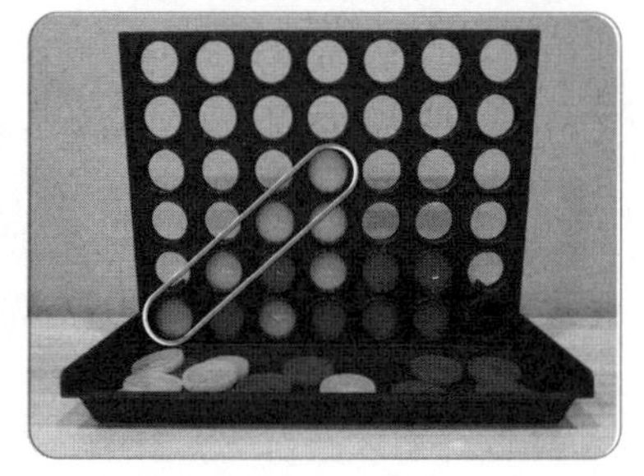

는다.

3. 그다음에는 진 사람이 남은 색깔의 자기 칩을 집어넣는다.
4. 가로, 세로, 대각선 중 어느 방향으로든 자기 칩 4개를 먼저 이으면 이긴다.

주의집중 놀이 대화법

이기고 싶어서 자기 칩만 이으며 공격하고 상대 칩을 안 보면 위험해질 수 있어.

상대가 무엇을 하려는지 잘 관찰하면 예측할 수 있어.

와~ 매의 눈처럼 아주 잘 찾는구나!

너는 공격형이야? 방어형이야? 이번 판에서는 어떤 전략을 썼어?

위기가 와도 침착하게 잘 막네!

놀이 TIP

1. 먼저 예시와 시범을 통해 아이가 4목을 만드는 방법을 익히도록 돕고, 또 놀이 중에도 필요할 때 약간의 힌트를 주면서 기다려주기도 해야 한다.
2. 아직 주의력이 부족한 아이는 자신이 4목을 완성하고도 미처 발견하지 못할 수 있다. 천천히 잘 살펴보도록 알려준다.
3. 이 놀이에 익숙해지면 자신이 칩을 끼우면 상대가 어디에 끼울지, 4목을 완성하려면 미리 어디에 끼워두는 것이 좋을지도 예측할 수 있게 도와준다.

④ 쉽게 잘하게 되면 삼차원 입체 사목에도 도전해보자.

지속주의력 놀이 활동 ❸ 오목이 아닙니다

'오목이 아닙니다' 놀이는 이름 그대로 오목 게임이 아니다. 게임 규칙대로 다른 곳에 주의를 분산하지 말고 자기 과제에만 집중해서 열심히 하면 된다. 하지만 경쟁에 길들여진 아이들은 자기 목표를 잊고 상대가 오목을 만들지 못하도록 방해하는 데 집중한다. 경쟁적 행동이 관성화된 결과다. 자기 목표를 정확히 알고서 내면의 습관적 의식에 방해받지 않고 지속주의력을 키우는 데 도움이 되는 활동이다.

♥ 놀이 방법

1. 각자 ☆, ○, △ 같은 자기 표식을 하나씩 정한다.
2. 순서대로 아래와 같은 모눈종이에 자기 차례가 돌아오면 한 번씩 자기 표식을 표시한다.
3. 자기 표식을 4개 연속으로 이으면 1점, 5개 연속으로 이으면 2점, 6개 연속으로 이으면 3점, 7개 이상 연속으로 이으면 모두 4점을 얻는다.
4. 더 이상 표식을 그릴 공간이 없으면 게임을 끝내고 점수를 계산한다.
5. 합계 점수가 많은 사람이 이긴다.

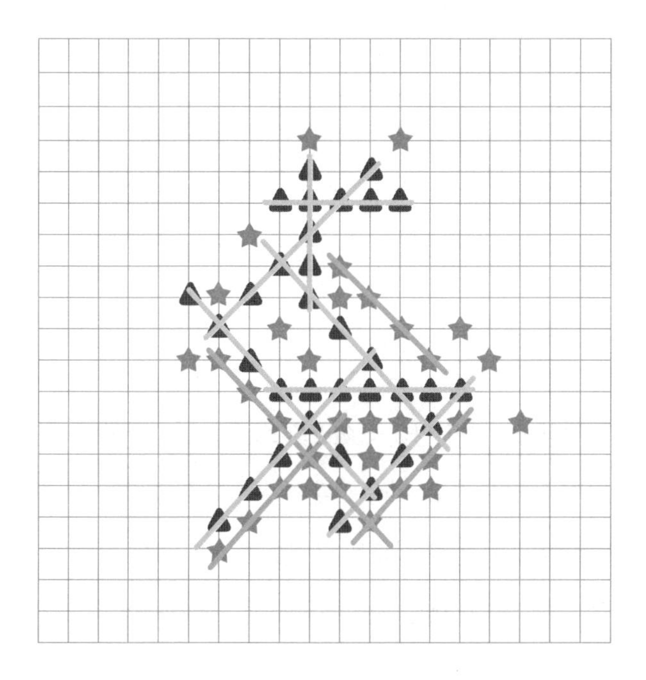

이름	표식	점수	합계
준희	☆	• 4개 연속 : 1점×2개=2점 • 5개 연속 : 2점×1개=2점 • 6개 연속 : 3점×1개=3점 • 7개 이상 연속 : 0개	7점
엄마	△	• 4개 연속 : 0개 • 5개 연속 : 2점×3개=6점 • 6개 연속 : 3점×3개=9점 • 7개 이상 연속 : 4점×2개=8점	23점

♥ 주의집중 놀이 대화법

이 놀이에서는 어떻게 해야 점수를 많이 딸 수 있을까?

왜 아까 엄마를 막았어? 혹시 네가 질 것 같은 생각이 들었니?

엄마를 막다가 다시 네 점수를 내는 데 집중했는데 무슨 생각을 한 거야?

결과적으로 네가 진 이유가 뭘까? 엄마가 이긴 이유가 뭘까?

자기 점수를 높이면 되는데 왜 막아야 한다는 생각이 들었을까?

♥ 놀이 TIP

1. 놀이 시작 전, 놀이 이름과 설명을 스스로 읽고 생각하게 한다. 놀이 방법을 잊지 말고, 여러 생각이 들어도 다른 곳으로 주의를 돌리지 않아야 이길 수 있음을 말해주는 것도 좋다.
2. 이 놀이는 한 가지에만 주의를 집중하도록 아이에게 요구한다. 여러 생각으로 주의가 산만해져 주의의 지속이 어려운 아이에게 많

은 도움이 되며, 자기 내면에서 어떤 현상이 일어나는지 자각할 수 있는 좋은 활동이다.

3. 놀이가 끝난 후 경쟁심과 감정 조절에 대해 아이와 함께 솔직하게 이야기를 나누는 것도 매우 바람직하다.

●● 공부력을 쌓아주는 4가지 지속주의력 놀이 활동

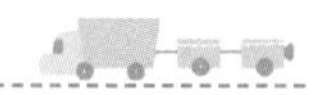

지속주의력 놀이 활동 ❹ 모눈 칸에 모양 옮기기

시각적·청각적 자극에 대해 차례차례 정확하게 보고 듣고 끝까지 완수하는 능력이 키워지지 않으면 고학년 공부를 할 때 어려움을 겪게 된다. 글을 읽거나 선생님의 설명을 듣더라도 그 내용이 제대로 머릿속에 남지 않기 때문이다.

따라서 그런 아이에게는 공부 과정을 탄탄하게 해주는 기본 훈련이 중요하다. 모눈 칸에 다양한 모양을 옮기는 활동은 시선을 순차적으로 이동하여 글자, 숫자, 기호, 도형 등을 하나하나 정확히 보고서 다른 곳에 똑같이 옮겨 쓰면서 주의를 중단하지 않고 지속할 수 있게 해준다. 모눈 칸의 가로세로 개수를 확실히 세고, 도형 모양을 변별하고, 한 줄씩 차례로 끝까지 과제를 완수하는 데 초점을 둔다.

놀이 방법

1. 8×8칸 혹은 10×10칸인 모눈종이를 만든다. 자를 이용해 아이와 직접 만들어도 좋고, 컴퓨터 작업을 거쳐 출력해도 좋다.
2. 초등학생이라면 모눈종이부터 직접 만드는 것이 더 바람직하다.
3. 부모와 아이 모두 글자, 숫자, 기호, 도형 등을 이용해 다음과 같은 문제지를 1장씩 만든다.
4. 상대가 만든 문제지를 보고 옮겨 쓰기를 시작한다.
5. 끝나면 잘 옮겨 쓴 것과 잘못 옮겨 쓴 것을 꼼꼼하게 확인하면서 서로 채점해준다.

1		▼				▣	
			9				
				↓	◲		3
▮		5					
4				卐		7	
	4						
		17		◀			
	◰					◭	

▶

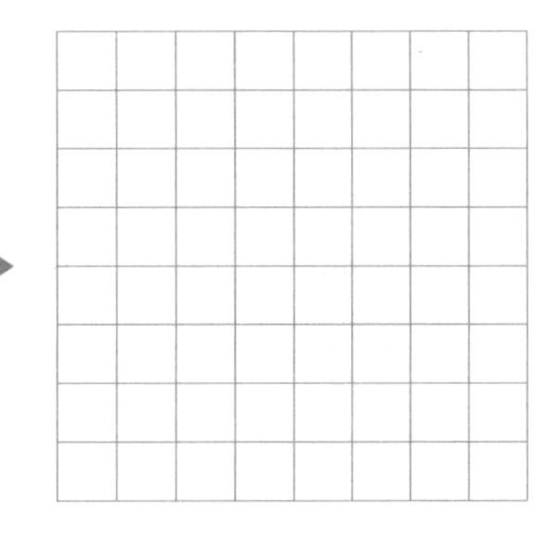

주의집중 놀이 대화법

여러 모양을 잘 그렸네. 어떻게 하면 빠트리지 않고 정확히 옮길 수 있을까?

이것과 저것은 모양이 서로 비슷해서 헷갈리겠다.

이렇게 헷갈릴 때는 맨 윗줄부터 한 줄씩 차근차근 옮겨보면 어떨까?

와~ 잘 관찰하고 정확히 옮겼구나! 기호 모양도 아주 정확하네.

정말 꼼꼼하게 끝까지 잘하는구나.

♥ 놀이 TIP

1. 모눈 칸을 함께 세고, 아이가 옮겨 써야 할 위치를 정확히 찾을 수 있도록 도와주자.
2. 아이가 숫자 등을 쓰거나 도형을 그리는 데 어려움을 겪는다면 모눈 칸 밖의 여백에 연습한 후 모눈 칸에 옮기도록 한다.
3. 처음부터 이 활동에 집중하기 힘들어한다면 가로줄과 세로줄에 번호를 매겨서 좌표 형식으로 이해할 수 있게 도와줘도 좋다.
4. 처음에는 시간 제한을 두지 않다가, 아이가 원활한 수행이 가능해지면 시간 제한을 두어서 몰입도를 높이는 것도 좋다.
5. 즐거운 분위기로 아이를 격려하고 칭찬하며 이끌어가는 것이 중요하다.

지속주의력 놀이 활동 ⑤ 암호로 비밀 편지 쓰기

글자나 모양을 정해진 규칙대로 변형하는 놀이이다. 다른 사람이 모르는 방식으로 암호를 만들거나, 반대로 암호를 푸는 놀이는 아이들이 매우 좋아하는 활동이다. 4~5줄짜리 짧은 편지를 암호문으로 작성한다면 그 과제에 빠져서 상당히 긴 시간 동안 집중하게 된다. 한 가지 과제에 오래도록 주의를 지속하는 것이 어려운 아이들에게 큰 도움이 된다.

놀이 방법

1. 다음과 같이 한글의 자음과 모음을 숫자나 기호 등과 짝을 짓고, 암호로 바꾸는 규칙을 설명한다.
2. 한번 시작하면 끝까지 멈추지 않고 완수해야 한다고 약속한다.
3. 간단한 단어부터 암호화하고 구句, 절節, 문장으로 확장한다.
4. 암호화가 끝나면 틀린 곳이 없는지 아이와 차근차근 확인한다.
5. 잘못 암호화한 것이 있다면 왜 그랬는지 얘기해본다.
6. 아이가 끝까지 꼼꼼하게 완수해낸 것에 대해 칭찬해준다.
7. 암호문 퀴즈를 다른 가족에게 낸다.

ㄱ	ㄴ	ㄷ	ㄹ	ㅁ	ㅂ	ㅅ
1	2	3	4	5	6	7
ㅇ	ㅈ	ㅊ	ㅋ	ㅌ	ㅍ	ㅎ
8	9	10	11	12	13	14
ㅏ	ㅑ	ㅓ	ㅕ	ㅗ	ㅛ	ㅜ
◎	●	◈	∩	♣	♀	♥
ㅠ	ㅡ	ㅣ				
◆	♪	※				

- 겨울→1∩8♥4
- 예쁜 마음→8∩※66♪2 5◎8♪5
- 너무 슬펐습니다→ ______________

주의집중 놀이 대화법

암호를 만들면 비밀 편지를 주고받을 때 좋겠지?

엄마랑도 가끔 비밀 편지, 어때?

암호문 해답지를 만드는 게 헷갈리네. 좀 도와줘.

되게 오랫동안 집중하네. 진짜 집중해서 잘하는구나.

내일은 아빠에게 진짜로 암호 편지를 써보자.

아빠가 그 편지를 받으면 엄청 신기해하실 거야.

놀이 TIP

1. 문장을 암호화할 때도 우선 짧은 문장부터 시작해서 문장 길이를 점차 늘려가는 것이 좋다.
2. 한 글자씩 자음과 모음마다 꼼꼼하게 변환해야 하기에 성급하고 서두르는 아이, 한 과제에 주의를 지속하는 것이 어려운 아이에게 무척 도움이 되는 활동이다.
3. 평소보다 주의 지속 시간이 길어지면 그 점을 구체적으로 칭찬해 강화한다.
4. 아이의 암호를 부모가 풀거나, 반대로 부모의 암호를 아이가 푸는 식으로 번갈아 진행하면 더욱더 흥미를 갖는다.

지속주의력 놀이 활동 ⑥ 아나운서 놀이

정확히 소리 내어 읽는 데는 지속적으로 주의를 집중하는 능력이 매우 중요하다. 글의 내용을 기억하고 이해하며 동시에 소리 내어 읽어야 하기 때문에 중간에 산만해지면 주의를 지속하여 끝까지 수행하기가 어렵다. 정확한 발음 연습으로 활용하기도 하는 재미있는 문장들로 아이의 지속주의력을 높여보자.

놀이 방법

1. 다음과 같이 분명한 발음을 요구하는 문장들을 제시한다.
2. 틀리지 않고 정확하게 읽기를 연습한다.
3. 정확히 읽을 수 있게 되면 이번에는 문장을 보지 않고 말하는 연습을 한다.
4. 문장을 보지 않고 정확히 말하면 '통과'한다.
5. 다섯 문장을 먼저 통과하는 사람이 이긴다.

- 작은 토끼 토끼통 옆에는 큰 토끼 토끼통이 있고, 큰 토끼 토끼통 옆에는 작은 토끼 토끼통이 있다.
- 간장공장 공장장은 강 공장장이고, 된장공장 공장장은 장 공장장이다.
- 앞집 팥죽은 붉은팥 풋팥죽이고, 뒷집 콩죽은 햇콩단콩 콩죽이다.
- 들의 콩깍지는 깐 콩깍지인가, 안 깐 콩깍지인가?
- 도토리가 문을 도로록, 드르륵, 두루룩 열었는가? 드로록, 도루룩, 두르륵 열었는가?
- 귀돌이네 담 밑에서 귀뚜라미가 귀뚤뚤뚤 귀뚤뚤뚤, 똘똘이네 담 밑에서 귀뚜라미가 뚤둘둘둘 뚤둘둘둘.
- 내가 그린 구름 그림은 새털구름 그린 그림이고, 네가 그린 구름 그림은 뭉게구름 그린 그림이다.
- 경찰청 철창살은 쇠철창살이냐 철철창살이냐, 검찰청 쇠철창살은 새쇠철창살이냐 헌쇠철창살이냐?

주의집중 놀이 대화법

이 문장들을 읽어보고 네가 제일 자신 있는 문장을 선택해봐.

처음에는 정확히 읽는 연습을 하다가 익숙해지면 외워서 읽는 거야.

무사히 통과하면 1점.

발음하기 힘든 구간은 여러 번 천천히 집중해서 읽으면 돼.

반복해서 정확하게 읽다 보면 저절로 외워질 수 있어. 자신 있으면 도전!

놀이 TIP

1. 발음이 꼬이고 실수해도, 아이가 말놀이의 즐거움을 깨닫도록 재미있는 놀이처럼 진행하는 것이 중요하다.
2. 아이들은 마음이 급해서 자꾸 도전하려고만 한다. 정확히 외워서 말할 자신이 생겼을 때 도전하도록 이끈다.
3. 아이가 연습하지 않고 도전만 자꾸 하려 들면 한 문장에 도전 기회를 3번 정도로 제한해도 좋다.
4. 낮에 몇 문장을 외우고 저녁에 다시 외우기를 놀이처럼 진행하면 아이가 기억력을 강화하고 주의력을 지속하는 방법도 배운다.

지속주의력 놀이 활동 ⑦ 계산기 놀이

다른 사람이 불러주는 수셈을 정확히 듣고 계산기에 입력해 답을 구하는 놀이다. 숫자와 연산기호에 주의를 기울여 잘 듣고서 정확하게 계산기 버튼을 눌러야 한다. 놀이 방식은 단순하지만, 확실하게 듣고서 조작하며 주의를 지속해나가는 훈련에 무척 도움이 된다. 특히 수학에 거부감을 느끼는 아이에게 수셈 활동을 친숙하게 만들어준다.

놀이 방법

1. 계산기와 노트를 준비한다.
2. 노트에 문제와 답을 미리 적어놓는다.
3. 부모가 노트의 문제를 부르고, 아이는 계산기로 이를 계산하여 그 결과를 별도의 종이에 기록해나간다.
4. 계산 결과를 확인한다.

문제	정답
① 2+5+7=	①
② 32+29+41+23=	②
③ 731+249+325+158−203=	③
④ 65+54−29+45+39+364−51=	④
⑤ 55+932−43+37−119+256−32=	⑤
⑥ 226+780−32+540−29+984+31=	⑥
⑦ 690−541+34+68+98+31+49−142=	⑦
⑧ 480+320−23+461−156+34+78+28=	⑧
⑨ 190+350+573+582+45−29+60−328=	⑨
⑩ 926+138+29−49−29−58+649+2873=	⑩
정답 개수 : ______	걸린 시간 : ______

♥ 주의집중 놀이 대화법

암산 게임이 아니야.

엄마가 부르는 것을 잘 듣고서 정확한 숫자를 눌러야 해.

더하기, 빼기 기호도 헷갈리지 않아야 하지.

엄마의 속도가 빠르면 조절할게.

엄마가 말한 숫자가 기억나지 않는다고?

그럴 때는 한번 듣고 너도 입으로 따라 말하면 도움이 될 거야. 준비됐니?

그럼 엄마가 불러주는 문제를 잘 듣고 계산기로 계산한 후 답을 말해봐.

이제 엄마의 문제대로 네가 정확히 눌렀는지 답을 확인해볼까?

아, 계산 결과가 틀렸어.

계산기 화면을 보고 어디에서 실수했는지 확인해보자.

♥ 놀이 TIP

1. 아이의 연령과 개인적 특성을 고려하여 난이도를 적절하게 조절해야 한다. 숫자의 단위와 개수뿐만 아니라 더하기와 빼기만 할 것인지, 아니면 다른 연산도 포함할 것인지 결정한다. 특히 공부처럼 느껴지지 않도록 흥미롭게 진행한다.
2. 처음 수행한 활동지와 나중에 수행한 활동지를 같이 보면서 정답 개수, 걸린 시간 등에 대해 같이 얘기하고 변화가 있다면 그 이유를 알아본다.
3. 중간에 하나라도 빼먹거나 잘못 입력하게 되면 계산값이 틀려지니 아이가 주의력을 유지할 수 있도록 격려한다.

④ 스마트폰 계산기를 활용하면 아이가 누른 숫자가 화면에 기록되어 어디에서 잘못됐는지 확인할 수 있다.

⑤ 귀로 들은 숫자를 따라 말하면 잘못 들었는지, 듣기는 잘했으나 정확히 누르는 데서 문제가 생겼는지 확인할 수 있다.

⑥ 계산 능력을 키우는 놀이가 아니므로 이 놀이를 하지 않는 평상시에나 공부 과정에서 숫자를 계산할 때는 계산기를 사용하지 않는 것이 좋다는 설명도 필요하다.

⑦ 숫자를 한꺼번에 2~3개씩 불러주고 계산기를 누르게 하면 작업기억 연습도 함께할 수 있다.

07

초등 4~6학년을 위한 분할주의력 키우기

●● 고학년 수업도 쉽게 따라가게 해주는 분할주의력 연습

분할주의력(98쪽 참고)은 자신에게 필요한 여러 자극에 동시에 주의를 기울이는 능력이다. 그런데 앞에서도 설명했듯이 2가지 이상에 동시에 주의를 기울이는 것은 어려운 일이다. 뇌의 한정된 가용 자원을 최대한 효과적으로 사용하기 위해 우리 뇌는 하나의 자극을 선택하여 그것을 집중적으로 처리하도록 프로그래밍되어 있기 때문이다.

그래서 2가지에 동시에 주의를 기울일 때는 그중 한 가지를 자동적으로 처리할 수 있을 만큼 충분히 숙달되어 있어야 한다. 예를 들어 드럼 연주는 손과 발의 기술이 제각기 어느 정도 숙련돼야 가능하고, 운전 기술에 능숙해야 운전하면서 옆 사람과 대화를 나눌 수 있다. 아이의 경우에도 듣기와 쓰기, 그리고 이해력이 갖춰져야만 실시간으로 진행되는 선생님의 수업 내용을 머릿속으로 정리하며 따라갈 수 있다(그런데 설령 2가지 중 하나를 자동으로 처리할 정도로 숙달했다고 해도 나머지 하나가 복잡하여 고차원적 주의를 기울여 몰두할 필요가 있을 경우에는 주의를 분할하는 것이 불가능해질 수도 있다는 점 역시 기억하자).

분할주의력이 필요한 활동들에서는 청각적 자극 및 정보와 시각적 자극 및 정보 모두에 주의를 기울여 한꺼번에 처리하면서 그와 동시에 자신의 신체 움직임도 조절해야 한다. 즉 여러 감각 자극과 신체 운동 반응에 동시에 주의하면서 그것들을 서로 결합해야 하는 것이다. 비교적 간단하고 단순해 보이는 활동이어도, 이런 활동들은 실제로 2가지 이상의 과제에 자기 주의를 효과적으로 분배해야 수행할 수 있다.

지금부터 분할주의력에 도움이 되는 놀이 활동을 소개하고자 한다. 처음에는 미숙하고 실수가 많아도 조금씩 천천히 놀이하다 보면 아이가 분명 발전하는 모습을 보일 것이다.

●● 일상생활을 개선해주는 3가지 분할주의력 놀이 활동

분할주의력 놀이 활동 ❶ 369 게임

369 게임은 특별한 도구가 필요하지 않아서 언제 어디서나 놀이할 수 있다. 게다가 이 놀이는 기본적으로 수를 세어야 할 뿐만 아니라 게

임 규칙을 계속 생각해야 하는 사고 활동, 그리고 입으로는 말하고 손 동작까지 해야 하는 신체 활동을 동시에 요구하는, 복잡한 분할주의력 활동으로 제격이다. 자기 순서에 맞게 숫자를 외치다가 특정한 조건에서는 주의를 전환하여 그 대신에 손뼉을 쳐야 하는 전환주의력 요소까지 포함하고 있어서 다양한 주의력을 집중적으로 훈련할 수 있다는 장점도 있다.

놀이 방법

1. 순서대로 돌아가면서 숫자를 1부터 외치다가 3, 6, 9가 들어간 숫자를 외칠 차례가 돌아오면 그 숫자를 외치는 대신 손뼉을 '짝!' 쳐야 한다.
2. '1, 2, 짝(3), 4, 5, 짝(6), 7, 8, 짝(9), 10, 11, 12, 짝(13), 14, 15, 짝(16), 17, 18, 짝(19), (…), 짝(29), 짝(30), 짝(31), 짝(32), 짝짝(33), 짝(34), 짝(35), 짝짝(36)……'으로 이어간다.
3. 자기 차례에 틀린 숫자를 외치거나 손뼉을 칠 순서에 숫자를 외치는 등 틀리면 지게 된다.
4. 처음에 모두 10점을 가지고 시작해서 틀리면 1점씩 까는 방법도 좋다.
5. 10점을 다 까먹는 사람이 나오면 놀이를 끝낸다.

주의집중 놀이 대화법

1부터 차례로 돌아가며 숫자를 셀 거야.

다만 3, 6, 9가 들어가는 숫자에서는 그 숫자를 말하지 않고 손뼉을 쳐야 한단다.

13, 16, 19에서도 손뼉을 치고 30, 31에서도 손뼉을 치는 거지.

그런데 33에서는 손뼉을 두 번 쳐야 해.

그렇다면 36에서는 몇 번 쳐야 할까? 39에서는?

계속 머릿속으로 함께 수를 세어야 잘할 수 있어.

잠시라도 다른 생각을 하면 숫자를 놓치니까 집중 잘하고.

이제 엄마부터 시작할게. 3, 6, 9 노래 시작.

3, 6, 9. 3, 6, 9. 1, 2, 짝, 3, 4, 5, 짝…….

♥ 놀이 TIP

1. 369 노래 장단에 따라 짧은 시간 안에 숫자를 말하거나 손뼉을 치려면 머릿속에서 규칙을 기억하면서 신체 동작의 타이밍도 잘 맞춰야 한다.
2. 운동 협응 능력이 부족해서 동작이 빠르지 못하거나 부정확한 아이는 따라 하기가 어렵다. 그럴 때는 놀이 속도를 조절해가며 아이가 천천히 박자에 적응해 따라올 수 있도록 함께 연습해줘야 한다.
3. 장단을 맞추어 일정한 속도로 놀이를 진행하다 보면 신나고 재미있어지는 게임이다.
4. 아이의 연령과 숙달 정도에 따라 손뼉 치는 규칙을 좀 더 복잡하게 변형할 수도 있다.

⑤ 다음과 같이 고난도 게임으로 변형할수록 손뼉 치는 간격이 짧아지고 복잡해져서 주의력이 발달할수록 더욱 흥미를 갖게 된다.

- 손뼉 대신 '짬뽕' : 1, 2, 짬(3), 4, 5, 뽕(6), 7, 8, 짬(9), 10, 11, 12, 뽕(13)……
- 3, 6, 9+3의 배수에도 손뼉 치기 : 1, 2, 짝(3), 4, 5, 짝(6), 7, 8, 짝(9), 10, 11, 짝(12), 짝(13), 14, 짝(15), 짝(16), 17……
- 3, 6, 9에 손뼉을 치면서 끝자리가 0과 5로 끝날 때 "야옹!" 외치기 : 1, 2, 짝(3), 4, 야옹(5), 짝(6), 7, 8, 짝(9), 야옹(10)……

분할주의력 놀이 활동 ❷ 노래하는 '청기백기'

기본 청기백기 놀이에 노래를 추가한 활동으로, 주의를 더 복잡하게 분할해서 집중해야 한다. 명령을 복잡하게 하면 정확하게 따라 하기 쉽지 않아서 고난도 활동이 된다. 노래를 중단하지 않고 부르며, 지시 내용에 주의를 집중해 듣고, 정확하게 행동으로 옮겨야 하므로 분할주의력의 발달에 큰 도움이 된다.

♥ 놀이 방법

① 나무젓가락에 색종이를 붙여서 청기와 백기를 만든다.

② 가위바위보로 이긴 사람은 지시를 하고, 진 사람은 깃발을 들고 노래를 하면서 지시를 듣는다.

3. 〈산토끼〉, 〈학교 종〉처럼 처음에는 부르기 쉽고 리듬감 있는 노래로 시작해서 여기에 익숙해지면 아이가 좋아하는 긴 노래도 부른다.
4. 깃발 든 사람이 노래를 부르기 시작하면서 게임이 시작되고, 노래가 짧게 끝나면 반복해서 부른다.
5. 지시하는 사람은 처음에는 "청기 올려", "백기 올려" 등 구별하기 쉽도록 단순하게 지시한다. 여기에 익숙해지면 "청기 올리고, 백기 내려!", "백기 내리지 말고, 청기 올려!", "청기 내리지 말고, 백기 내려"와 같이 복잡하게 지시한다.
6. 5번 이상 틀리지 않고 잘하면 칭찬하고 서로 역할을 바꾼다.

♥ 주의집중 놀이 대화법

엄마가 비비 꼬아서 어렵게 지시할 거야.

그러니까 노래하면서 엄마의 지시에도 동시에 집중해야 해.

엄마가 "청기 올려!"라고 하면 너는 노래를 부르며 청기를 올리는 거지.

처음에는 많이 헷갈릴 테니까 천천히 시작해볼게. 〈산토끼〉 노래 시작!

"산토끼 토끼야. 청기 올리고! 어디를 가느냐. 백기 내리지 마!"

머릿속으로 그 모습을 차근차근 상상해보는 거야.

와! 정말 잘했어. 어려운 지시였는데 하나도 안 빠트리고 잘 집중했구나!

♥ 놀이 TIP

1. 처음에는 지시하는 말을 끝까지 정확하게 들을 수 있도록 발음 속도를 조절해서 말해주다가 점차 익숙해지면 빠르게 말한다.

② 만일 노래하면서 청기와 백기를 움직이는 데 어려움을 느끼면 노래 없이 하는 청기백기 놀이를 먼저 연습시켜서 주의를 전환하는 연습을 충분히 한다.

③ 때로는 아이가 깃발 드는 것을 잊기도 하고 노래를 멈추기도 한다. 여러 가지에 주의를 모두 기울이는 것이 쉬운 일이 아님을 말해주면서 격려해야 한다.

분할주의력 놀이 활동 ❸ 말 따로! 손 따로!(언행 불일치 게임)

이 놀이에서는 말로 숫자를 외치면서 손가락으로는 다른 숫자를 표현해야 한다. 입으로 '3'을 외치면서 손가락은 3개가 아닌 2개나 4개나 5개를 펴야 하는 것이다. 이처럼 말과 손가락으로 숫자를 다르게 표시하는 활동은 분할주의력을 훈련하는 데 큰 도움이 된다. 어떤 수를 말할지에 주의를 기울이는 동시에 그 말과 다르게 손가락 개수를 펴야 하므로 2가지 과제에 모두 주의를 분할해 기울여야만 성공할 수 있다.

♥ 놀이 방법

① 가위바위보로 술래를 정한다.

② 술래가 먼저 1~5의 숫자 중 어느 하나를 큰 소리로 말하면서 손가락으로는 그것과 다른 숫자를 표시한다(예를 들어 말→3, 손가락 개수→5).

3. 그러면 상대는 술래의 손가락 개수에 해당하는 숫자를 말하는 동시에 다른 숫자를 손가락으로 표시한다(말→5, 손가락→4⇒말→4, 손가락→1⇒말→1, 손가락→2……).
4. 이 같은 방식으로 계속 이어가다가 놀이 규칙과 다르게 말과 손가락이 같은 숫자를 가리키거나, 앞사람의 손가락 개수와 다른 숫자로 시작하면 지게 된다.
5. 잘하게 되면 '아이 엠 그라운드I am grounded'에 맞추어 놀이를 진행해도 좋다.

♥ 주의집중 놀이 대화법

엄마가 술래니까 먼저 할게. 엄마가 입으로 말하는 숫자를 따라 하는 게 아니라 엄마 손가락을 잘 봐야 해.

엄마가 '3'이라고 말하면서 손가락 5개를 펴면 너는 '5'를 말하면서 '5'가 아닌 손가락 개수를 펴는 거야.

아, '5'는 잘 말했는데 네가 편 손가락도 5개네.

다른 숫자를 표시해야 했는데 네 손가락이 자동으로 따라왔구나!

엄청 헷갈리지?

먼저 입으로 말하는 숫자와 다른 손가락 개수를 펴는 연습부터 해볼까?

어려운 놀이인데 너무 잘했어. 정말정말 집중했구나!

♥ 놀이 TIP

1. 술래나 자기 자신이 소리 내어 숫자를 말하면 그 소리에 주의를

빼앗기게 되고, 그러면 자신도 모르게 외친 숫자와 똑같은 숫자를 손가락으로 표시하게 된다.

2. 청각 자극에만 주의를 빼앗기지 않고 자신의 손가락 동작에도 동시에 주의를 기울여야만 올바른 동작을 할 수 있다.
3. 주의를 기울이는 목적과 방법을 잘 설명해주면 아이가 스스로 자기 주의를 조절하여 적절하게 분할하는 데 도움이 된다.

●● 공부력을 쌓아주는 4가지 분할주의력 놀이 활동

분할주의력 놀이 활동 ❹ 순서대로 외친 과일을 찾아라!

과일 카드를 활용해 분할주의력을 키우는 놀이다. 과일 이름들의 순서를 기억하면서 같은 카드가 나오면 동시에 정해진 동작을 해야 한다. 청각, 시각, 신체 운동에 대한 분할주의력을 상당히 요구한다. 이 놀이를 많이 할수록 아이의 분할주의력이 점점 좋아지는 것을 체감할 수 있을 것이다.

놀이 방법

1. 4가지 과일 카드(예를 들어 사과, 딸기, 포도, 수박) 60장 정도가 필요하다. '할리갈리' 같은 기존 보드게임의 과일 카드를 활용해도 좋

고, 새로 그리거나 컴퓨터 작업을 통해 만들어도 좋다.

2. 둘일 때는 마주 앉고 그 이상일 때는 둘러앉은 후 모든 카드를 잘 섞어서 똑같이 나누고, 자기 앞에 그림이 안 보이게 뒤집어 카드 더미를 만든다.
3. '사과→딸기→포도→수박'처럼 어떤 순서로 과일 이름을 외칠지 정한다.
4. 외친 과일과 넘긴 카드의 과일이 일치할 때 미션으로 취할 동작을 미리 정한다(예를 들어 '사과'는 '머리 위 손뼉치기', '딸기'는 '코 만지기', '포도'는 '만세 부르기', '수박'은 '벌떡 일어나기').
5. 자기 차례에 정한 순서대로 과일 이름을 외치면서 동시에 더미 맨 위의 카드를 뒤집는다. 이때 뒤집은 카드와 외친 과일이 일치하면 빨리 미션으로 정한 동작을 모두가 취해야 한다.
6. 미션 동작을 제일 늦게 취한 사람, 혹은 틀리게 취한 사람이 벌칙으로 모인 카드를 다 가져간다.
7. 더미 카드가 다 떨어지면 게임이 끝나고, 가장 많은 카드를 가진 사람이 지게 된다.

♥ 주의집중 놀이 대화법

이번 놀이는 기억력과 몸동작을 합친 게임이야.

'사과' 하면 '머리 위 손뼉치기', '딸기' 하면 '코 만지기', '포도' 하면 '만세 부르기', '수박' 하면 '벌떡 일어나기'야.

자, 연습해보자. 엄마가 과일 이름을 부르면 네가 그 동작을 해보는 거야.

사과! 딸기! 포도! 수박! 다시 한번 사과! 딸기! 포도! 수박!

좋아, 과일마다 어떤 동작을 해야 하는지 잘 기억하고 있구나.

그런데 엄마가 부른 사과→딸기→포도→수박의 과일 순서도 똑바로 기억해야 해.

그래서 자기 차례가 돌아오면 그 순서대로 과일를 외치면서 카드를 1장씩 뒤집는 거야.

만약 네가 외친 과일과 뒤집은 카드의 과일이 일치하면 모두가 동시에 아까 정한 그 동작을 취해야 하지.

틀리거나 늦으면 지는 게임이야. 준비됐어? 시작!

♥ 놀이 TIP

1. 이 놀이에서 아이는 머릿속으로 규칙을 지속적으로 기억해야 하고, 동시에 그 규칙을 적용해 활동하면서 자기 주의를 분할하는 훈련을 하게 된다.
2. 369 게임처럼 과일 이름의 순서에 집중하다가도 특정한 동작으로 주의를 전환해야 하는 전환주의력 요소까지 가미되어 다양한 주의력을 발휘하는 경험을 할 수 있다.
3. 높은 주의력이 필요하므로 아이가 성공적으로 수행할 수 있도록 놀이 시작 전에 미리 과일 이름과 동작을 순서대로 여러 번 소리 내어 반복하게 한다. 박자에 맞춰 연습하면 더 신난다. 아이가 어려워하면 과일 종류를 3개로 줄이고, 익숙해지면 5개로 늘리는 것이 바람직하다.

④ 놀이를 하는 도중에 호랑이, 원숭이, 오리 카드 같은 특수 카드와 그 미션 동작을 추가해도 좋다(예를 들어 '호랑이'는 '두 손을 앞에 모으고 어흥어흥', '원숭이'는 '두 볼을 손으로 긁으며 끽끽', '오리'는 '엉덩이를 씰룩씰룩하며 꽉꽉').

⑤ 놀이 난이도를 적절히 높이면 분할주의력이 발달하는 데 큰 도움이 되며, 정신 에너지를 사용하는 활동과 학습에도 흥미를 갖게 된다.

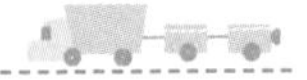

분할주의력 놀이 활동 ⑤ 노래를 부르면서 계산하기

큰 소리로 노래를 부르면서 종이에 쓰인 숫자들을 계산하는 활동이다. 가사를 틀리지 않고 정확하게 부르기 위해 주의를 기울이는 동시에 계산에도 주의를 집중해야 한다. 아이들이 노래하면서 아이클레이를 만들거나 블록 놀이를 하면서 이야기를 만드는 등의 쉬운 분할주의력 활동을 좀 더 고차원적으로 변형한 놀이다. 이런 활동을 통해 학년이 올라갈수록 더욱 많이 요구되는 분할주의력의 수준을 높여보자.

♥ 놀이 방법

① 잘 알고 있는 동요를 한 곡 정해서 아이와 같이 즐겁게 불러본다.

② 아이가 풀어야 할 계산 문제들을 적은 종이를 준비한다.

③ "시작!"과 함께 아이는 큰 소리로 노래를 부르며 계산을 시작한다.

노래 부르기		계산하기
퐁당퐁당 돌을 던지자.		17+3=
누나 몰래 돌을 던지자.		5+16=
냇물아 퍼져라.		19-4=
멀리멀리 퍼져라.	+	13-5=
건너편에 앉아서		7+14=
나물을 씻는		5+17=
우리 누나 손등을		18-9=
간질여주어라.		16-8=

♥ 주의집중 놀이 대화법

노래를 부르면서 숫자를 계산하는 게임이야.

〈퐁당퐁당〉을 부르면서 이 문제들을 푸는 거지.

그냥 푸는 것보다 훨씬 재미있어.

처음에는 노래를 천천히 부르면 되니까 걱정하지 마.

너는 충분히 잘할 수 있어.

이 놀이를 하면 할수록 머리가 좋아지고 집중도 잘하게 돼.

수학도 훨씬 쉬워지고.

네가 노래를 부르면서 이 1장을 다 풀고 나면 채점도 네가 해봐.

다음에 네가 이렇게 문제들을 내면 엄마가 노래를 부르면서 한번 풀어볼게.

♥ 놀이 TIP

1. 단순하고 잘 아는 노래일수록 아이의 계산 과정에 부담을 덜 준다. 이 점을 고려하여 적절한 노래를 선택해야 한다.

2. 숫자 2개보다 더 많은 숫자들을 계산해야 하거나 덧셈, 뺄셈, 곱셈, 나눗셈의 혼합 계산일수록 아이의 성공 확률은 당연히 낮아진다.
3. 아이에게 도전하고 싶은 마음이 생기도록, 그래서 이 활동에 흥미와 재미를 잃지 않도록 문제 난이도를 조절할 필요가 있다.

분할주의력 놀이 활동 ❻ 토끼 박수! 거북이 박수!

이 놀이에서는 이야기꾼의 이야기에 귀를 기울이며 잘 듣고 있다가 특정한 단어, 즉 '토끼'나 '거북이'라는 단어가 나오면 규칙에 맞는 박수를 쳐야 한다. 청각 주의력을 높이기 위해 많이 활용하는 방법이다. 이 활동을 제대로 하기 위해서는 아이가 '이야기'라는 청각적 자극뿐만 아니라 자꾸 바뀌는 규칙에도 세심하게 주의를 기울여야 한다. 서로 돌아가며 이야기꾼 역할을 맡고, 그럴 때마다 규칙이 조금씩 변화하기 때문이다. 이 놀이에도 청각 자극에 주의를 기울이면서 특정한 청각 자극에는 정해진 신체 동작으로 반응할 수 있는 분할주의력이 요구된다.

♥ 놀이 방법

1. 토끼와 거북이가 주인공으로 등장하는, 재미있고 짤막한 이야기를 준비한다.
2. 아이와 이야기를 직접 만들어서 활용하면 더 좋다.

3. 어떤 단어에 어떤 동작을 수행하도록 할지 함께 정한다.
4. 첫 번째 이야기에서는 '토끼'가 나오면 '손뼉 한 번 짝!', '거북이'가 나오면 '손뼉 두 번 짝! 짝!' 치기로 한다. 아이가 이야기에 몰입할 수 있도록 이야기꾼이 된 엄마가 최대한 실감 나는 목소리로 이야기를 재미있게 들려준다.

옛날옛날에 토끼와 거북이가 살고 있었어요. 토끼와 거북이는 토요일에 함께 소풍을 가기로 했어요. 거북이는 김밥을 싸고, 토끼는 간식을 준비했어요. 약속대로 토끼와 거북이는 소풍을 갔어요. 그런데 토요일이라 차가 많아서 도로가 복잡했어요. 토끼와 거북이가 차 안에 너무 오래 있었는지 토끼가 멀미를 하기 시작했어요. "아이고, 토끼 죽네, 토끼 살려." 거북이는 토끼의 등을 토닥토닥 두드려줬어요. 결국 토끼와 거북이는 집으로 돌아오기로 했답니다.

5. 분위기가 무르익으면 이번에는 이야기꾼을 바꿔서 아이가 이야기를 읽고 부모가 박수를 쳐야 한다. 두 번째 이야기에서는 규칙을 바꿔서 '거북이'가 나올 때만 '손뼉을 두 번 짝! 짝!' 치기로 한다.

토끼와 거북이가 집으로 돌아오기 위해 버스를 타려고 하는데, 버스가 만원이라 탈 수가 없었어요. 그래서 토끼와 거북이는 어쩔 수 없이 걸어가기로 했어요. 토끼가 제안을 했어요. "거북아, 우리 서로 수수께끼를 내서 진 사람이 이긴 사람을 업고 가기로 하자." 거북이는 "그래, 좋아"라고 찬성했어요. 토끼는 "내가 먼저 수수께끼를 내지. 이순신 장군이 왜군을 무찌르기 위해 만든 배의 이름은 뭐지?" 거북이는 고개를 갸우뚱거리며 생각하기 시작했어요 "어, 뭐더라. 거북이? 아닌데…… 꼬북이도 아니고. 아아, 거북선이다." 토끼는 울상을 지었지만 약속이라 어쩔 수 없었어요. 토끼는 거북이를 등에 업고서 거북한 배를 움켜잡고 거북이처럼 어슬렁어슬렁 걸어갔어요.

6. 세 번째 이야기에서는 다시 부모가 이야기꾼이 된다. 동작은 '토끼'에 '손뼉 한 번 짝!'이다.

집으로 돌아오는 길에 토끼는 속이 너무 거북해서 결국은 토하기 시작했어요. 그래서 거북이가 토끼를 등에 업고 토끼네 집까지 데려다주기로 했어요. 토끼는 거북이 등에 타고는 "아이고, 토끼 죽네, 토끼 살려"라고 끙끙 앓았어요. 거북이는 토끼를 거북이네 집으로 데려갔어요. 속이 거북한 토끼를 위해 거북이는 토란 죽을 끓여주기로 했어요. 토란 죽이 다 끓자 토끼가 맛있게 먹었어요. 토끼는 거북이에게 너무나 고마웠어요. 그래서 토끼는 거북이에게 예쁜 토끼 인형을 선물로 주었답니다. 토끼와 거북이는 꼭 끌어안고, 서로의 등을 토닥토닥 두드려줬어요.

7. 이야기가 끝나면 아이와 부모가 각각 몇 군데에서 동작을 틀렸는지 서로 얘기해본다.

♥ 주의집중 놀이 대화법

(단어의 첫소리만 듣고 충동적으로 성급하게 반응할 때는 이런 대화가 필요하다)

엄마는 자꾸 '거북이'에 박수를 쳐야 하는데 가슴이 너무 두근두근해서 '거북'까지만 듣고 그냥 박수를 쳤지 뭐야. 너는 어땠어?

다음에는 꼭 끝까지 다 듣고 나서 박수를 쳐야지.

또 다른 이야기로 놀이해볼까?

이번에는 손뼉 말고 다른 동작을 하기로 응용해보면 어떨까?

♥ 놀이 TIP

1. 단어를 끝까지 다 듣고 나서 손뼉을 치면 틀리지 않을 수 있다는

것을 알려주자. 아이가 자신의 행동 패턴을 인식하게 되어 그렇지 않을 때보다 행동을 조절하려는 노력을 더 많이 하게 된다.

2. 글을 읽고 들으며 재미있게 노는 경험이 읽기 능력과 듣기 집중력의 발달에 큰 도움을 준다.
3. 손뼉 치는 조건을 변형하며 놀아보자. 상황에 따라 달라지는 규칙에 주의를 기울이는 습관이 몸에 배어서 주의집중력이 쑥쑥 발전하게 된다.

분할주의력 놀이 활동 ⑦ 좌표 그림 그리기

지시를 잘 듣고서 모눈종이 위에 좌표점을 찍은 후 그 점들을 이어서 모양을 완성하는 활동이다. 좌표를 불러주는 대로 올바른 위치에 정확하게 점을 찍어야만 모양이 제대로 완성된다. 잘못 들어서 좌표점을 똑바로 찍지 못하면 모양이 이상해진다. 좌표 정보에 청각적 주의를 기울이면서 모눈종이 위에 그 위치를 정확하게 찾아서 찍어야 하는 시각적 주의가 동시에 필요한 활동이다.

놀이 방법

1. 20×20칸의 모눈종이를 2장 만든다. 시중에 판매하는 것을 구입해 써도 괜찮지만, 아이와 함께 눈금자를 사용하여 빈 종이에 모눈부터 같이 그려보는 것도 좋다. 이때 모눈의 크기는 1×1센티미

터 정도가 적당하다. 아이가 이 활동에 흥미를 느끼면 0.5×0.5센티미터에도 도전해보자.

2. 먼저 모눈종이 1장에다가 아이에게 불러줄 좌표들을 정리해서 준비한다. 시작점을 정한 후 순서대로 점을 찍고, 각 점의 좌표들로 지시문을 만든다. 예를 들어 "시작점은 가로 4, 세로 1 지점이야. 이제 오른쪽으로 4칸 가세요. 거기서 점을 찍고 아래로 2칸 가세요……".

3. 좌표 지시문을 미리 만들지 못했다면 각자 모눈종이를 1장씩 가지고 부모가 직접 좌표를 찍어가면서 아이에게 좌표 정보를 불러준다. 나중에 정확하게 그렸는지 확인하기 위해 놀이 활동을 녹음해두는 것이 좋다.

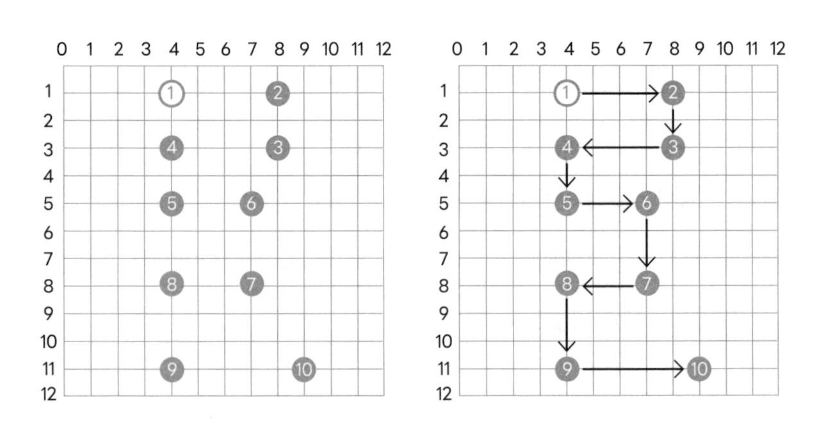

4. 이 활동이 끝나면 부모의 그림과 아이의 그림을 같이 비교해보고, 서로 다른 곳을 찾아본다.

♥ 주의집중 놀이 대화법

먼저 시작점을 말해줄게. 가로로 4번과 세로로 1번이 만나는 점이야.

이제 한 번씩만 불러주니까 귀를 기울여서 잘 들어야 해. 자, 시작할게!

시작점에서 오른쪽으로 4칸 가세요→아래로 2칸 가세요→왼쪽으로 4칸 가세요→아래로 2칸 가세요→오른쪽으로 3칸 가세요→아래로 3칸 가세요→왼쪽으로 3칸 가세요→아래로 3칸 가세요→오른쪽을 5칸 가세요.

지금까지 찍은 점들을 차례대로 이어볼까? 구불구불 뱀 모양이네?

정답을 확인해보자. 정확하게 똑같네.

정말이지 엄청 집중해서 잘 듣고, 칸도 정확하게 잘 세었구나!

♥ 놀이 TIP

1. 아이의 연령이 어리면 칸이 좀 더 적은 모눈종이를 사용하는 것이 좋다.
2. 지시한 대로 점만 찍으면 되는 단순한 활동처럼 보이지만, 실제로 아이들과 함께 놀이해보면 시각 주의력이 약한 아이는 "눈 아파요", "어지러워요", "너무 복잡해요"라고 호소한다. 또 청각 주의력이 약한 아이는 지시를 제대로 못 듣고 "어느 쪽요?", "3칸요?"라고 다시 되묻는다. 현재 아이의 주의력 상태를 고려해야 한다.
3. 아이가 여기에 익숙해지면 "오른쪽으로 3칸, 아래로 7칸 가세요"처럼 한 번에 지시하는 수를 늘려도 좋다.
4. 좌표를 '(가로, 세로)'로 불러준다는 것을 인식시킨 후에는 '(4, 1), (8, 1), (8, 3)……'과 같이 진짜 좌표 방식으로 불러주는 것도 좋다.

가로축을 '가, 나, 다, 라……'로, 세로축을 숫자로 해서 '(가, 1), (아, 1), (아, 3)'의 방식으로 변형해도 좋다.

5. 좌표점들을 이었을 때 도형이나 별, 배, 자동차, 우주선처럼 특별한 그림이 완성되면 더 흥미롭다.

지금까지 우리 소중한 아이의 주의력을 키우는 방법을 알아봤다. 다시 강조하지만, 주의력은 아이가 처음부터 가지고 태어나는 것이 아니며, 성장 과정에서 꾸준한 연습을 통해 훈련돼야 하는 것이다. 아이가 일상생활 속에서 다양한 놀이를 하며 자연스럽게 주의를 기울이는 방법을 익히고 주의력을 계속 높여가도록 도와야 한다. 아이를 함께 키우는 부모와 교사, 그리고 모든 어른이 약간의 관심을 가지고 주의력을 어떻게 키워줄 수 있는지 배워서 아이와 함께 즐겁게 놀아준다면, 아이는 밝고 건강한 정서를 기반으로 총명하게 빛나는 주의집중력와 인지적 능력을 발휘하며 눈부시게 성장해갈 것이다.

아이의 주의집중력은 연습하고 훈련한 만큼 발달합니다.

'주의를 잘 집중하는 아이, 마음먹으면 끝까지 해내는 아이'라고

스스로를 믿을 수 있도록 도와주세요.

공부 습관과 생활 태도를
좌우하는 결정적 비밀

초판 1쇄 발행 2023년 3월 28일
초판 5쇄 발행 2024년 8월 14일

지은이 이임숙, 노선미
펴낸이 민혜영
펴낸곳 (주)카시오페아
주소 서울특별시 마포구 월드컵로 14길 56, 3~5층
전화 02-303-5580 | **팩스** 02-2179-8768
홈페이지 www.cassiopeiabook.com | **전자우편** editor@cassiopeiabook.com
출판등록 2012년 12월 27일 제2014-000277호

ISBN 979-11-6827-101-2 03590

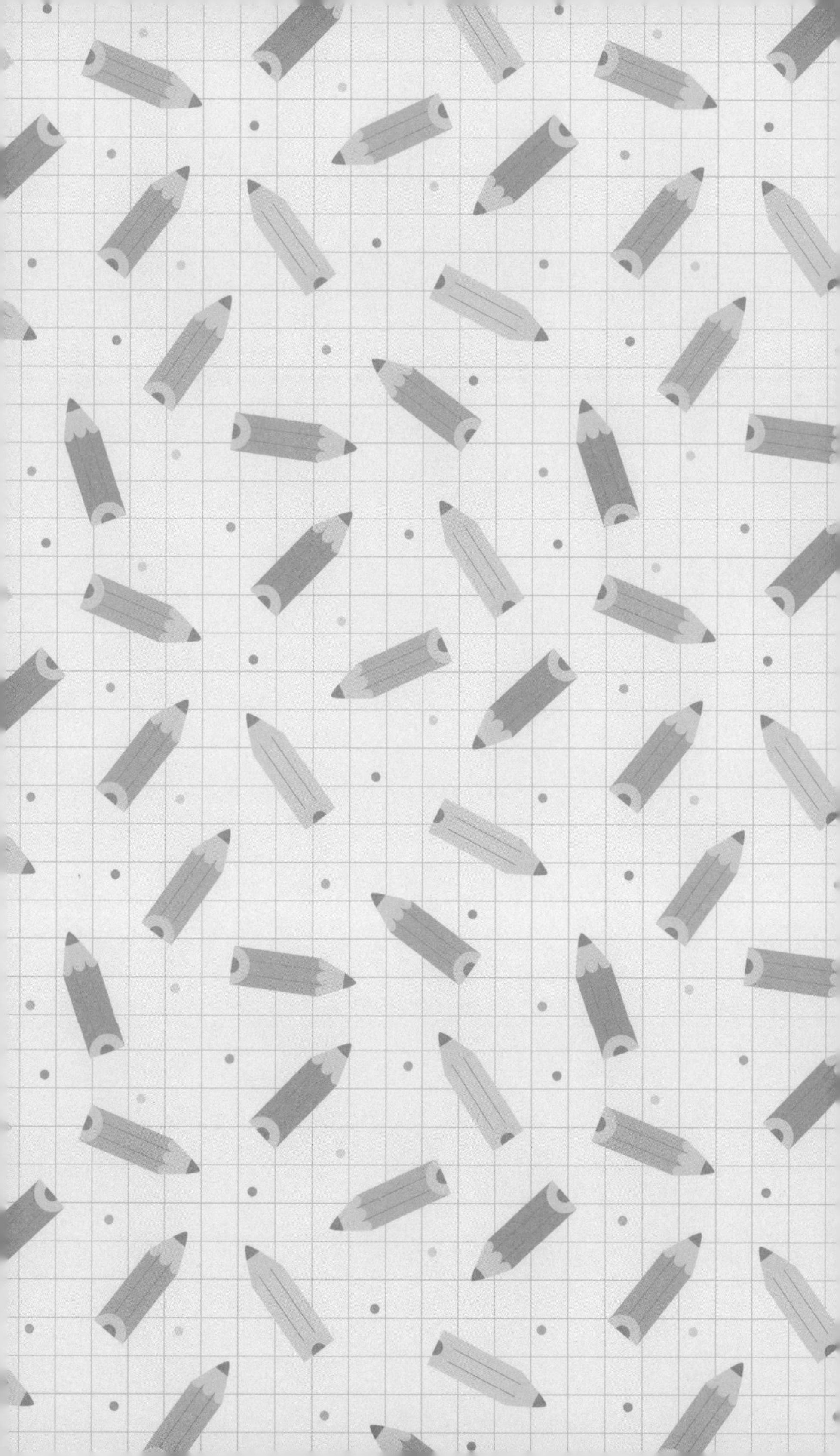

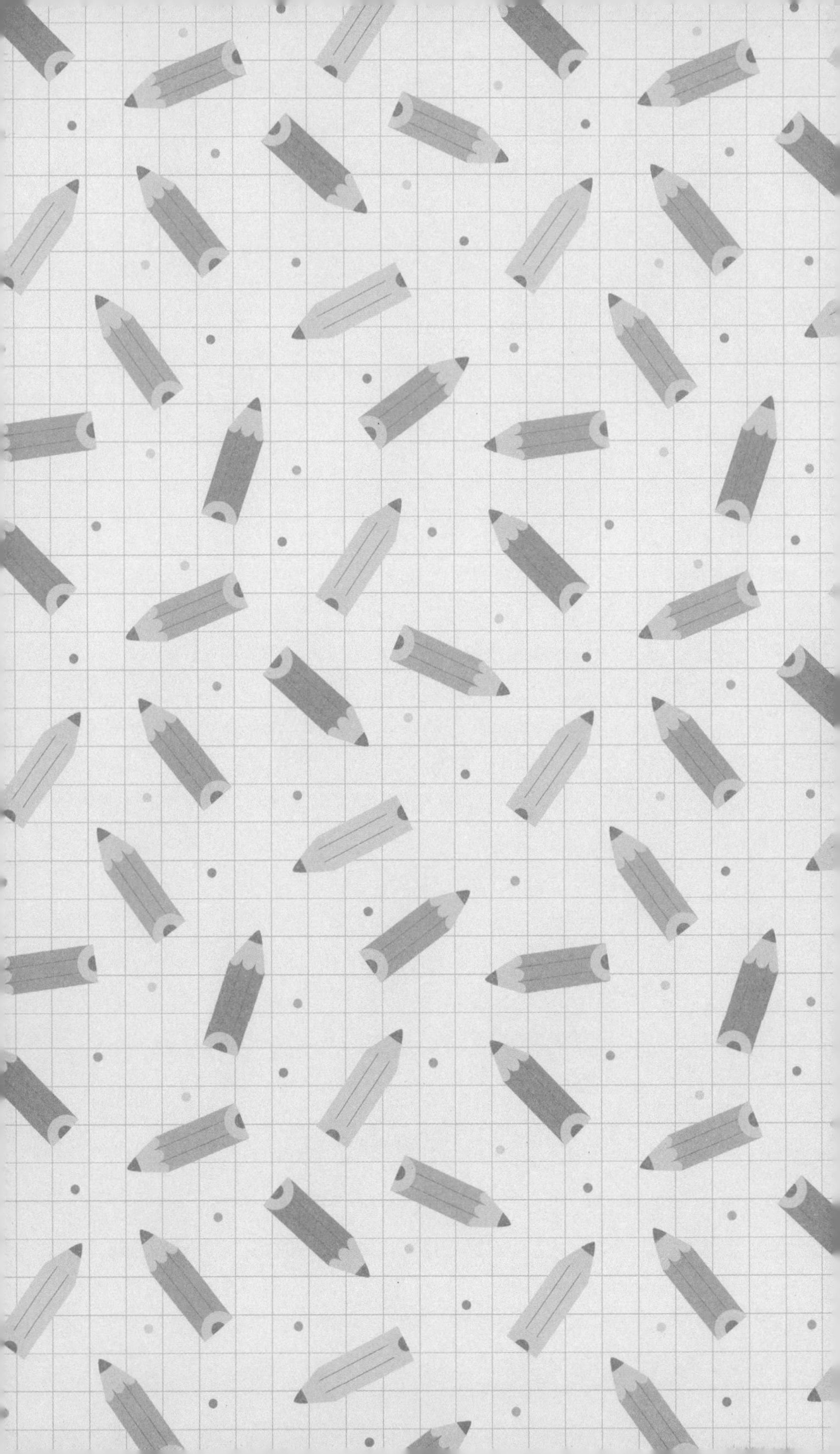